第三版

數位邏輯設計
使用VHDL

第三版 序

　　數位邏輯不只是電子、電機、與電算科系學生必修的科目，或電子與電機工程師設計數位邏輯電路的基礎理論，它也是一般人認識數位電子產品 (如數字鐘、計算機、電腦、數位音響、數位電視・・・等) 的基本知識。本書不僅教導讀者認識與使用數位元件，更介紹如何將數位與邏輯的理論轉換成實際的電路，所以它不僅適合電子、電機、電算科系學生研讀，也適合想瞭解數位邏輯原理的讀者閱讀。

　　許多人認為在目前可程式邏輯元件 (例如 FPGA 或 CPLD) 盛行的時代，數位系統的設計只需使用硬體描述語言 (例如使用 VHDL 或 Verilog HDL) 撰寫所需的電路，而編譯器與燒錄器可將設計者所撰寫的硬體描述語言轉換成數位電路並燒錄到可程式邏輯元件中。這種觀念只適用於設計系統晶片(System on chip; SoC)。但是，如下圖類比信號輸入類比比較器，與比較器上限與下限比較後，其輸出信號將作為多工器的選擇信號，試問該如何設計比較器輸出與多工器選擇輸入之間的邏輯電路？這只是一個小的數位邏輯電路，如果使用 FPGA 或 CPLD 來設計這一個小的數位邏輯電路，那就好像用牛刀殺雞一樣。

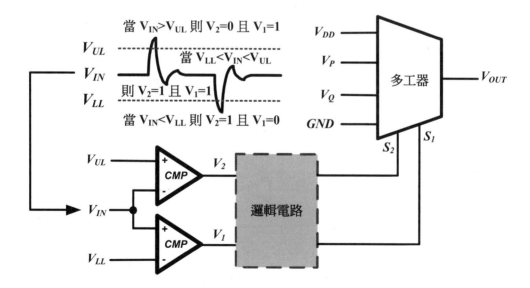

例如某些學生設計上圖的數位邏輯電路如下。其中圖(a)使用組合邏輯+序向邏輯，看起來很有學問的樣子；圖(b)電路好像簡單一點，但是還是太複雜。

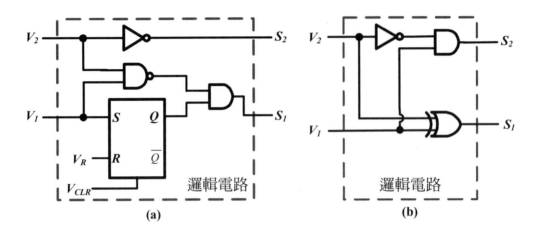

可是當你學完本書之後，你會發現只需如下圖的邏輯電路即可完成這項工作。因為 V_1 與 V_2 就是數位信號，只須加上緩衝器確保 S_1 與 S_2 為邏輯高電位或邏輯低電位即可。改用三態緩衝器，當 $V_{CLR}=0$ 時，可作為初始狀態的清除動作令 $S_1S_2=00$。而當 $V_{CLR}=1$ 時則 $S_1=V_1$、$S_2=V_2$，如此多工器的四個輸入皆可選擇。

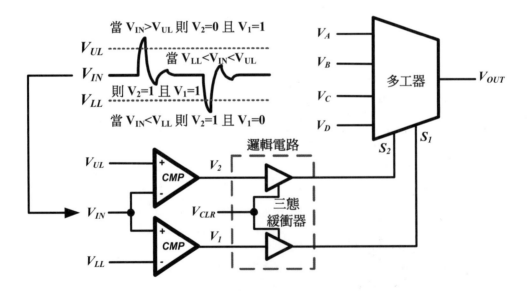

因此，不論可程式邏輯元件和硬體描述語言如何盛行，數位邏輯電路的基本理論仍有存在的價值，仍有必須學習的理由。就好像，人類已經以搭飛機、高鐵、汽機車為主要的交通工具，但是腳踏車仍然佔有一席之地，因此仍然需要學習騎腳踏車。

　　本書第 3 版除了修訂內容外，並在 5~11 章後面新增邏輯元件的 VHDL 程式，使讀者學習邏輯電路時，可以比對傳統的邏輯元件與 VHDL 程式。另外，本書刪除第 2 版第 12 章 "半導體記憶體與可程式邏輯元件"，改為 "專案做中學" 以 VHDL 程式實作邏輯電路的應用。如此讀者學完之後，對於小邏輯電路則可直接使用邏輯元件來設計，對於中大型邏輯電路則可使用 VHDL 程式來實現。

　　除了新增 VHDL 程式外，第 3 版其餘部分仍保留第 2 版的內容。例如，保留第 3 章布林代數和第 4 章卡諾圖，因為筆者認為這二章在設計小邏輯電路時非常有用。又如，保留 5~11 章中各個邏輯元件的現成 IC，如四位元加法器 7483、解碼器 74138、非同步計數器 7493、同步計數器 74163…等等。筆者以為這些現成的元件就好比 C++ 語言裡面的內建函數一樣，如果有內建函數可使用，當然優先使用內建函數，除非內建函數不能滿足程式所需，或者沒有程式所需的內建函數，設計師才會建立使用者自定函數。同理，在設計數位邏輯時也是如此，如果只是處理四位元加法運算，則直接使用現成的 7483 即可，而要處理 16 位元以上整數運算或浮點數運算，才使用 VHDL 程式建立使用者自定的加法器。因為 7483 已經使用了幾十年，不會有 BUG (錯誤)，而且面積小可節省製作 IC 的成本。本書在 11.4 節設計鍵盤介面電路時，則先使用 Schematic (電路原理圖) 方式設計，再使用 VHDL 程式設計，讓讀者瞭解，如果熟悉現成 IC，對設計數位邏輯電路幫助相當大。

　　為方便讀者學習，同時愛護地球做環保，本書範例以線上下載的方式放在 http://books.gotop.com.tw/download/AEE037000，請讀者自行下載再解壓縮即可。採用本書的教師可向碁峰業務索取本書教學投影片與課後習題。

　　最後，感謝廣大讀者長期以來的肯定，有您們長期的愛護與鼓勵，讓筆者在百忙之中仍有動力撥空改版，希望您們再度支持數位邏輯設計第三版。同時，要感謝碁峰資訊廖董事長二十五年來對筆者的信任，以及出版部多方面的協助。

古頤榛、賴清羽

2017 年 6 月 2 日

3　布林代數與邏輯閘

4 布林代數化簡

5 組合邏輯電路

6 算術與邏輯運算電路設計

7 常用組合邏輯電路設計

8 正反器電路

9　序向邏輯電路設計

10　常用計數器電路設計

11 常用暫存器電路設計

12 專案作中學

▶ 範例下載

本書範例請至 http://books.gotop.com.tw/download/AEE037000 下載，檔案為
ZIP 格式，請讀者下載後自行解壓縮即可。其內容僅供合法持有本書的讀者使用，
未經授權不得抄襲、轉載或任意散佈。

數位系統導論

1-1 類比與數位

　　類比(Analog)信號是連續變化的物理量，如溫度變化或速度變化；數位(Digital)信號是離散式的信號，如 1 與 0 或 ON 與 OFF 信號。對於電子技術人員而言，他可以輕易的分辨類比信號與數位信號，但對於電子的初學者而言，他很難分辨何謂類比信號？何謂數位信號？所以我們以電燈開關來說明類比與數位。第一種電燈開關除了『開燈』與『關燈』之外，還可調整電燈的亮度稱為類比開關；第二種電燈開關只供『開燈』與『關燈』，這種開與關的狀態相當於二進位數的 1 與 0 而稱為數位開關。

　　圖 1.1 是以電子信號來描述上述電燈開關的觀念，圖 (a) 為一連續的曲線，曲線上昇過程表示控制電燈漸亮，曲線最高點表示電燈全亮，曲線下降過程表示控制電燈漸暗，曲線最低點表示電燈全暗，所以它是一個類比信號。圖 (b) 為一斷續的波形，波形的高位準表示電壓的高電位，波形的低位準表示電壓的低電位，而當『高電位』時電燈全『亮』，『低電位』時電燈全『暗』，所以它是一個數位信號。

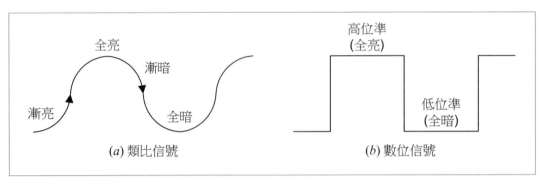

圖 1.1　類比與數位信號

1-2 數位系統設計的演進

　　數位系統的設計從早期的電晶體、標準邏輯閘積體電路(Integrated Circuit，IC)等離散元件到近期現場可程式化閘陣列(Field-programmable gate array，FPGA)、複雜可程式邏輯裝置(Complex Programmable Logic Device，CPLD)和系統單晶片(System on Chip，SoC)的問世。演進過程大致可分為四個階段，依據時間由遠至近排列，分別為「電晶體層次」、「邏輯閘層次」、「暫存器轉移層次」和「系統層次」等四個階段。

1-2-1　電晶體層次

　　電晶體層次(Transistor Level/Switch Level)是數位電路設計中最低階的，設計者必須利用電晶體、電阻及二極體等離散元件來完成各種邏輯閘的設計工作，之後再利用印刷電路板如圖 1.2 所示，將它們組裝成數位電路。

圖 1.2　印刷電路板

由於離散元件的電器特性並不十分穩定，加上印刷電路板的品質與配置方式不同等因素，當電路規模大到某個程度時，扇出（fan-in）、扇入（fan-out）及雜訊（noise）…等問題將變得難以掌控；加上電晶體層次的設計工作繁瑣耗時，越來越顯得無法因應時代的需求。

1-2-2　邏輯閘層次

由於 70 年代電晶體-電晶體邏輯(Transistor-Transistor-Logic，TTL) IC 的問世，將數位電路設計工作帶入新的紀元，也就是邏輯閘層次(Gate Level)。系統設計開發者利用繪圖式的設計方式和工具，像是 OrCAD 來建構數位電路系統，利用零件庫中各種的基本邏輯閘，如 AND Gate，OR Gate，NOT Gate, XOR Gate…等)、正反器(Flip-flop)和離散元件(電阻、電容…)來實現數位電路系統，圖 1.3 顯示由邏輯閘繪製而成的數位電路。相較於電晶體層次，使用邏輯閘建構的數位電路不但性能穩定，電路密度也獲得大幅的提升。

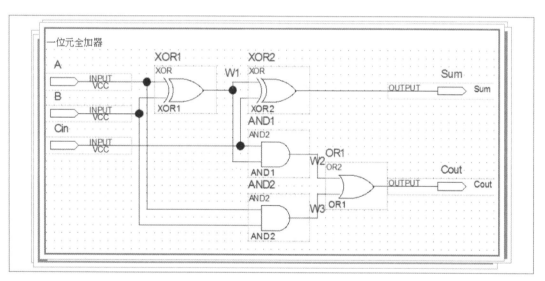

圖 1.3　由邏輯閘繪製而成的數位電路

另外，比 TTL IC 較晚問世，但是影響力卻不亞於 TTL IC 的另一個標準邏輯閘 IC 家族就是互補式金屬-氧化物-半導體 (Complementary Metal-Oxide-Semiconductor，CMOS IC)。圖 1.4 顯示由 CMOS IC 建構的數位電路，它不但成本更低，而且更省電，執行速度也後來居上比 TTL 更優，最後 CMOS 的製程技術還衍伸發展出更高階的 VLSI 的相關技術。

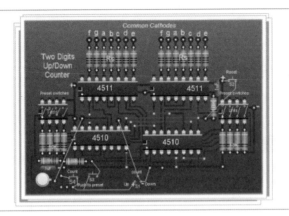

圖 1.4　由 CMOS IC 建構的數位電路

1-2-3　暫存器轉移層次

　　暫存器轉移(Register Transfer Level，RTL)層次設計，也稱為 Data Flow Model，是現階段 IC 設計最常使用的技術。RTL 層次的主要特色就是大量的使用暫存器與算數邏輯元件(ALU)來描述電路，是最廣泛被運用的初期 IC 設計和驗證的方式。電路的輸入方式也從圖形輸入(Graphic Editor)演變成以文字輸入(Text Editor)為主，VHDL 和 Verilog 兩種硬體描述語言是 RTL 層次設計最常用的設計軟體工具，利用可程式邏輯晶片 FPGA 或 CPLD，便可以快速地完成數位系統雛型的設計工作。

　　進入 RTL 層次設計階段，開始大量倚賴功能強大的電腦和開發設計軟體，舉凡布林代數化簡、邏輯電路合成、甚至系統優化等費力耗時的工作，現今的 EDA tools 中都能夠幫我們迅速地完成；另一方面由於積體電路技術的進步，一顆 IC 內部所能包含的電路模組越來越多，功能也益發強大，電路的規模已經不是前述的兩種設計層次階段的開發工具所能勝任的。事實上，現今的數位系統設計工作幾乎都已經屬於 RTL 層次，而且還以飛快的腳步朝著下一個系統級層次的方向積極發展中。

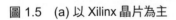

圖 1.5　(a) 以 Xilinx 晶片為主　　　　(b) 以 Altera 晶片為主的印刷電路板

目前 FPGA 晶片的領導廠商為 Xilinx 和 Altera，圖 1.5 顯示以 Xilinx 晶片為主 和以 Altera 晶片為主的印刷電路板。其中 Altera 於 2016 年已被 Intel 併購，而市場也盛傳 Qualcomm 將併購 Xilinx。資金與技術的整合也將更有利於系統級層次設計環境的發展。

1-2-4　系統層次

系統層次(System Level)是使用較抽象的語法或語言來描述電路，而不必考慮接線的問題，只要邏輯正確就可以設計出所要描述的數位系統電路。目前知名度較高的 System Level 設計工具有 SystemC，MATLAB，Cadence、System Verilog 等，且各有其市場和支持擁護者。事實上，隨著資訊科技的突飛猛進，使用更方便而且功能更強大的 System Level 設計工具仍在持續地發展中。

1-3 數位與生活

相信在可預見的未來，這樣的生活樣貌或許很快地就會出現在實現生活中。

【早上 6 點出頭，客廳的咖啡機已經偵測到你剛剛起床，自動幫你煮好一杯香醇濃郁的黑咖啡，幫助你很快就能清醒過來；當你正在刷牙洗臉時，智慧型盥洗台已經通知廚房，依照你昨晚的設定開始準備早餐，等你坐上餐桌享受早餐的同時，銀幕上已經自動播報今天的焦點新聞，讓你秀才不出門就能知天下事。在此同時，在房子另一端車庫裡的車子也已經開始暖身，等你用完早餐時已經根據設定好的時間出現在門口，準備護送你展開接下來一整天的工作行程...。】

「這是一個數位科技驚人躍進的年代，而電腦軟硬體和網路是核心技術。」不管專家眼中的「The next big thing」將會是什麼？毫無疑問的數位資訊科技勢必更進一步地蓬勃發展，你我的生活也將更測底的朝著數位化發展。美國麻省理工史隆管理學院教授布林優夫森（Erik Brynjolfsson）在【第二次機器時代】一書指出，數位科技發展的關鍵要素都已齊備，即將「火力全開」發揮效能，將和過去的蒸汽機一樣，為社會和經濟帶來重大轉變，邁向第二次機器時代。

博客來書店，一家利用數位科技經營的書店，讓原本是傳統書店重鎮的重慶南路的書商家紛紛轉型。

網路購物更是讓傳統實體店面的業績節節敗退，百貨公司的人潮下降。

　　《天下》在 2015 年首度進行「數位生活大調查」，在將近一萬五千人規模的問卷調查中發現，FB 和 LINE 兩大社交數位工具 APP 幾乎等於每個台灣人的必備品，在接受問卷調查的人數中，使用率都超過八成。

　　提供買賣房屋資訊的 591 房屋交易也在台灣首度「數位生活大調查」中上榜，許多台灣民眾已習慣在網路上瀏覽買賣或租房資訊，而非出門找房屋仲介。

　　近期銀行公會正致力於 Bank3.0，重點也聚焦於銀行業務的進一步數位科技化。

　　如今越來越多生活中的事物已經離不開數位科技，而且數位世界與實體世界也越來越相近，甚至是顛覆傳統的面貌。

　　網路上流傳一篇文章--「未來的趨勢讓所有老闆，膽戰心驚！」，作者雖未具名，但卻觀察細微，發人深省，文中提到：

- 當柯達還沉浸在 Gold 軟片膠捲帶來空前豐碩利潤的時候，殊不知數位相機時代即將來臨，而且完全用不著底片。

- 當 SONY 還沉醉在數位相機龍寶座位地位的時候，殊不知諾基亞才是數位相機賣最多的商家。

- 當諾基亞正洋洋得意成為傳統手機市場霸主時，壓根沒想到蘋果的智慧型手機即將顛覆整個手機市場。

- 當中國移動沾沾自喜成為中國最大的通訊商時，渾然不覺微信的用戶早已突破 4 億大關。

- 當很多人還在想租店面做個小生意時，2013 光棍節一天的中國互聯網就締造 57 億美金的天價成交金額。

- 沒錯，趨勢正朝著數位科技蓬勃發展，而數位科技的進步也正悄悄地，迅速地改變人們的生活，甚至是你我的工作方式。

1-4 習題

1. 表示連續變化物理量的信號稱為_____信號。

   (a) 離散　　　　　　　　　　　(b) 數字

   (c) 類比　　　　　　　　　　　(d) 數位

2. 表示離散式的信號稱為_____信號。

   (a) 模擬　　　　　　　　　　　(b) 連續

   (c) 類比　　　　　　　　　　　(d) 數位

3. 下列_____動作所產生的是類比信號。

   (a) 開關切換　　　　　　　　　(b) 汽車加速

   (c) 電梯按鈕　　　　　　　　　(d) 電視遙控

4. 下列_____動作所產生的是數位信號。

   (a) 開關切換　　　　　　　　　(b) 汽車加速

   (c) 食物加熱　　　　　　　　　(d) 冰塊融化

5. 下列_____層次不屬於數位系統設計演進過程。

   (a) 真空管　　　　　　　　　　(b) 電晶體

   (c) 邏輯閘　　　　　　　　　　(d) 系統

6. _____層次的主要特色就是大量的使用暫存器與算數邏輯元件(ALU)來描述電路，是最廣泛被運用的初期 IC 設計和驗證的方式。

   (a) 電晶體　　　　　　　　　　(b) 邏輯閘

   (c) 暫存器　　　　　　　　　　(d) 系統

7. _____不是目前知名度較高的系統層次設計工具。

   (a) SystemC　　　　　　　　　(b) MATLAB

   (c) Cadence　　　　　　　　　(d) 以上皆是

8. _____是數位科技驚人躍進年代的核心技術。

   (a) 電腦軟體　　　　　　　　　(b) 電腦硬體

   (c) 網路　　　　　　　　　　　(d) 以上皆是

2 數位系統與數碼

2-1 數字系統表示法

▶表 2.1　本書使用的數系識別符號

數系	識別符號
十進位數	在個位數後加上 *D* (Decimal)，為預設識別符號
二進位數	在個位數後加上 *B* (Binary)
八進位數	在個位數後加上 *O* (Octal)
十六進位數	在個位數後加上 *H* (Hexadecimal)

2-1-1　十進位數表示法 (D)

　　因為我們日常所使用的數字系統為十進位系統，所以我們以大家所熟悉的十進位系統為研究數字系統的入門，由於我們有十根手指，所以我們很自然的以十根手指來計數，這就是十進位系統。

　　從 0 到 9 這十個十進位數字 (digit) 分別代表一個特定的數量，若只用這十個數字中的一個，則所能表達的最大數量為 9，若希望表達大於 9 的數量，則必須用二個或二個以上的數字，而數字中每個數字所在的位置分別代表著個位數、十位數、百位數‧‧‧等。

例 2.1 列出十進位數 (a) 51D (b) 492D 的指數表示式。

解答 (a) $51D = 5 \times 10^1 + 1 \times 10^0$

(b) $492D = 4 \times 10^2 + 9 \times 10^1 + 2 \times 10^0$

2-1-2 二進位數表示法 (B)

二進位數系統只是另一種計數方式。因為它只使用二個數字 (0 和 1)，所以比十進位數字系統單純，但因人們較不熟悉二進位數，所以認為它比十進位數困難。

因為十進位數字系統有 0 到 9 十個數字，且以 10 為基底，所以在十進位計數中，若只用一位數，就只能由 0D 數到 9D。若使用二位數，就可繼續由 10D 數到 99D。若使用三位數，可再由 100D 數到 999D，以此類推。

同樣地，二進位數字系統有 0 到 1 二個數字，且以 2 為基底，所以在二進位計數中，若只用一位數，就只能由 0B 數到 1B。若使用二位數，就可繼續由 10B 數到 11B。若使用三位數，可再由 100B、101B、110B 數到 111B，以此類推。表 2.2 是二進位數由 0000B 數到 1111B 的情形。

▶表 2.2　二進位數與十進位數之對應表

十進位數	二進位數	十進位數	二進位數
0	0000 B	8	1000 B
1	0001 B	9	1001 B
2	0010 B	10	1010 B
3	0011 B	11	1011 B
4	0100 B	12	1100 B
5	0101 B	13	1101 B
6	0110 B	14	1110 B
7	0111 B	15	1111 B

例 2.2 列出二進位數 (a) 11010B (b) 0111B 的指數表示式。

解答 (a) $11010B = 1 \times 2^4 + 1 \times 2^3 + 0 \times 2^2 + 1 \times 2^1 + 0 \times 2^0$

(b) $0111B = 0 \times 2^3 + 1 \times 2^2 + 1 \times 2^1 + 1 \times 2^0$

2-1-3 八進位數表示法 (O)

八進位數字系統的基底為 8，是由 $0O$、$1O$、$2O$、$3O$、$4O$、$5O$、$6O$、$7O$ 等 8 個數字所組成。每一個八進位數字都代表一個三位元的二進位數如表 2.3。

在八進位計數中，若只用一位數就只能由 $0O$ 數到 $7O$，若使用二位數、就可繼續由 $10O$ 數到 $77O$，若使用三位數就可再繼續由 $100O$ 數到 $777O$，以此類推。

▶表 2.3 十進位數、二進位數、和八進位數對應表

十進位數	二進位數	八進位數	十進位數	二進位數	八進位數
0	0000 B	0 O	8	1000 B	10 O
1	0001 B	1 O	9	1001 B	11 O
2	0010 B	2 O	10	1010 B	12 O
3	0011 B	3 O	11	1011 B	13 O
4	0100 B	4 O	12	1100 B	14 O
5	0101 B	5 O	13	1101 B	15 O
6	0110 B	6 O	14	1110 B	16 O
7	0111 B	7 O	15	1111 B	17 O

例 2.3 列出八進位數 (a) 15O (b) 1064O 的指數表示式。

解答
(a) $\quad 15O = 1 \times 8^1 + 5 \times 8^0$

(b) $\quad 1064O = 1 \times 8^3 + 0 \times 8^2 + 6 \times 8^1 + 4 \times 8^0$

2-1-4 十六進位數表示法 (H)

▶表 2.4 十六進位數、二進位數和十進位數對應表

十進位數	二進位數	八進位數	十六進位數	十進位數	二進位數	八進位數	十六進位數
0	0000 B	0 O	0 H	8	1000 B	10 O	8 H
1	0001 B	1 O	1 H	9	1001 B	11 O	9 H
2	0010 B	2 O	2 H	10	1010 B	12 O	A H
3	0011 B	3 O	3 H	11	1011 B	13 O	B H
4	0100 B	4 O	4 H	12	1100 B	14 O	C H
5	0101 B	5 O	5 H	13	1101 B	15 O	D H

十進位數	二進位數	八進位數	十六進位數	十進位數	二進位數	八進位數	十六進位數
6	0110 B	6 O	6 H	14	1110 B	16 O	E H
7	0111 B	7 O	7 H	15	1111 B	17 O	F H

十六進位數字系統的基底為 16，它是由 0H、1H、2H、3H、4H、5H、6H、7H、8H、9H、AH、BH、CH、DH、EH、FH 等 16 個數字所組成。每一個十六進位數字都代表一個四位元的二進位數如表 2.4。

在十六進位計數中，若只用一位數就只能由 0H 數到 FH，若使用二位數、就可繼續由 10H 數到 FFH，若使用三位數就可再由 100H 數到 FFFH，以此類推。

例 2.4 列出十六進位數 (a) 1CH (b) 10A4H 的指數表示式。

解答 (a) $1CH = 1H \times 16^1 + CH \times 16^0$
$$= 1 \times 16^1 + 12 \times 16^0$$

(b) $10A4H = 1H \times 16^3 + 0H \times 16^2 + AH \times 16^1 + 4H \times 16^0$
$$= 1 \times 16^3 + 0 \times 16^2 + 10 \times 16^1 + 4 \times 16^0$$

2-2 數字系統轉換法

2-2-1 二進位與十進位的轉換

1. **二進位數轉換成十進位數**：二進位數是一種加權數 (Weighted number)。只要求每個位元與權數積之總和，即可得到此二進位數的十進位值。

   a. 整數部份：二進位整數的最右邊位元稱為最低有效位元 (Least Significant Bit；縮寫 LSB)，其權數為 $2^0 = 1$，其餘各位元的權數由右至左，以二的次方遞增。進位整數部份的最左邊位元稱為最高有效位元 (Most Significant Bit；縮寫 MSB)。

   二進位權數：　　2^7　2^6　2^5　2^4　2^3　2^2　2^1　2^0
   權數值：　　　　128　64　32　16　8　4　2　1

例 2.5　將二進位數 10111101B 轉換成十進位數。

解答
$$10111101B = 1 \times 2^7 + 0 \times 2^6 + 1 \times 2^5 + 1 \times 2^4 + 1 \times 2^3 + 1 \times 2^2 + 0 \times 2^1 + 1 \times 2^0$$
$$= 128 + 0 + 32 + 16 + 8 + 4 + 0 + 1$$
$$= 189$$

b. 小數部份：二進位浮點數表示法與十進位數表示法類似，小數點左邊為整數，小數點右邊為小數，小數的權數值如下：

二進位權數：　　2^{-1}　　2^{-2}　　2^{-3}　　2^{-4}

權數值：　　　　0.5　　0.25　　0.125　　0.0625

例 2.6　將二進位小數 (a) 0.1101B 與 (b) 110.11B 轉換成十進位小數。

解答
(a)　$0.1101B = 1 \times 2^{-1} + 1 \times 2^{-2} + 0 \times 2^{-3} + 1 \times 2^{-4}$
$$= 0.5 + 0.25 + 0 + 0.0625$$
$$= 0.8125$$
(b)　$110.11B = 1 \times 2^2 + 1 \times 2^1 + 0 \times 2^0 + 1 \times 2^{-1} + 1 \times 2^{-2}$
$$= 4 + 2 + 0 + 0.5 + 0.25$$
$$= 6.75$$

2. **十進位數轉換成二進位數**：十進位數轉換成二進位數必須將整數部分和小數部分分開討論。

　　a. 整數部分：

　　　因數分解法：十進位數以 2 的因數分解，直到無 2 的因數為止。

　　　連續除以 2 法：十進位數連續除以 2，一直除到商等於 0 為止。

例 2.7　以因式分解法將十進位數 27 轉換成二進位數。

解答
$27 = 2 \times 13 + 1$
$$= 2 \times (2 \times 6 + 1) + 1$$
$$= 2 \times (2 \times (2 \times 3 + 0) + 1) + 1$$
$$= 2 \times (2 \times (2 \times (2 \times 1 + 1) + 0) + 1) + 1$$
$$= 1 \times 2^4 + 1 \times 2^3 + 0 \times 2^2 + 1 \times 2^1 + 1 \times 2^0$$
$$= 11011B$$

例 2.8 以連續除 2 法將十進位數 36 轉換為二進位數。

解答 將 36 連續除以 2 直到商等於 0，再將餘數由 MSB 排列至 LSB 即得。

$$
\begin{array}{r|l}
2 & 36 \\
2 & 18 \longrightarrow 0 \ (\text{LSB}) \\
2 & 9 \longrightarrow 0 \\
2 & 4 \longrightarrow 1 \\
2 & 2 \longrightarrow 0 \\
2 & 1 \longrightarrow 0 \\
& 0 \longrightarrow 1 \ (\text{MSB})
\end{array}
$$

因此 $36 = 100100B$

b. 小數部分：

連續乘 2 法：將十進位小數連續乘 2 再將整數轉換成二進位數值。

權數和法：將十進位小數分解成二進位權數之和。

例 2.9 以連續乘 2 法將十進位小數 0.3125 轉換成二進位小數。

解答
$$0.3125 \times 2 = 0.6250 \qquad 取整數 0 \quad (\text{MSB})$$
$$0.6250 \times 2 = 1.2500 \qquad 取整數 1$$
$$0.2500 \times 2 = 0.5000 \qquad 取整數 0$$
$$0.5000 \times 2 = 1.0000 \qquad 取整數 1 \quad (\text{LSB})$$

因此 $0.3125 = 0.0101B$

例 2.10 以權數和法將十進位小數 0.625 轉換成二進位小數。

解答
$$
\begin{aligned}
0.625 &= 0.500 + 0.125 \\
&= 1 \times 2^{-1} + 1 \times 2^{-3} \\
&= 1 \times 2^{-1} + 0 \times 2^{-2} + 1 \times 2^{-3} \\
&= 0.101B
\end{aligned}
$$

2-2-2　八進位與十進位的轉換

1. 八進位數轉換成十進位數：方法與二進位數轉換成十進位數的方法相似，只是八進位的權數改為 8 的次方。所以要將八進位數轉換成十進位數，是將每一個八進位數字分別乘以其權數，再將這些乘積加起來。

八進位之權數：　　　　8^3　　8^2　　8^1　　8^0

權數值：　　　　　　512　　64　　8　　1

例 2.11　將八進位數 1374O 轉換為十進位數。

解答　$1374O = 1 \times 8^3 + 3 \times 8^2 + 7 \times 8^1 + 4 \times 8^0$

$\qquad\qquad = 1 \times 512 + 3 \times 64 + 7 \times 8 + 4 \times 1$

$\qquad\qquad = 764$

2. 十進位數轉換成八進位數：方法與十進位數轉換成二進位數時，使用連續除以 2 之方法相似，只是改為連續除以 8。

例 2.12　將十進位數 525 轉換為八進位數。

解答　將 525 連續除以 8 直到商等於 0，再將餘數由 MSB 排列至 LSB。

```
8 |  525
8 |   65  ──────→  5 (LSB)
8 |    8  ──────→  1
8 |    1  ──────→  0
       0  ──────→  1 (MSB)
```

因此 525=1015O

2-2-3　十六進位與十進位的轉換

1. 十六進位數轉換成十進位數：十六進位數轉換成十進位數的方法與二進位數轉換成十進位數的方法相似，只是十六進位的權數改為 16 的次方。所以要將十六進位數轉換成十進位數，是將每一個十六進位數字分別乘以其權數，再將這些乘積加起來。

十六進位權數：　　　　16^3　　16^2　　16^1　　16^0

權數值：　　　　　　4096　　256　　16　　1

例 2.13 將十六進位數 A18DH 轉換為十進位數。

解答
$$A18DH = AH \times 16^3 + 1H \times 16^2 + 8H \times 16^1 + DH \times 16^0$$
$$= 10 \times 16^3 + 1 \times 16^2 + 8 \times 16^1 + 13 \times 16^0$$
$$= 10 \times 4096 + 1 \times 256 + 8 \times 16 + 13 \times 1$$
$$= 41357$$

2. 十進位數轉換成十六進位數：十進位數轉換成十六進位數的方法也與十進位數轉換成二進位數時，使用連續除以 2 之方法相似，只是改為連續除以 16。

例 2.14 將十進位數 845 轉換為十六進位數。

解答 將 845 連續除以 16 直到商等於 0，再將餘數由 MSB 排列至 LSB 即得。

```
16 │ 845
16 │  52  ──────→  13=DH (LSB)
16 │   3  ──────→   4=4H
        0  ──────→   3=3H (MSB)
```

因此 845=34DH

2-2-4　八進位與二進位的轉換

1. 二進位轉換成八進位數：由於 3 個二進位數恰好對應一個八進位數，所以要將二進位數轉換成八進位數，只須從二進位小數點為基準，向左 (或向右) 將二進位數以 3 個位元為一組，不滿 3 位元則向左 (或向右) 補 0，再以對應的八進位數值代入每一組位元即可。

例 2.15 將下列二進位數轉換為八進位數。
(a) 111001110000B 與 (b) 1011110010.11B

解答 (a)
111	001	110	000 B
↓	↓	↓	↓
7	1	6	0 O

(b)	··1	011	110	010	.	11·	B
	↓	↓	↓	↓	↓	↓	
	001	011	110	010	.	110	B
	↓	↓	↓	↓	↓	↓	
	1	3	6	2	.	6	O

2. 八進位數轉換成二進位數：要將八進位數轉換成二進位數，只須將上述步驟反過來即可，並且以 3 個二進位位元取代八進位數。

例 2.16 將八進位數 (a) 2370O 與 (b) 360.5O 轉換為二進位數。

解答

(a)	2	3	7	0	O
	↓	↓	↓	↓	
	010	011	111	000	B

(b)	3	6	0	.	5	O
	↓	↓	↓	↓	↓	
	011	110	000	.	101	B

2-2-5　十六進位與二進位的轉換

1. 二進位轉換成十六進位數：由於 4 個二進位數恰好對應一個十六進位數，所以要將二進位數轉換成十六進位數，只須從二進位小數點為基準，向左 (或向右)將二進位數以 4 個位元為一組，不滿 4 位元則向左 (或向右) 補 0，再以對應的十六進位數值代入每一組位元即可。

例 2.17 將下列二進位數轉換為十六進位數。
(a) 1010101100101000B 與 (b) 1110100100110.101B

解答

(a)	1010	1011	0010	1000	B
	↓	↓	↓	↓	
	A	B	2	8	H

(b)	···1	1101	0010	0110	.	101·	B
	↓	↓	↓	↓	↓	↓	
	0001	1101	0010	0110	.	1010	B
	↓	↓	↓	↓	↓	↓	
	1	D	2	6	.	A	H

2. 十六進位數轉換成二進位數：要將十六進位數轉換成二進位數，只須將上述步驟反過來即可，並且以 4 個二進位位元取代十六進位數。

例 2.18 將十六進位數 (a) 8F30H 與 (b) 3B6.CH 轉換為二進位數。

解答 (a)

8	F	3	0	H
↓	↓	↓	↓	
1000	1111	0011	0000	B

(b)

3	B	6	.	C	H
↓	↓	↓	↓	↓	
0011	1011	0110	.	1100	B

2-3 二進位補數

2-3-1　9's 補數

十進位數的 9's 補數 (9's complement)，是每位數用 9 去減而不考慮借位。

▶表 2.5　十進位數與 9's 補數對應表

十進位數	9's 補數
0	9
1	8
2	7
3	6
4	5
5	4
6	3
7	2
8	1
9	0

例 2.19　求十進位數 (a) 3　(b) 38　(c) 751　(d) 5692 的 9's 補數。

解答　(a) 3 的 9's 補數

$$
\begin{array}{r}
9 \\
-\ 3 \\
\hline
6
\end{array}
$$

(b) 38 的 9's 補數

$$
\begin{array}{r}
99 \\
-\ 38 \\
\hline
61
\end{array}
$$

(c) 751 的 9's 補數

$$
\begin{array}{r}
999 \\
-\ 751 \\
\hline
248
\end{array}
$$

(d) 5692 的 9's 補數

$$
\begin{array}{r}
9999 \\
-\ 5692 \\
\hline
4307
\end{array}
$$

2-3-2　10's 補數

十進位數的 10's 補數 (10's complement)，是以 9's 補數再加 1 如下面公式所示，表 2.6 顯示 0 到 9 的 10's 補數。

10's 補數＝9's 補數＋1

▶表 2.6　十進位數與 10's 補數的對應表

十進位數	10's 補數
0	10
1	9
2	8
3	7
4	6
5	5
6	4
7	3
8	2
9	1

例 2.20 求十進位數 (a) 3 (b) 38 (c) 751 (d) 5692 的 10's 補數。

解答 (a) 3 的 10's 補數

$$
\begin{array}{r}
9 \\
- \quad 3 \\
\hline
6 \\
+ \quad 1 \\
\hline
7
\end{array}
$$

(b) 38 的 10's 補數

$$
\begin{array}{r}
99 \\
- \quad 38 \\
\hline
61 \\
+ \quad 01 \\
\hline
62
\end{array}
$$

(c) 751 的 10's 補數

$$
\begin{array}{r}
999 \\
- \quad 751 \\
\hline
248 \\
+ \quad 001 \\
\hline
249
\end{array}
$$

(d) 5692 的 10's 補數

$$
\begin{array}{r}
9999 \\
- \quad 5692 \\
\hline
4307 \\
+ \quad 0001 \\
\hline
4308
\end{array}
$$

2-3-3 1's 補數

二進位數的 1's 補數 (1's complement)，是 1 減去每一位數所得到的數字。更簡單的方法就是將二進位數中的 1 變 0，0 變 1。

例 2.21 求 (a) 0110B (b) 1101B (c) 10010101B (d) 00010101B 的 1's 補數。

解答	二進位數	1's 補數
(a)	0110B	1001B
(b)	1101B	0010B
(c)	10010101B	01101010B
(d)	00010111B	11101000B

2-3-4 2's 補數

二進位數的 2's 補數(2's complement)，是以 1's 補數再加上 1 如下面公式所示。

> **2's 補數＝1's 補數＋1**

例 2.22 求(a) 0101 B (b) 1011 B (c) 01100100 B (d) 10000010 B 的 2's 補數。

解答	二進位數	1's 補數	2's 補數
(a)	0101B	1010B	1011B
(b)	1011B	0100B	0101B
(c)	01100100B	10011011B	10011100B
(d)	10000010B	01111101B	01111110B

2-4 二進位負數表示法

2-4-1 負數概論

由於數位電腦和計算器要處理正負數，故必須有某種方法來表示正負數的符號，若以增加硬體線路來區分正負號，將不合乎經濟效益。所以為了避免增加硬體線路的複雜性，通常在數字前面加上符號位元 (sign bit) 來區分正負號，"0" 表示 "+"，"1" 表示 "-"。符號位元用來表示所儲存的二進位數是正數或負數。

對正數而言符號位元為 0，其餘的位元通常用來表示二進位數的大小。對負數而言則有三種方式來表示數值的大小。

1. 真值式 (true-magnitude form)
2. 1's 補數式 (1's complement form)
3. 2's 補數式 (2's complement form)

2-4-2 真值式表示法

以數字絕對值大小之等效二進位數字，並在數值的最高位元左邊加上符號位元。如表 2.7 所示：

▶表 2.7　真值式表示法

正負數值	符號位元	數值大小
+3	0	0000011
+2	0	0000010
+1	0	0000001
0	0	0000000
-1	1	0000001
-2	1	0000010
-3	1	0000011

例 2.23　求 (a) 35H (b) A8H (c) 7234H (d) 8051H 的真值式負數表示法。

解答

(a)

3	5	H	;35H
↓	↓		;轉為二進位表示法
0011	0101 B		;MSB = 0 表正數
↓	↓		;將最高有效位元變號
1011	0101 B		;MSB = 1 表負數
↓	↓		;轉為十六進位表示法
B	5	H	;B5$H = -35H$

(b)

A	8	H	;A8H
↓	↓		;轉為二進位表示法
1010	1000 B		;MSB = 1 表負數
↓	↓		;將最高有效位元變號
0010	1000 B		;MSB = 0 表正數
↓	↓		;轉為十六進位表示法
2	8	H	;28$H = -$A8H

(c)

7	2	3	4	H	;7234H
↓	↓	↓	↓		;轉為二進位表示法
0111	0010	0011	0100 B		;MSB = 0 表正數
↓	↓	↓	↓		;將最高有效位元變號
1111	0010	0011	0100 B		;MSB = 1 表負數
↓	↓	↓	↓		;轉為十六進位表示法
F	2	3	4	H	;F234$H = -7234H$

(d)	8	0	5	1	*H*	;8051*H*
	↓	↓	↓	↓		;轉為二進位表示法
	1000	0000	0101	0001 *B*		;MSB = 1 表負數
	↓	↓	↓	↓		;將最高有效位元變號
	0000	0000	0101	0001 *B*		;MSB = 0 表正數
	↓	↓	↓	↓		;轉為十六進位表示法
	0	0	5	1	*H*	;0051*H* = −8051*H*

2-4-3　1's 補數式表示法

二進位數的 1's 補數，是將數字中所有的 0 變成 1，1 變成 0。用來當負數用的 1's 補數，是令其符號位元為 1，而將其數值由二進位數改成 1's 補數。表 2.8 為八位元 1's 補數形式之正負數表示法。

▶表 2.8　1's 補數負數表示法

正負數值	符號位元	數值大小
+3	0	0000011
+2	0	0000010
+1	0	0000001
0	0	0000000
-1	1	1111110
-2	1	1111101
-3	1	1111100

例 2.24　求 (a) 57H (b) 83H (c) 195AH (d) 9831H 的 1's 補數負數表示法。

解答	(a)	5	7	*H*	;57*H*
		↓	↓		;轉為二進位表示法
		0101	0111 *B*		;MSB = 0 表正數
		↓	↓		;取 1's 補數
		1010	1000 *B*		;MSB = 1 表負數
		↓	↓		;轉為十六進位表示法
		A	8	*H*	;A8*H* = −57*H*

(b)	8	3	H		;83H
	↓	↓			;轉為二進位表示法
	1000	0011 B			;MSB＝1 表負數
	↓	↓			;取 1's 補數
	0111	1100 B			;MSB＝0 表正數
	↓	↓			;轉為十六進位表示法
	7	C	H		;7CH＝－83H

(c)	1	9	5	A	H	;195AH
	↓	↓	↓	↓		;轉為二進位表示法
	0001	1001	0101	1010 B		;MSB＝0 表正數
	↓	↓	↓	↓		;取 1's 補數
	1110	0110	1010	0101 B		;MSB＝1 表負數
	↓	↓	↓	↓		;轉為十六進位表示法
	E	6	A	5	H	;E6A5H＝－195AH

(d)	9	8	3	1	H	;9831H
	↓	↓	↓	↓		;轉為二進位表示法
	1001	1000	0011	0001 B		;MSB＝1 表負數
	↓	↓	↓	↓		;取 1's 補數
	0110	0111	1100	1110 B		;MSB＝0 表正數
	↓	↓	↓	↓		;轉為十六進位表示法
	6	7	C	E	H	;67CEH＝－9831H

2-4-4　2's 補數式表示法

　　二進位數的 2's 補數，是以 1's 數再加上 1 即得。而二進位數的 2's 補數正可以表示該數二進位數的負數。表 2.9 為八位元 2's 補數形式之正負數表示法。

▶表 2.9　2's 補數負數表示法

正負數值	符號位元	數值大小
+3	0	0000011
+2	0	0000010
+1	0	0000001
0	0	0000000
-1	1	1111110
-2	1	1111101
-3	1	1111100

例 2.25 求 (a) 62H (b) C3H (c) 0158H (d) FFFFH 的 2's 補數負數表示法。

解答

(a)

6	2	H	;62H
↓	↓		;轉為二進位表示法
0110	0010	B	;MSB = 0 表正數
↓	↓		;取 2's 補數
1001	1110	B	;MSB = 1 表負數
↓	↓		;轉為十六進位表示法
9	E	H	;9EH = −62H

(b)

C	3	H	;C3H
↓	↓		;轉為二進位表示法
1100	0011	B	;MSB = 1 表負數
↓	↓		;取 2's 補數
0011	1101	B	;MSB = 0 表正數
↓	↓		;轉為十六進位表示法
3	D	H	;3DH = −C3H

(c)

0	1	5	8	H	;0158H
↓	↓	↓	↓		;轉為二進位表示法
0000	0001	0101	1000	B	;MSB = 0 表正數
↓	↓	↓	↓		;取 2's 補數
1111	1110	1010	1000	B	;MSB = 1 表負數
↓	↓	↓	↓		;轉為十六進位表示法
F	E	A	8	H	;FEA8H = −0158H

(d)

F	F	F	F	H	;FFFFH
↓	↓	↓	↓		;轉為二進位表示法
1111	1111	1111	1111	B	;MSB = 1 表負數
↓	↓	↓	↓		;取 2's 補數
0000	0000	0000	0001	B	;MSB = 0 表正數
↓	↓	↓	↓		;轉為十六進位表示法
0	0	0	1	H	;FFFFH = −0001H

2-5 二進位算術運算

2-5-1 二進位加法運算

二進位數字加法的四個基本規則如下：

$$
\begin{array}{r} 0B \\ +\ 0B \\ \hline 0B \end{array}
\qquad
\begin{array}{r} 0B \\ +\ 1B \\ \hline 1B \end{array}
\qquad
\begin{array}{r} 1B \\ +\ 0B \\ \hline 1B \end{array}
\qquad
\begin{array}{r} 1B \\ +\ 1B \\ \hline 1\ 0B \end{array}
$$

進位

多位數相加時，則必須考慮進位位元，若進位位元為 0，其規則與上式相同，若進位位元為 1，則其規則如下：

$$
\begin{array}{r} 1B \\ 0B \\ +\ 0B \\ \hline 1B \end{array}
\qquad
\begin{array}{r} 1B \\ 0B \\ +\ 1B \\ \hline 1\ 0B \end{array}
\qquad
\begin{array}{r} 1B \\ 1B \\ +\ 0B \\ \hline 1\ 0B \end{array}
\qquad
\begin{array}{r} 1B \\ 1B \\ +\ 1B \\ \hline 1\ 1B \end{array}
$$

進位   進位   進位

例 2.26 求二進位數的加法運算

(a) 11B + 10B   (b) 111B + 10B (c) 1111B + 1010B   (d) 11101B + 01101B

解答	二進位之和	十進位之和
(a)	$\begin{array}{r} 11B \\ +\ 10B \\ \hline 101B \end{array}$	$\begin{array}{r} 3 \\ +\ 2 \\ \hline 5 \end{array}$
(b)	$\begin{array}{r} 111B \\ +\ 010B \\ \hline 1001B \end{array}$	$\begin{array}{r} 7 \\ +\ 2 \\ \hline 9 \end{array}$
(c)	$\begin{array}{r} 1111B \\ +\ 1010B \\ \hline 11001B \end{array}$	$\begin{array}{r} 15 \\ +\ 10 \\ \hline 25 \end{array}$
(d)	$\begin{array}{r} 11101B \\ +\ 01101B \\ \hline 101010B \end{array}$	$\begin{array}{r} 29 \\ +\ 13 \\ \hline 42 \end{array}$

2-5-2　二進位減法運算

　　一般減法運算中二進位數字減法的四個基本規則如下。當較小數減較大數時候，必須相左邊一行借位，如下面第四的規則。

$$
\begin{array}{cccc}
0 & 1 & 1 & 10 \\
- \;0 & - \;1 & - \;0 & - \;1 \\
\hline
0 & 0 & 1 & 01 \\
& & & \text{借位}
\end{array}
$$

例 2.27　求二進位數的減法運算及其對等的十進位減法運算。
(a) 10B - 01B　(b) 11B + 10B

解答

	二進位之差	十進位之差
(a)	10B − 01B ────── 01B	2 − 1 ───── 1
(b)	11B − 10B ────── 01B	3 − 2 ───── 1

例 2.28　求二進位數的減法運算(有借位)　101B - 010B。

解答
$$
\begin{array}{r}
101B \\
- \;010B \\
\hline
???B
\end{array}
$$

步驟一由最低有效位元 (LSB) 開始相減，1-0=1。
$$
\begin{array}{r}
101B \\
- \;010B \\
\hline
1B
\end{array}
$$

步驟二做右邊第二行相減時必須向左邊一行借位，10-1=1。
$$
\begin{array}{r}
101B \\
- \;010B \\
\hline
11B
\end{array}
$$

步驟三再做最左一行相減時，因 1 已被借走，所以 0-0=0。
$$
\begin{array}{r}
101B \\
- \;010B \\
\hline
011B
\end{array}
$$

2's 補數減法運算

2'補數減法運算的方式是：將被減數加上減數的 2's 補數，再將進位 (end-round carry, 端迴進位) "捨棄" 即得到差。**注意：根據 2's 補數的負數表示法，若差值的最高位元為 0 時表該差值為正數，若差值的最高位元為 1 時表示該差值為負數。**

> 運算值＝被減數＋減數的 2's 補數
> 差 值＝運算值 "捨棄" 端迴進位

例 2.29 利用 2's 補數來執行減法運算。
(a) 1110B-1001B (b) 1001B-1110B

解答

	一般減法	2's 補數減法	
(a)	$1110B$ $-\ \ 1001B$ $\overline{\ \ 0101B}$	$1110B$ $+\ \ 1001B$ $\overline{1\ 0101B}$ 捨棄	;1001B 的 2's 補數 ;差值=0101B
(b)	$1001B$ $-\ \ 1110B$ $\overline{-0101B}$	$1001B$ $+\ \ 0010B$ $\overline{1011B}$	;1110B 的 2's 補數 ;差值=-0101B

2-5-3 二進位乘法運算

二進位數字乘法的四個基本規則如下。二進位數的乘法運算和十進位乘法運算方式相同。但因乘數只有 0 和 1，所以其運算過程比較簡單。

$$\begin{array}{r} 0 \\ \times\ 0 \\ \hline 0 \end{array} \qquad \begin{array}{r} 0 \\ \times\ 1 \\ \hline 0 \end{array} \qquad \begin{array}{r} 1 \\ \times\ 0 \\ \hline 0 \end{array} \qquad \begin{array}{r} 1 \\ \times\ 1 \\ \hline 1 \end{array}$$

例 2.30 求二進位乘法運算及其對等的十進位乘法運算。
(a) 11B× 10B (b) 110B×101B (c) 1101B×1011B

解答

	二進位之積	十進位之積
(a)	$11B$ $\times\ \ 10B$ $\overline{\ \ 00B}$ $+\ 11\ B$ $\overline{110B}$	3 $\times\ 2$ $\overline{6}$

$$
\begin{array}{r}
(b) \qquad 110B \\
\times \quad 101B \\
\hline
110B \\
000\ B \\
+\ 110\quad B \\
\hline
11110B
\end{array}
\qquad
\begin{array}{r}
6 \\
\times\ 5 \\
\hline
30
\end{array}
$$

$$
\begin{array}{r}
(c) \qquad 1001B \\
\times \quad 1011B \\
\hline
1001B \\
1001\ B \\
0000\quad B \\
+\ 1001\quad\ B \\
\hline
1100011B
\end{array}
\qquad
\begin{array}{r}
9 \\
\times\ 11 \\
\hline
99
\end{array}
$$

2-5-4　二進位除法運算

二進位數除法運算過程和十進位數除法運算相同，通常稱為長除法，但二進位除法只有 0 與 1，所以比十進位數運算簡單很多。

例 2.31　求二進位數除法運算和對等的十進位除法運算。
(a) 110B÷11B　(b) 1001B÷11B　(c) 1010.0B÷100B

解答	二進位之商	十進位之商

$$
(a)
\qquad
\begin{array}{r}
10B \\
11B\overline{)110B} \\
\underline{11B} \\
0B
\end{array}
\qquad\qquad
\begin{array}{r}
2 \\
3\overline{)6} \\
\underline{6} \\
0
\end{array}
$$

$$
(b)
\qquad
\begin{array}{r}
11B \\
11B\overline{)1001B} \\
\underline{11\ B} \\
11B \\
\underline{11B} \\
0B
\end{array}
\qquad\qquad
\begin{array}{r}
3 \\
3\overline{)9} \\
\underline{9} \\
0
\end{array}
$$

$$
(c)
\qquad
\begin{array}{r}
10.1B \\
100B\overline{)1010.0B} \\
\underline{100\quad B} \\
10.0B \\
\underline{10.0B} \\
0.0B
\end{array}
\qquad\qquad
\begin{array}{r}
2.5 \\
4\overline{)10.0} \\
\underline{8.0} \\
2.0 \\
\underline{2.0} \\
0.0
\end{array}
$$

2-6 十六進位算術運算

2-6-1 十六進位加法運算

十六進位數的加法可以直接運算，只須注意十六進位數的 10 到 15 的值，其符號為 A，B，C，D，E，F，以及二數相加須超過 F 才進位。

例 2.32 計算下列十六進位數的加法運算。
(a) 19H+33H (b) 2BH+63H (c) 85H+4CH (d) AFH+7BH

解答

(a)		(b)		(c)		(d)	
	$19H$		$2BH$		$85H$		AFH
+	$33H$	+	$63H$	+	$4CH$	+	$7BH$
	$4CH$		$8EH$		$D1H$		$12AH$

2-6-2 十六進位減法運算

十六進位數的減法可以直接運算，但須注意其借位以十六為單位，且每一位數的十六進位數可換成四位元的二進位數，所以十六進位的減法運算亦可換成二進位數之後，再進行二進位補數減法運算。

例 2.33 求十六進位的減法運算 (a) 93H - 1BH (b) 55H - 74H。

解答

	直接減法	二進位 2's 補數減法
(a)	$93H$	$10010011B$
	$- \quad 1BH$	$+ \quad 11100101B$
	$78H$	$1\ 01111000B$
		捨棄
(b)	$55H$	$01010101B$
	$+ \quad 74H$	$+ \quad 10000101B$
	$D1H$	$11011010B$

2-7 二進位編碼十進位數 (BCD)

2-7-1 BCD 碼簡介

邏輯電路的內部皆是以二進位的方式來運算，但邏輯電路外的世界幾乎都是十進位的運算，所以我們經常要做十進位數和二進位數之間的轉換。我們已知大數目在十進位數和二進位數之間的轉換會變得長且複雜，因此在某些情形下就要使用混合二進位數和十進位數的十進位編碼方法。

BCD (binary-code decimal) 是二進位編碼的十進位數。BCD 碼是將每一個十進位數字轉換成等值四位元的二進位數。如表 2.10 所示

▶表 2.10 BCD 碼與十進位數的對應表

BCD	十進位數	BCD	十進位數
0000	0	0101	5
0001	1	0110	6
0010	2	0111	7
0011	3	1000	8
0100	4	1001	9

> BCD 碼由四位元所組成，即從 0000B 至 1001B。因十進位數的最大值為 9，因此二進位 1010B 至 1111B 大於 9 不能存在於 BCD 碼中。若將以上六種 BCD 禁制碼，輸入到使用 BCD 碼運算的機器中，則會發生錯誤。

2-7-2 BCD 碼與十進位數的轉換

1. 十進位數轉換成 BCD 碼：方法類似十六進位數轉換成二進位數的方法，將十進位的每一位數直接轉換成表 2.10 中對應的二進位碼。

例 2.34 將十進位數 (a) 3 (b) 25 (c) 1673 (d) 3.5 轉換為二進位數。

解答	十進位數	BCD 碼
(a)	3	$0011B$
(b)	25	$0010\ 0101B$
(c)	1673	$0001\ 0110\ 0111\ 0011B$
(d)	3.5	$0011.0101B$

2. BCD 碼轉換成十進位數：方法類似二進位數轉換成十六進位數的方法，將二進位的每 4 位數直接轉換成表 2.10 中對應的十進位數。

例 2.35 將下列 BCD 碼轉換成十進位數。
(a) 10010011B (b) 01110010B (c) 10000101B (d) 01101101B

解答

(a)	1001	0011	B
	↓	↓	
	9	3	

(b)	0111	0010	B
	↓	↓	
	7	2	

(c)	1000	0101	B
	↓	↓	
	8	5	

(d)	0110	1101	B
	↓	↓	
	6	D	

禁止碼(錯誤BCD碼)

2-7-3　BCD 加法

1.　將二個 BCD 碼以四位元為一組做二進位數的加法運算。

2.　若四位元的和小於或等於 9，且無進位產生，其和為有效 BCD 數。

3.　若四位元的和大於 9 或有進位產生，則此 BCD 數無效，必須再將和加上 6 (0110*B*)，使其成為有效的 BCD 數。

4.　若加上 6 (0110*B*) 造成進位，則將此進位加至下一位數。

例 2.36 以十進位加法與 BCD 加法計算下列之值。
(a) 38H+41H (b) 16H+28H (c) 99H+27H

解答　十進位加法　　　　　　　　　　BCD 碼加法

(a)			
	38		00111000*B*
+	41	+	01000001*B*
	79		01111001*B*

(b)			
			00010110*B*
	16	+	00101000*B*
+	28		00111110*B*
	44	+	00000110*B*
			01000100*B*

(c)			
	99		10011001*B*
+	27	+	00100111*B*
	126		11000000*B*
		+	01100110*B*
			1 00100110*B*

捨棄

說明	題 (*a*) 相加值=01111001*B* 為 BCD 碼,所以和=01111001*B*。

題 (*b*) 相加值=00111110*B* 非 BCD 碼,必須再加 00000110*B* 調整成 BCD 碼=01000100*B*,所以和=01000100*B*。

題 (*c*) 相加值=11000000*B* 非 BCD 碼,必須加 01100000*B* 調整成 BCD 碼=(1)00100110*B*,再捨棄進位後和=01000100*B*。

2-7-4　BCD 減法

　　BCD 減法運算是 10's 補數減法運算的方式是:將被減數加上減數的 10's 補數,再將進位 (end-round carry, 端迴進位) "捨棄" 即得到差。注意:因為 BCD 碼是以二進位表示,而根據 2's 補數的負數表示法,若 BCD 減法差值的最高位元為 0 時表該差值為正數,若 BCD 減法差值的最高位元為 1 時表該差值為負數。

> 運算值＝被減數＋減數的 10's 補數
> 差　值＝運算值 "捨棄" 端迴進位

例 2.37　以十進位減法與 10's 補數減法計算 (a) 54-23 (b) 82-65 之值。

解答	十進位減法	10's 補數減法

(*a*)
```
        54                01010100B
      - 23              + 01110111B
      ────              ──────────
        31                11001011B
                        + 01100110B
                        ──────────
                        1 00110001B
                         捨棄
```

(*b*)
```
        82                10000010B
      - 65              + 00110101B
      ────              ──────────
        17                10110111B
                        + 01100000B
                        ──────────
                        1 00010111B
                         捨棄
```

說明	題 (*a*) 以 10's 補數減法所得的差值=(1)00110001*B*,捨棄端迴進位後差值=00110001*B*,因為最高位元為 0 表示正數。

題 (*b*) 以 10's 補數減法所得的差值=10110111*B*,因為此差值非 BCD 碼,所以必須再加 01100000*B* 調整為 BCD 碼。調整後的差值=(1)00110001*B*,再捨棄端迴進位後差值=00110001*B*,因為最高位元為 0 表示正數。

例 2.38 以十進位減法與 BCD 減法計算 (a) 20 - 39 (b) 83 - 91 之值。

解答 十進位減法 　　　　　　　　　　　10's 補數減法

(a)
$$
\begin{array}{r}
20 \\
- \quad 39 \\
\hline
-19
\end{array}
$$

$$
\begin{array}{r}
00100000B \\
+ \quad 01100001B \\
\hline
10000001B
\end{array}
$$

(b)
$$
\begin{array}{r}
83 \\
- \quad 91 \\
\hline
-08
\end{array}
$$

$$
\begin{array}{r}
10000011B \\
+ \quad 00001001B \\
\hline
10001100B \\
+ \quad 00000110B \\
\hline
10010010B
\end{array}
$$

說明 題 (a) 以 10's 補數減法所得的差值=10000001B，因為最高位元為 1 所以差值為負數，而差值的 10's 補數=00011001B 即為對應的正數，所以差值=10000001B=-00011001B。

題 (b) 以 10's 補數減法所得的差值=10001100B，因為此差值非 BCD 碼，所以必須再加 00000110B 調整為 BCD 碼。調整後的差值=10010010B，因為最高位元為 1 所以差值為負數，而差值的 10's 補數=00001000B 即為對應的正數，所以差值=10010010B=-00001000B。

2-8 錯誤偵測碼

在數位資料傳輸過程，例如 CPU 從記憶體讀取資料或將資料寫入記憶體，都有可能發生邏輯上的辨認錯誤。而發生錯誤的類型可能為單一位元(single-bit error)錯誤，即只有一個位元發生錯誤，把 0 換成 1 或者 1 換成 0；也可能為集體錯誤(burst error)的情況，即超過一個位元被改變。

2-8-1 循環冗餘檢查

循環冗餘碼檢查(Cycle redundancy code check)是依據二進位的除法。產生器使用一個特定的除數，產生冗餘位元(稱為 CRC 餘數)附加到傳送的資料後面。而偵測器使用相同的除數來驗證接收的資料，如圖 2.1(a)所示。圖 2.1(b)顯示以 1011 為除數的循環冗餘檢查範例。

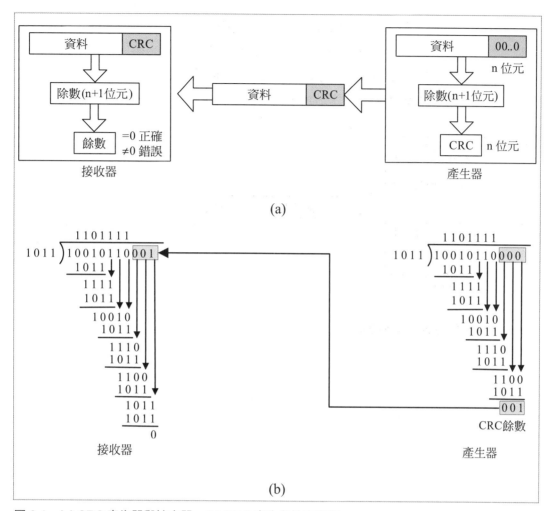

圖 2.1 (a) CRC 產生器與檢查器，(b) CRC 產生與檢查範例

2-8-2 同位位元檢查

同位位元(parity bit)偵錯法是一種能夠辨識傳送碼有無錯誤的方法，做法上是在傳送碼後面附加一個同位位元。如果附加同位位元後整個傳送碼保持偶數個 1，則該附加位元稱為**偶同位位元(even parity bit)**。反之，如果附加同位位元後整個傳送碼保持奇數個 1，則該附加位元稱為**奇同位位元(odd parity bit)**。例如，具有奇數個 1 的二進位碼為 01000011，若以偶同位元編碼，其同位位元為 1，且編碼後為 010000111，使傳送碼包含偶數個 1。若以奇同位元編碼，其同位位元為 0，且編碼後為 010000110，使傳送碼包含奇數個 1。假設接收器使用與產生器相同的同位位元約定，則檢查偶同位傳送碼是否具有偶數個 1，若為偶數個 1 則傳送碼正確，反之則錯誤。同理，檢查奇同位傳送碼是否具有奇數個 1，若為奇數個 1 則傳送碼正確，反之則錯誤。

　　顯然，同位位元偵錯法適合偵測單一位元錯誤的情形。若傳送過程若出現集體錯誤，很可能無法被發現。但是，傳送碼發生單一位元錯誤的機率已經很低，而要發生集體錯誤的機率更低，所以一般個人電腦為了節省成本，都只使用同位位元偵錯法來偵錯，若發現錯誤則令發送端重傳即可。

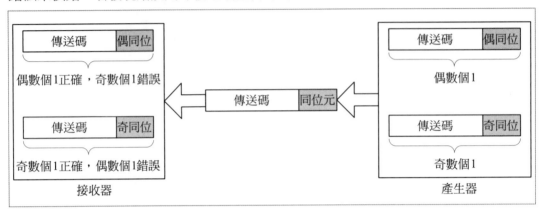

圖 2.2　(a) 同位位元產生與檢查範例

2-9 習題

1.　二進位數 01100101B 所對應的十進位數為＿＿＿＿。

   (a) 65 　　　　　　　　　　　　(b) 56

   (c) 101 　　　　　　　　　　　(d) 86

2.　十進位數 83 所對應的二進位數為＿＿＿＿。

   (a) 00111000B 　　　　　　　　(b) 10000011B

   (c) 00110101B 　　　　　　　　(d) 01010011B

3.　十六進位數 A3H 轉換成十進位數為＿＿＿＿。

   (a) 83 　　　　　　　　　　　　(b) 103

   (c) 133 　　　　　　　　　　　(d) 163

4.　十進位數 78 轉換成十六進位數為＿＿＿＿。

   (a) 4EH 　　　　　　　　　　　(b) E4H

   (c) 6EH 　　　　　　　　　　　(d) E6H

5.　BCD 碼 01001001B 轉換成十進位數為＿＿＿＿。

   (a) 43 　　　　　　　　　　　　(b) 49

   (c) 73 　　　　　　　　　　　　(d) 79

6.　十進位數 78 轉換成 BCD 碼為＿＿＿＿。

   (a) 01001110B 　　　　　　　　(b) 01111000B

   (c) 10000111B 　　　　　　　　(d) 10001000B

7.　二進位數 10101110B 轉換成八進位數為＿＿＿＿。

   (a) AEO 　　　　　　　　　　　(b) 174O

   (c) 256O 　　　　　　　　　　　(d) 512O

8.　十六進位數 65H 轉換成八進位數為＿＿＿＿。01 100 101

   (a) 65O 　　　　　　　　　　　(b) 101O

   (c) 145O 　　　　　　　　　　　(d) 192O

3 布林代數與邏輯閘

3-1 基本邏輯閘

3-1-1 簡介

圖 3.1 為邏輯電路輸入與輸出方塊圖,它可能含有一個或一個以上的輸入與輸出。然而,在數位電路中有一個或一個以上的輸入,但只有一個輸出的元件稱為閘 (Gate)。基本邏輯閘有反相閘 (NOT)、及閘 (AND),或閘 (OR),利用這三種基本邏輯閘的組合,可以設計出處理算術運算與邏輯運算的電路,甚至設計出計算器 (Calculator) 與電腦 (Computer) 的電路,這種利用邏輯閘組合而成的電路稱為邏輯電路 (Logic Circuit)。

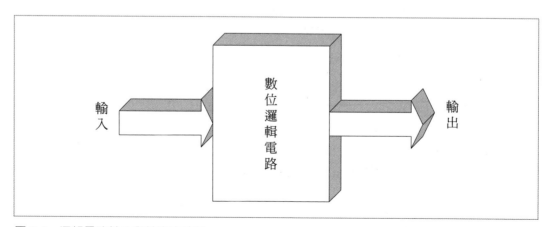

圖 3.1 邏輯電路輸入與輸出方塊圖

真值表 (Truth Table) 可以顯示邏輯閘的各種輸入狀態與輸出的關係。至於輸入狀態的組合數 (N) 與輸入個數 (n) 的關係為 N=2^n，例如：

- 一個輸入：組合數 N=2^1=2 種

- 二個輸入：組合數 N=2^2=4 種

- 三個輸入：組合數 N=2^3=8 種

- 四個輸入：組合數 N=2^4=16 種

3-1-2 反相閘 (NOT Gate)

反相閘 (NOT Gate) 的作用是改變邏輯位準，也就是將輸入的高電位(High) 轉換成低電位 (Low) 後輸出，或將輸入的低電位 (Low) 轉換成高電位 (High) 輸出；以數位而言，就是將 0 轉成 1，或是將 1 轉成 0。

反相閘 (NOT Gate) 的標準邏輯符號如圖 3.2 所示。符號輸入端或輸出端的小圓圈 (○) 為否定指示器 (negation indicator)。依據輸入信號的作用狀態 (active state)，來決定否定指示器是放在邏輯元件的輸出端或輸入端。若為高電位 (High) 觸發的反相器，則指示器放在邏輯元件的輸出端如圖 3.2(a)；若為低電位 (Low) 觸發的反相器，指示器放在邏輯元件的輸入端如圖 3.2(b)。表 3.1 為反向閘的真值表，表中顯示當輸入 A=0 時輸出 X=1；輸入 A=1 時輸出 X=0。

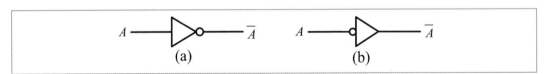

圖 3.2 反相閘的標準邏輯符號 (ANSI/IEEE Std. 91-1984)

▶表 3.1 NOT 運算真值表 (1=High, 0=Low)

輸入	輸出
A	$X = \overline{A}$
0 (低電位)	1 (高電位)
1 (高電位)	0 (低電位)

■ 例 3.1 畫出反相閘 (NOT Gate) 的二種輸入與輸出的關係。

解答

NOT 閘連續輸入運算

　　邏輯閘的輸入並非固定不變的狀態，它可以在不同的時間內輸入不同的狀態。在 NOT 閘運算中，不論其輸入是固定狀態或非固定狀態，它們在相同的時間內的運算，都是根據邏輯補數 (NOT) 真值表來運算。我們可使用方波或脈波來表示 NOT 閘連續輸入的狀態。

例 3.2 反相閘 (NOT Gate) 的輸入波形如下，試畫出其輸出波形。

解答

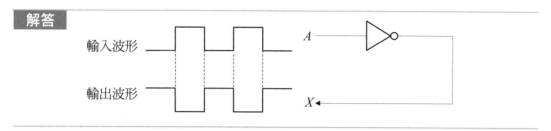

3-1-3　及閘 (AND Gate)

　　及閘 (AND Gate) 的作用是執行邏輯乘法運算，其運算方式是在二個或多個輸入之中，當所有的輸入皆為高電位 (High) 時，則輸出為高電位 (High)；**以數位而言，就是在二個或多個輸入中，所有的輸入皆為 1，則輸出為 1。**

　　圖 3.3(a) 為二輸入及閘與圖 3.3(b)為三輸入及閘的標準邏輯符號。表 3.2 為二變數邏輯乘法 (AND) 運算的真值表。表 3.3 為三變數邏輯乘法 (AND) 運算的真值表。

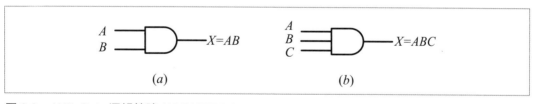

圖 3.3　AND Gate 邏輯符號 (ANSI/IEEE Std. 91-1984)

▶表 3.2　二變數 AND 運算真值表 (1=High, 0=Low)

輸入		輸出
A	**B**	**X=A˙B**
0	0	0
0	1	0
1	0	0
1	1	1

▶表 3.3　三變數 AND 運算真值表 (1=High, 0=Low)

輸入			輸出
A	**B**	**C**	**X=A·B·C**
0	0	0	0
0	0	1	0
0	1	0	0
0	1	1	0
1	0	0	0
1	0	1	0
1	1	0	0
1	1	1	1

例 3.3　畫出二輸入及閘 (AND Gate) 的四種輸入位準組合。

解答

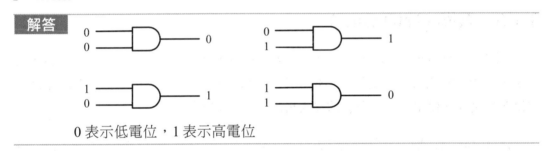

0 表示低電位，1 表示高電位

AND 閘連續輸入運算

　　邏輯閘的輸入並非固定不變的狀態，它可以在不同的時間內輸入不同的狀態。在 AND 閘運算中，不論其輸入是固定狀態或非固定狀態，它們在相同的時間內的運算，都是根據邏輯乘法 (AND) 真值表來運算。我們可使用方波或脈波來表示 AND 閘連續輸入的狀態。

例 3.4　及閘 (AND) 的二輸入波形如 A, B，試畫出其輸出波形 X。

解答

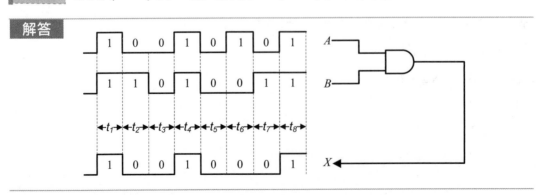

3-1-4 或閘 (OR Gate)

或閘 (OR Gate) 的作用是執行邏輯加法運算，其運算方式是在二個或多個輸入之中，只要其中任何一個輸入為高電位 (High)，則輸出為高電位 (High)；**以數位而言，就是在二個或多個輸入中，只要任何一個輸入為 1，則輸出為 1**。

圖 3.4(a) 為二輸入與圖 3.4(b) 為三輸入或閘的標準邏輯符號。表 3.4 為二個變數邏輯加法 (OR) 運算的真值表，表 3.5 為三個變數邏輯加法 (OR) 運算的真值表。

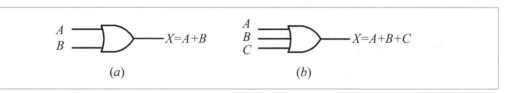

圖 3.4　OR Gate 邏輯符號 (ANSI/IEEE Std. 91-1984)

▶表 3.4　二變數 OR 運算真值表 (1=High, 0=Low)

輸入		輸出
A	B	X=A+B
0	0	0
0	1	1
1	0	1
1	1	1

▶表 3.5　三變數 OR 運算真值表 (1=High, 0=Low)

輸入			輸出
A	B	C	X=A+B+C
0	0	0	0
0	0	1	1
0	1	0	1
0	1	1	1
1	0	0	1
1	0	1	1
1	1	0	1
1	1	1	1

例 3.5 畫出二輸入或閘 (OR Gate) 的四種輸入位準組合。

解答

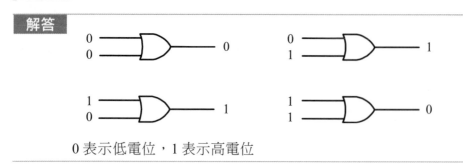

0 表示低電位，1 表示高電位

OR 閘連續輸入運算

　　邏輯閘的輸入並非固定不變的狀態，它可以在不同的時間內輸入不同的狀態。在 OR 閘運算中，不論其輸入是固定狀態或非固定狀態，它們在相同的時間內的運算，都是根據邏輯加法 (OR) 真值表來運算。我們可使用方波或脈波來表示 OR 閘連續輸入的狀態。

例 3.6 或閘 (OR) 的二輸入波形如 A, B，試畫出其輸出波形 X。

解答

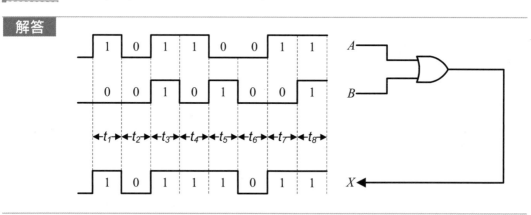

3-1-5 反及閘 (NAND Gate)

　　反及閘 (NOT AND Gate) 的作用是先執行邏輯乘法運算，再執行反相運算，所以反及閘的輸出結果與及閘的輸出結果相反。其運算方式是在二個或多個輸入之中，當所有的輸入皆為高電位 (High) 時，則輸出為低電位 (Low)；**以數位而言，就是在二個或多個輸入中，當所有的輸入皆為 1 時，則輸出為 0。**

　　圖 3.5(a) 為二輸入與圖 3.5(b) 為三輸入反及閘 (NAND Gate) 的標準邏輯符號。它們是在及閘邏輯符號前面加上否定指示器 (○)。表 3.6 為二變數 NAND 運算的真值表，表 3.7 為三變數 NAND 運算的真值表。

圖 3.5　NAND Gate 邏輯符號 (ANSI/IEEE Std. 91-1984)

▶表 3.6　二變數 NAND 運算真值表 (1=High, 0=Low)

輸入		輸出	
A	**B**	$X = A \cdot B$	$X = \overline{A \cdot B}$
0	0	0	1
0	1	0	1
1	0	0	1
1	1	1	0
		AND	NAND

▶表 3.7　三變數 NAND 運算真值表 (1=High, 0=Low)

輸入			輸出	
A	**B**	**C**	$X = A \cdot B \cdot C$	$X = \overline{A \cdot B \cdot C}$
0	0	0	0	1
0	0	1	0	1
0	1	0	0	1
0	1	1	0	1
1	0	0	0	1
1	0	1	0	1
1	1	0	0	1
1	1	1	1	0
			AND	NAND

例 3.7 畫出二輸入反及閘 (NAND Gate) 的四種輸入位準組合。

解答

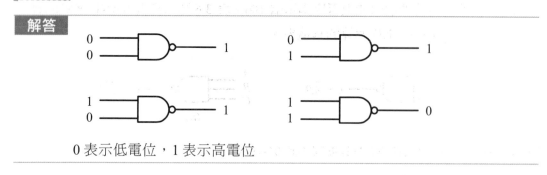

0 表示低電位，1 表示高電位

NAND 閘連續輸入運算

邏輯閘的輸入並非固定不變的狀態，它可以在不同的時間內輸入不同的狀態。在 NAND 閘運算中，不論其輸入是固定狀態或非固定狀態，它們在相同的時間內的運算，都是根據 NAND 真值表來運算。我們可使用方波或脈波來表示 NAND 閘連續輸入的狀態。

例 3.8 反及閘 (NAND) 的二輸入波形如 A, B，試畫出其輸出波形 X。

解答

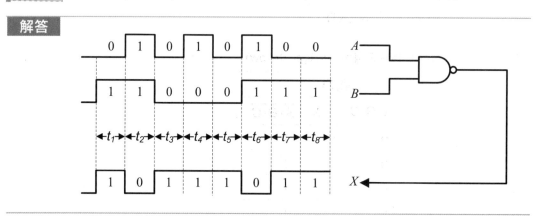

3-1-6　反或閘 (NOR Gate)

反或閘 (NOT OR Gate) 的作用是先執行邏輯加法運算，再執行反相運算，所以反或閘的輸出結果與或閘的輸出結果相反。其運算方式是在二個或多個輸入之中，只要有一個輸入為高電位 (High)，則輸出為低電位 (Low)；以數位而言，就是在二個或多個輸入中，只要有一個輸入為 1，則輸出為 0。

　　圖 3.6(a) 為二輸入與圖 3.6(b) 為三輸入反或閘 (NOR Gate) 的標準邏輯符號。它們是在或閘邏輯符號前面加上否定指示器 (○)。表 3.8 為二變數 NOR 運算的真值表，表 3.9 為三變數 NOR 運算的真值表。

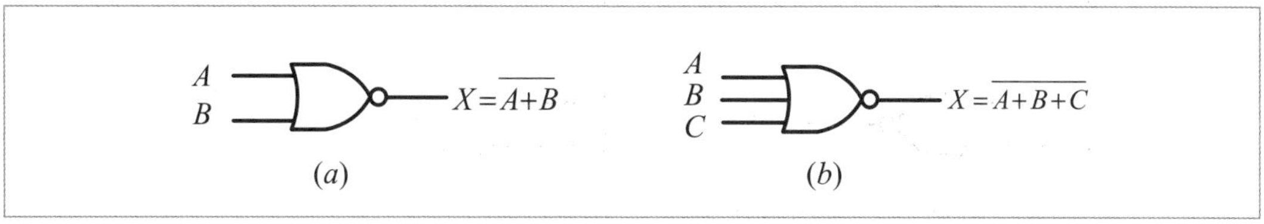

圖 3.6　NOR Gate 邏輯符號 (ANSI/IEEE Std. 91-1984)

▶表 3.8　二變數 NOR 運算真值表 (1=High, 0=Low)

輸入		輸出	
A	**B**	$X = A + B$	$X = \overline{A + B}$
0	0	0	1
0	1	1	0
1	0	1	0
1	1	1	0
		OR	NOR

▶表 3.9　三變數 NOR 運算真值表 (1=High, 0=Low)

輸入			輸出	
A	**B**	**C**	$X = A + B + C$	$X = \overline{A + B + C}$
0	0	0	0	1
0	0	1	1	0
0	1	0	1	0
0	1	1	1	0
1	0	0	1	0
1	0	1	1	0
1	1	0	1	0
1	1	1	1	0
			OR	NOR

例 3.9 畫出二輸入反或閘 (NOR Gate) 的四種輸入位準組合。

解答

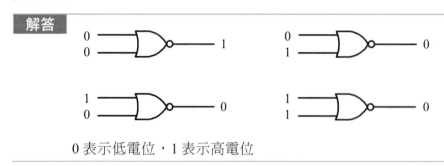

0 表示低電位，1 表示高電位

NOR 閘連續輸入運算

邏輯閘的輸入並非固定不變的狀態，它可以在不同的時間內輸入不同的狀態。在 NOR 閘運算中，不論其輸入是固定狀態或非固定狀態，它們在相同的時間內的運算，都是根據 NOR 真值表來運算。我們可使用方波或脈波來表示 NOR 閘連續輸入的狀態。

例 3.10 反或閘 (NOR) 的二輸入波形如 A, B，試畫出其輸出波形 X。

解答

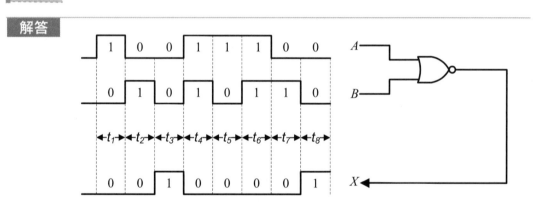

3-1-7　互斥或閘 (XOR Gate)

互斥或 (Exclusive OR) 運算是前述基本邏輯運算的組合運算 (組合方式請參閱 5-2-2 節)，因在許多應用中它是一個重要定理，所以將它視為基本邏輯運算，並給予一個特別的邏輯閘符號，稱為互斥或閘 (Exclusive-OR Gate；縮寫 XOR)。

互斥或閘的作用是執行邏輯互斥或運算，其運算方式是在二個輸入之中，若有偶數個輸入為高電位 (High)，則執行『互斥』運算且輸出為低電位 (Low)，若有奇數個輸入為高電位 (High)，則執行『或』運算且輸出為高電位 (High)；**以數位而**

言，就是在二個或多個輸入中，有偶數個輸入為 1 時輸出為 0，奇數個輸入為 1 時輸出為 1。

　　圖 3.7(a) 為二輸入互斥或閘和圖 3.7(b) 為三輸入互斥或閘的標準邏輯符號。表 3.10 為二變數互斥或 (XOR) 邏輯運算的真值表，表 3.11 為三變數 XOR 運算的真值表。

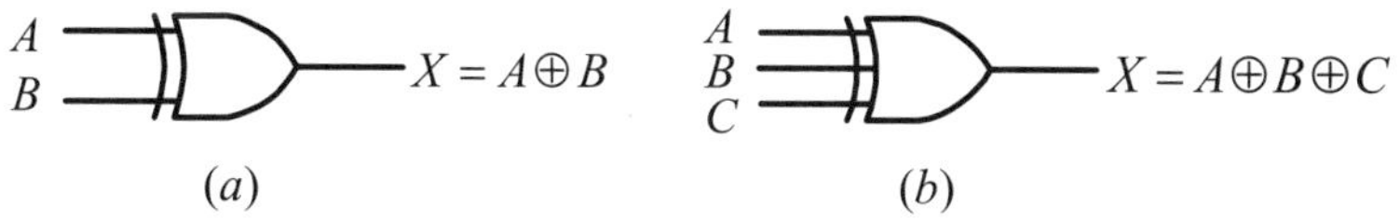

圖 3.7　XOR Gate 邏輯符號 (ANSI/IEEE Std. 91-1984)

▶表 3.10　二變數 XOR 運算真值表 (1=High, 0=Low)

輸入		輸出
A	**B**	$X = A \oplus B$
0	0	0
0	1	1
1	0	1
1	1	0

▶表 3.11　三變數 XOR 運算真值表 (1=High, 0=Low)

輸入			輸出
A	**B**	**C**	$X = A \oplus B \oplus C$
0	0	0	0
0	0	1	1
0	1	0	1
0	1	1	0
1	0	0	1
1	0	1	0
1	1	0	0
1	1	1	1

例 3.11 畫出二輸入互斥或閘 (XOR Gate) 的四種輸入位準組合。

解答

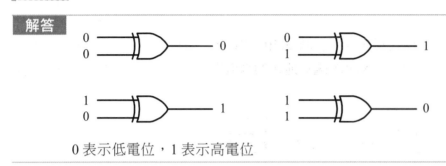

0 表示低電位，1 表示高電位

XOR 閘連續輸入運算

邏輯閘的輸入並非固定不變的狀態，它可以在不同的時間內輸入不同的狀態。在 XOR 閘運算中，不論其輸入是固定狀態或非固定狀態，它們在相同的時間內的運算，都是根據 XOR 真值表來運算。我們可使用方波或脈波來表示 XOR 閘連續輸入的狀態。

例 3.12 互斥或閘 (XOR) 的二輸入波形如 A, B，試畫出其輸出波形 X。

解答

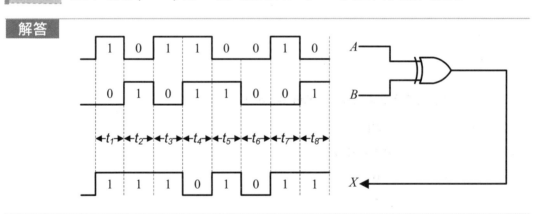

3-1-8 互斥反或閘 (XNOR Gate)

互斥反或 (Exclusive NOR) 運算是前述基本邏輯運算的組合運算 (組合方式請參閱 5-2-3 節)，因在許多應用中它是一個重要定理，所以將它視為基本邏輯運算，並給予一個特別的邏輯閘符號，稱為互斥反或閘 (Exclusive-NOR Gate；縮寫 XNOR)。

互斥反或閘的作用是執行邏輯互斥反或運算，其運算方式是在二個輸入之中，若有偶數個輸入為高電位 (High)，則執行『反互斥』運算且輸出為高電位 (High)，若有奇數個輸入為高電位 (High)，則執行『反或』運算且輸出為低電位 (Low)；**以數位**

而言，就是在二個或多個輸入中，有偶數個輸入為 1 時輸出為 1，奇數個輸入為 1 時輸出為 0。

圖 3.8(a) 為二輸入互斥反或閘和圖 3.8(b) 為三輸入互斥反或閘的標準邏輯符號。表 3.12 為二變數互斥反或 (XNOR) 邏輯運算的真值表，表 3.13 為三變數 XNOR 運算的真值表。

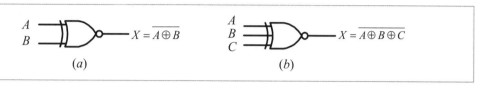

圖 3.8　XNOR Gate 邏輯符號 (ANSI/IEEE Std. 91-1984)

▶表 3.12　二變數 XNOR 運算真值表 (1=High, 0=Low)

輸入		輸出
A	**B**	$X = \overline{A \oplus B}$
0	0	1
0	1	0
1	0	0
1	1	1

▶表 3.13　三變數 XNOR 運算真值表 (1=High, 0=Low)

輸入			輸出	
A	**B**	**C**	$X = A \oplus B \oplus C$	$X = \overline{A \oplus B \oplus C}$
0	0	0	0	1
0	0	1	1	0
0	1	0	1	0
0	1	1	0	1
1	0	0	1	0
1	0	1	0	1
1	1	0	0	1
1	1	1	1	0
			XOR	NXOR

例 3.13 畫出二輸入互斥反或閘 (XNOR Gate) 的四種輸入位準組合。

解答

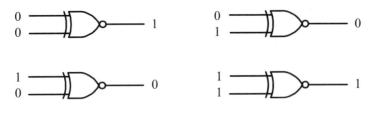

0 表示低電位，1 表示高電位

XNOR 閘連續輸入運算

　　邏輯閘的輸入並非固定不變的狀態，它可以在不同的時間內輸入不同的狀態。在 XNOR 閘運算中，不論其輸入是固定狀態或非固定狀態，它們在相同的時間內的運算，都是根據 XNOR 真值表來運算。我們可使用方波或脈波來表示 XNOR 閘連續輸入的狀態。

例 3.14 互斥反或閘 (XNOR) 的二輸入波形如 A, B，試畫輸出波形 X。

解答

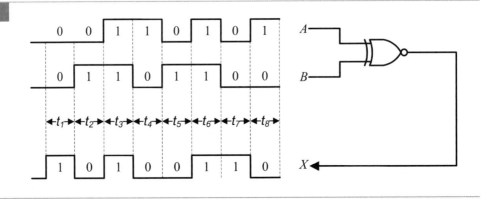

3-2 布林代數

3-2-1 邏輯運算式

　　布林代數 (Boolean Algebra) 是喬治布林 (George Boole) 於 1854 年發表處理數位邏輯的代數運算式，所以布林代數與一般代數不同，它只適用於處理 0 與 1 的數值。其中布林值 0 與 1 並不是真正的值，而是代表電壓變數或是邏輯位準的狀態。

例如，在某些數位邏輯中 0 表示邏輯電路的低電位 (0V 到 0.8V)，1 表示邏輯電路的高電位 (2V 到 5V)。

因為布林代數只須處理 0 與 1 二種數值，且沒有十進制、次方、分數、負數、對數、虛數等的運算，所以它比一般代數容易。布林代數只有 NOT、AND、OR 三種基本運算如表 3.14。至於基本邏輯閘與布林代數的對應關係如表 3.15，其中 NAND、NOR、XOR、XNOR 運算是 NOT、AND、OR 的混合運算。

▶表 3.14　布林代數基本運算

運算方式	簡稱	運算符號	運算式
邏輯補數	NOT	$-$	$X = \overline{A}$
邏輯乘法	AND	$\cdot$	$X = A \cdot B$
邏輯加法	OR	$+$	$X = A + B$

▶表 3.15　基本邏輯閘與布林代數關係

邏輯閘	簡稱	布林代數	運算式
反相閘	NOT	NOT	$X = \overline{A}$
及閘	AND	AND	$X = A \cdot B$
或閘	OR	OR	$X = A + B$
反及閘	NAND	NOT-AND	$X = \overline{A \cdot B}$
反或閘	NOR	NOT-OR	$X = \overline{A + B}$
互斥或閘	XOR	EX-OR	$X = A \oplus B$
互斥反或閘	XNOR	EX-NOR	$X = \overline{A \oplus B}$

3-2-2　布林定理

布林代數是處理數位邏輯的代數運算式，布林定理 (Boolean Theorems) 就是根據邏輯運算原理整理而得的布林恆等式。我們可利用這些布林恆等式，來化簡複雜的布林代數運算式。表 3.16 是單變數的布林恆等式，表 3.17 則是多變數的布林恆等式。

▶表 3.16　布林代數基本定理 (單變數定理)

基本定理	加法運算	乘法運算
對偶定理	A+0=A	A·1=A
吸收定理	A+1=1	A·0=0
全等定理	A+A=A	A·A=A
補數定理	$A + \overline{A} = 1$	$A \cdot \overline{A} = 0$
自補定理	$\overline{\overline{A}} = A$	

1. **對偶定理 (Duality Theorem)**：加法對偶定理是一變數 (A) 與 0 執行邏輯加法 (OR) 運算，其運算結果都等於原來值 (A)。乘法對偶定理是一變數 (A) 與 1 執行邏輯乘法 (AND) 運算，其運算結果都等於原來值 (A)。

> 加法對偶定理：A+0=A
> 乘法對偶定理：A·1=A

例 3.15　利用真值表證明加法與乘法對偶定理，並畫出等效邏輯閘。

真值表

加法對偶定理真值表			乘法對偶定理真值表		
A	0	$A+0$	A	1	$A \square 1$
0	0	0	0	1	0
1	0	1	1	1	1

等效閘

加法對偶定理等效閘

乘法對偶定理等效閘

2. **吸收定理 (Absorptive Theorem)**：加法吸收定理是一變數 (A) 與 1 執行邏輯加法 (OR) 運算，其運算結果都等於 1。乘法吸收定理是一變數 (A) 與 0 執行邏輯乘法 (AND) 運算，其運算結果都等於 0。

> 加法吸收定理：A+1=1
> 乘法吸收定理：A·0=0

例 3.16 利用真值表證明加法與乘法吸收定理，並畫出等效邏輯閘。

真值表

加法吸收定理真值表			乘法吸收定理真值表		
A	1	$A+1$	A	0	$A \square 0$
0	1	1	0	0	0
1	1	1	1	0	0

等效閘

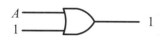

　　加法吸收定理等效閘　　　　　　　乘法吸收定理等效閘

3. **全等定理 (Equal Theorem)**：加法全等定理是一變數 (A) 與其本身執行邏輯加法 (OR) 運算，其運算結果都等於原來值 (A)。同理，乘法全等定理是一變數 (A) 與其本身執行邏輯乘法 (AND) 運算，其運算結果都等於原來值 (A)。

> **加法全等定理：A+A=A**
> **乘法全等定理：A A=A**

例 3.17 利用真值表證明加法與乘法全等定理，並畫出等效邏輯閘。

真值表

加法全等定理真值表			乘法全等定理真值表		
A	A	A+A	A	A	$A \square A$
0	0	0	0	0	0
1	1	1	1	1	1

等效閘

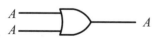

　　加法全等定理等效閘　　　　　　　乘法全等定理等效閘

4. **補數定理 (Complementary Theorem)**：加法補數定理是一變數 (A) 與反函數 ($\overline{A}$) 執行邏輯加法 (OR) 運算，其運算結果都等於 1。同理，乘法補數定理是一變數 (A) 與反函數 ($\overline{A}$) 執行邏輯乘法 (AND) 運算，其運算結果都等於 0。

> **加法補數定理：$A + \overline{A} = 1$**
> **乘法補數定理：$A \cdot \overline{A} = 0$**

例 3.18 利用真值表證明加法與乘法補數定理，並畫出等效邏輯閘。

真值表

加法補數定理真值表			乘法補數定理真值表		
A	$\overline{A}$	$A+\overline{A}$	A	$\overline{A}$	$A \cdot \overline{A}$
0	1	1	0	1	0
1	0	1	1	0	0

等效閘

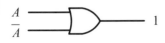 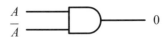

加法補數定理等效閘　　　　　　　乘法補數定理等效閘

5. 自補定理 (Involution Theorem)：自補定理是一變數 (*A*) 經二次邏輯補數運算 (NOT) 後，其運算結果等於原來值 (*A*)。

> 自補定理：$\overline{\overline{A}} = A$

例 3.19 利用真值表證明自補定理，並畫出此定理的等效邏輯閘。

真值表　　　　　　　　　　　　　等效閘

自補定理真值表		
A	$\overline{A}$	$\overline{\overline{A}}$
0	1	0
1	0	1

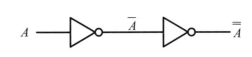

自補定理等效閘

▶表 3.17　布林代數定律與多變數定理

定律	加法運算	乘法運算
交換律	A+B=B+A	AB=BA
結合律	A+(B+C)=(A+B)+C=A+B+C	A(BC)=(AB)C=ABC
分配律	A+(BC)=(A+B)(A+C)	A(B+C)=AB+AC
消去律	A+AB=A	A(A+B)=A
狄摩根定理	$\overline{A+B} = \overline{A} \cdot \overline{B}$	$\overline{AB} = \overline{A} + \overline{B}$

6. **交換律 (Commutative laws)**：交換律是指二個變數 (A、B) 在執行邏輯加法 (OR) 運算或邏輯乘法 (AND) 運算時，這二個變數 (A、B) 的先後順序並不影響執行的結果。

> 加法交換律：A+B=B+A
> 乘法交換律：AB=BA

例 3.20 利用真值表證明加法與乘法交換律，並畫出等效邏輯閘。

真值表

輸入		加法交換律		乘法交換律	
A	B	A+B	B+A	AB	BA
0	0	0	0	0	0
0	1	1	1	0	0
1	0	1	1	0	0
1	1	1	1	1	1

等效閘

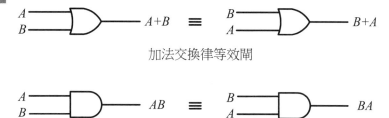

加法交換律等效閘

乘法交換律等效閘

7. **結合律 (Associative laws)**：是指三個變數 (A、B、C) 在執行三變數邏輯加法或乘法運算時，可先執行其中二變數的邏輯加法 ($A+B$ 或 $B+C$ 或 $A+C$) 或乘法 (AB 或 BC 或 AC) 後，其結果再與另一變數 (C 或 A 或 B) 執行邏輯加法或乘法運算，且執行結果與直接執行三變數的邏輯加法或乘法運算相同。

> 加法結合律：A+(B+C)=(A+B)+C=A+B+C
> 乘法結合律：A(BC)=(AB)C=ABC

例 3.21 利用真值表證明加法與乘法結合律，並畫出等效邏輯閘。

真值表

輸入			加法結合律			
A	B	C	A+B	(A+B)+C	B+C	A+(B+C)
0	0	0	0	0	0	0
0	0	1	0	1	1	1
0	1	0	1	1	1	1
0	1	1	1	1	1	1
1	0	0	1	1	0	1
1	0	1	1	1	1	1
1	1	0	1	1	1	1
1	1	1	1	1	1	1

輸入			乘法結合律			
A	B	C	AB	(AB)C	BC	A(BC)
0	0	0	0	0	0	0
0	0	1	0	0	0	0
0	1	0	0	0	0	0
0	1	1	0	0	1	0
1	0	0	0	0	0	0
1	0	1	0	0	0	0
1	1	0	1	0	0	0
1	1	1	1	1	1	1

等效閘

加法結合律等效閘

乘法結合律等效閘

8. **分配律 (Distributive laws)**：加法分配律是指一變數 (A) 與多變數的積項 (BC) 之和 ($A+BC$)，可以被展開為和項之積 (($A+B)(A+C)$)。乘法分配律是指一個變數 (A) 與多個變數和項 ($B+C$) 之積 ($A(B+C)$)，可以被展開為積項之和 ($AB+AC$)。一般代數具有乘法分配律，而布林代數則具有加法分配律與乘法分配律。

> 加法分配律：A+(BC)=(A+B)(A+C)
> 乘法分配律：A(B+C)=AB+AC

例 3.22 利用真值表證明加法與乘法分配律，並畫出等效邏輯閘。

真值表

輸入			加法對乘法分配律				
A	B	C	BC	A+(BC)	A+B	A+C	(A+B)(A+C)
0	0	0	0	0	0	0	0
0	0	1	0	0	0	1	0
0	1	0	0	0	1	0	0
0	1	1	1	1	1	1	1
1	0	0	0	1	1	1	1
1	0	1	0	1	1	1	1
1	1	0	0	1	1	1	1
1	1	1	1	1	1	1	1

輸入			乘法對加法分配律				
A	B	C	B+C	A(B+C)	AB	AC	AB+AC
0	0	0	0	0	0	0	0
0	0	1	1	0	0	0	0
0	1	0	1	0	0	0	0
0	1	1	1	0	0	0	0
1	0	0	0	0	0	0	0
1	0	1	1	1	0	1	1
1	1	0	1	1	1	0	1
1	1	1	1	1	1	1	1

等效閘

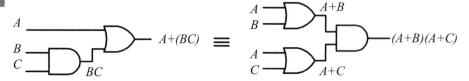

加法對乘法分配律等效閘

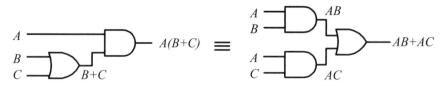

乘法對加法分配律等效閘

9. **消去律 (Elimination laws)**：加法消去律是指一變數 (*A*) 與含有該變數的多變數積項 (*AB*) 之和 (*A*+*AB*) 等於該變數值 (*A*)。乘法消去律是指一個變數 (*A*) 與含有該變數的多變數和項 (*A*+*B*) 之積 *A*(*A*+*B*) 等於該變數值 (*A*)。

加法消去律：**A+AB=A**

乘法消去律：**A(A+B)=A**

例 3.23 利用真值表與前述定理證明加法消去律與乘法消去律。

真值表

輸入		加法消去律		乘法消去律	
A	B	AB	A+AB=A	A+B	A(A+B)=A
0	0	0	0	0	0
0	1	0	0	1	0
1	0	0	1	1	1
1	1	1	1	1	1

證明一

$A+AB=A \cdot 1+AB$　　　利用乘法對偶定理

　　　$=A(1+B)$　　　利用乘法對加法分配律

　　　$=A(B+1)$　　　利用加法交換律

　　　$=A \cdot 1$　　　利用加法吸收定理

　　　$=A$　　　利用乘法對偶定理

證明二

$A(A+B)=AA+AB$　　　利用乘法對加法分配律

　　　$=A+AB$　　　利用乘法全等定理

　　　$=A$　　　利用加法消去律

10. **狄摩根定理 (Demorgan's Theorems)**：狄摩根是偉大的邏輯學家和數學家，他提出布林代數中二個重要的定理；第一定理是和的補數（$\overline{A+B}$）等於補數的積（$\overline{A}\cdot\overline{B}$），第二定理是積（$\overline{AB}$）的補數等於補數的和（$\overline{A}+\overline{B}$）。狄摩根定理不只適用於二變數，同時它也適用於多變數。

> 狄摩根第一定理：$\overline{A+B} = \overline{A}\cdot\overline{B}$
> 狄摩根第二定理：$\overline{A\cdot B} = \overline{A}+\overline{B}$

例 3.24 利用真值表證明狄摩根第一定理與狄摩根第二定理。

真值表

狄摩根第一定理					
A	B	$\overline{A+B}$	$\overline{A}$	$\overline{B}$	$\overline{A}\cdot\overline{B}$
0	0	1	1	1	1
0	1	0	1	0	0
1	0	0	0	1	0
1	1	0	0	0	0

狄摩根第二定理					
A	B	$\overline{AB}$	$\overline{A}$	$\overline{B}$	$\overline{A}+\overline{B}$
0	0	1	1	1	1
0	1	1	1	0	1
1	0	1	0	1	1
1	1	0	0	0	0

等效閘

狄摩根第一定理

狄摩根第二定理

3-3 數位邏輯 IC

3-3-1 數位邏輯 IC 類型

3-1 節介紹的邏輯閘，都已製作成積體電路 (Integrated Circuit；IC)，然而因為製作 IC 的技術不同，而有許多相同用途但不同類型的 IC，較常用的包含下列五種。

- TTL：電晶體電晶體邏輯 (Transistor-Transistor Logic)，它具有各式各樣的數位邏輯 IC，使用最廣。TTL 還可分為標準 TTL、低功率 TTL、Schottky TTL、低功率 Schottky TTL、新 Schottky TTL、新低功率 Schottky TTL。

- MOS：金屬氧化物半導體 (Metal-Oxide Semiconductor)，具有高密度特性，常用於大型積體電路 (LSI) 中。

- CMOS：互補式金屬氧化物半導體 (Complement MOS)，它具有低功率特性，常用於耗電低的電路中。CMOS 也可分為金屬閘 CMOS 與矽閘 CMOS。矽閘 CMOS 是較新技術的 CMOS 積體電路，其中 74C 與 74HC 系列的接腳和功能與 TTL 74 系列相容，74HCT 系列的輸入位準、接腳和功能與 TTL 74 系列相容。

- ECL：射極偶合邏輯 (Emitter-Coupled Logic)，具有速度快的特性，常用於高速電路中。

- I^2L：積體注入邏輯 (Integrated-Injection Logic)，與 MOS 相同具有高密度特性，常用於大型積體電路 (LSI) 中。

表 3.18 為常用小型積體電路 (SSI) 與中型積體電路 (MSI) 與這些 IC 的扇出數、消耗功率、傳輸速率、雜訊容度的參考值，詳細值請參考各個 IC 的資料手冊。字首代號 74 系列也有 54 系列的相容產品，其中 74 系列屬一般商業用途 IC，操作溫度是 0°C 到 70°C。而 54 系列則屬軍事用途 IC，操作溫度是 -55°C 到 125°C。

▶表 3.18　常用 SSI、MSI 類型與特性

類型	字首代號	扇出數	消耗功率	傳輸速率	雜訊容度
標準 TTL	74 系列	10	10.0mW	10ns	0.4V
低功率 TTL	74L 系列	20	1.0mW	33ns	0.4V
Schottky TTL	74S 系列	20	20.0mW	3ns	0.3V
低功率 Schottky TTL	74LS 系列	20	2.0mW	10ns	0.3V
新 Schottky TTL	74AS 系列	40	8.5mW	1.5ns	0.3V

類型	字首代號	扇出數	消耗功率	傳輸速率	雜訊容度
新低功率 Schottky TTL	74ALS 系列	20	1.0mW	4ns	0.4V
CMOS(金屬閘)	4000B 系列	4	0.1mW	105ns	3.0V
CMOS (矽閘)	74C 系列	10	2.5mW	8ns	1.0V
CMOS (矽閘)	74HC 系列	10	2.5mW	8ns	1.0V
CMOS (矽閘)	74HCT 系列	10	2.5mW	8ns	1.0V
ECL	10KH 系列	25	25.0mW	1ns	0.2V

3-3-2　邏輯 IC 的特性

扇出數

　　邏輯電路是由許多邏輯閘相連而成，其中某一個邏輯閘 (驅動閘) 的輸出端可能會接到許多同類邏輯閘 (負載閘) 的輸入端，因此驅動閘可以驅動負載閘的個數稱為扇出數 (Fan-out)。圖 3.18 顯示 NAND 閘扇出數。參考表 3.18，以標準 TTL 為例，其扇出數等於 10，則驅動閘可驅動 10 個負載閘。

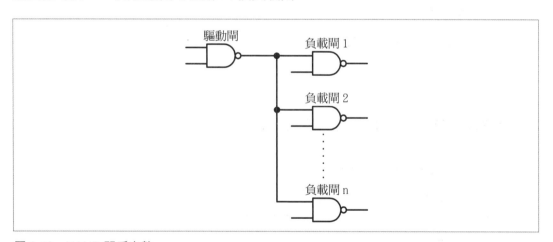

圖 3.18　NAND 閘扇出數

消耗功率

　　邏輯閘的消耗功率 (Power dissipation) 等於直流電壓 V_{CC} 乘以平均電流 I_{CC}，單位為毫瓦 (mW)。而平均電流 I_{CC} 等於低電位輸出電流 I_{CCL} 與高電位輸出電流 I_{CCH} 的平均值。所以

$$Pd\ (單一邏輯閘)=ICC\times VCC=\frac{I_{CCH}+I_{CCL}}{2}\times VCC$$

另外，若一個 IC 中包含 4 個相同的邏輯閘，則總消耗功率等於單一邏輯閘消耗功率的 4 倍。

$$Pd\ (IC)=4\times Pd\ (單一邏輯閘)$$

傳遞延遲

一般在討論數位邏輯電路時，是以理想狀況來假設輸入信號與輸出信號是同時發生的。實際上輸出信號並非與輸入信號同時反應，而是比輸入信號稍為落後，此落後時間稱為傳遞延遲 (Propagation delay) 時間。傳遞延遲時間是因為信號輸入邏輯閘，邏輯閘內部的電晶體改變狀態 (由截止到飽和或由飽和到截止) 所須的時間，所以傳遞時間愈長，表示該邏輯電路速度愈慢，而傳遞時間愈短，表示該邏輯電路速度愈快。

- t_{PHL}：是輸出信號由高位準變成低位準時，輸入信號與輸出信號二個對應的參考點的延遲時間。

- t_{PLH}：是輸出信號由低位準變成高位準時，輸入信號與輸出信號二個對應的參考點的延遲時間。

圖 3.19 是以反向閘的輸入信號與輸出信號來說明邏輯閘的傳遞延遲時間，其中傳遞延遲的參考點為位準上昇或位準下降的 50% 位置。

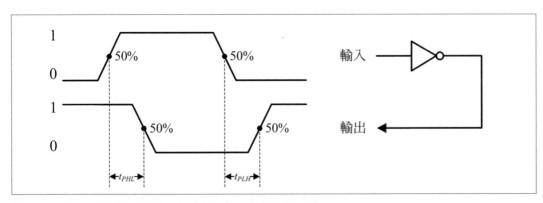

圖 3.19　反向閘的傳遞延遲(1 表示高電位，0 表示低電位)

電壓位準

一般而言，輸入高電位不完全等於電源電壓 V_{CC}，而是大於 $V_{IH(min)}$ 以上的電壓值皆視為高電位，低電位也不完全等於 0 伏特，而是小於 $V_{IL(max)}$ 以下的電壓值皆視為低電位。同理，輸出高電位不完全等於電源電壓 V_{CC}，而是大於 $V_{OH(min)}$ 以上的電壓值皆視為高電位，低電位也不完全等於 0 伏特，而是小於 $V_{OL(max)}$ 以下的電壓值皆視為低電位。

> VIH(min)≦輸入高電位≦VCC   (0≦輸入低電位≦VIL(max))
> VOH(min)≦輸出高電位≦VCC   (0≦輸出低電位≦VOL(max))

圖 3.20 為輸入與輸出電壓位準，而表 3.19 列出邏輯 IC 電壓位準的參考值。注意：本書採用正邏輯系統，高電位 (High) 視為邏輯 1，低電位 (Low) 視為邏輯 0。

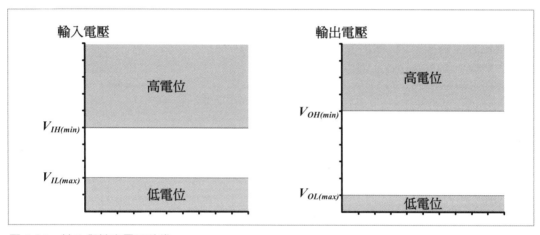

圖 3.20　輸入與輸出電壓位準

▶表 3.19　邏輯 IC 電壓位準參考值

IC	電壓源	高電位 (V)			低電位 (V)		
類別	V	VIH(min)	典型值	VOH(min)	VIL(max)	典型值	VOL(max)
TTL	V_{CC}=5	2.0	3.5	2.4	0.4	0.2	0.8
ECL	V_{EE}=-5.2	-.95~-.7	-.8	-.8	-1.9~-1.6	-1.8	-1.8
CMOS	V_{DD}=3-18	70%V_{DD}	V_{DD}	70%V_{DD}	30%V_{DD}	0	30%V_{DD}

雜訊容限

交流雜訊是影響輸入電壓極短時間的雜訊，例如受其它線路干擾而產生的脈衝。而一般邏輯閘的反應速度比交流雜訊脈衝慢很多，所以交流雜訊不會影響邏輯閘的正常工作。

直流雜訊是影響輸入電壓較長時間的雜訊，使整個輸入電壓產生升或降的變化，例如直流電壓源的變動、地線雜訊、鄰近二線的磁偶合與輻射信號等。

雜訊容限 (Noise margin) 是邏輯閘所能承受輸入電壓位準變動的最大限度，單位是伏特 (V)。直流雜訊容限可分為高電位直流雜訊容限 V_{NH} 與低電位直流雜訊容限 V_{NL}，其計算方式如下：

> **高電位直流雜訊容限=輸出高電位-輸入高電位**
> $$VNH＝VOH(min)－VIH(min)$$
>
> **低電位直流雜訊容限=輸出低電位-輸入低電位**
> $$VNL＝VOL(max)－VIL(max)$$

3-4 習題

1. AND 閘的二輸入波形如 A, B，其輸出波形 X 為_____。

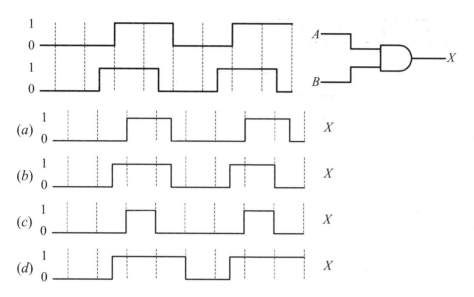

2. OR 閘的二輸入波形如 A, B，其輸出波形 X 為_____。

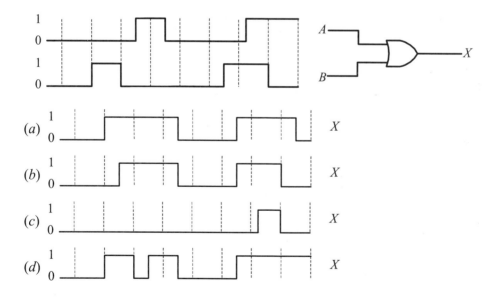

3. NAND 閘的二輸入波形如 A, B，其輸出波形 X 為_____。

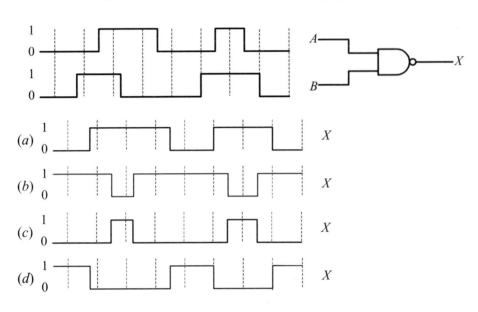

4. NOR 閘的二輸入波形如 A, B，其輸出波形 X 為_____。

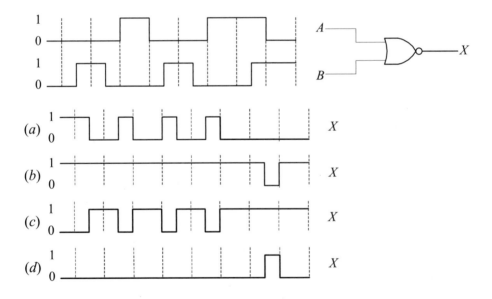

5. XOR 閘的二輸入波形如 A, B，其輸出波形 X 為_____。

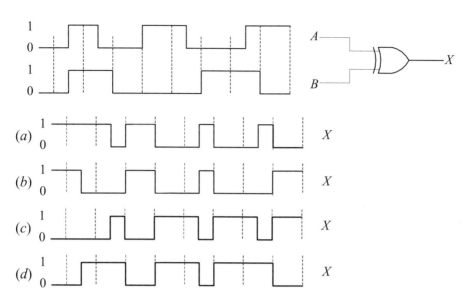

6. XNOR 閘的二輸入波形如 A, B，其輸出波形 X 為_____。

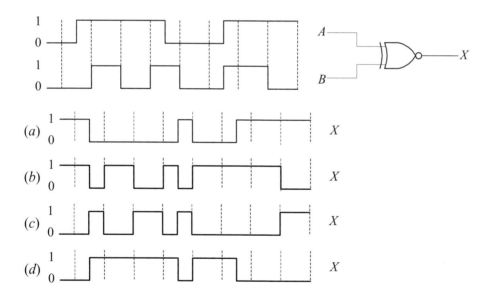

7. 下列_____邏輯電路的輸出值為 0。

(*a*)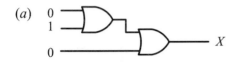

(*b*)

(*c*)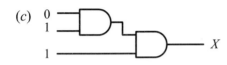

(*d*)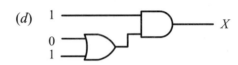

8. 下列_____邏輯電路的輸出值為 1。

(*a*)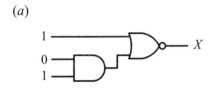

(*b*)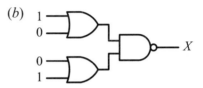

(*c*)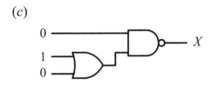

(*d*)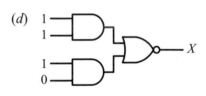

布林代數化簡

4-1 布林代數簡介

4-1-1　布林定理

3-2-2 節已討論並證明過布林定理,所以表 4.1 與表 4.2 只是重新列出以方便化簡時查閱。

▶表 4.1　布林代數基本定理 (單元素定理)

基本定理	加法運算	乘法運算
對偶定理	$A+0=A$	$A \cdot 1=A$
吸收定理	$A+1=1$	$A \cdot 0=0$
全等定理	$A+A=A$	$A \cdot A=A$
補數定理	$A+\overline{A}=1$	$A \cdot \overline{A}=0$
自補定理	$\overline{\overline{A}}=A$	

▶表 4.2　布林代數定律與多元素定理

定律	加法運算	乘法運算
交換律	A+B=B+A	AB=BA
結合律	A+(B+C)=(A+B)+C	A(BC)=(AB)C
分配律	A+(BC)=(A+B)(A+C)	A(B+C)=AB+AC
消去律	A+AB=A	A(A+B)=A
狄摩根定理	$\overline{A+B}=\overline{A}\cdot\overline{B}$	$\overline{A\cdot B}=\overline{A}+\overline{B}$

4-1-2　積項與和項

在布林代數中，二個或多個變數的 AND 運算稱為積項 (Product)，二個或多個變數的 OR 運算稱為和項 (Sum)。

通常一個 IC 包含數個相同的邏輯閘，所以設計邏輯電路時，為了充份利用 IC 各個邏輯閘，而將邏輯電路化簡成積項之和 (Sum of products；縮寫 SOP) 或和項之積 (Product of sums；縮寫 POS)。圖 4.1 是三輸入變數積項之和與三輸入變數和項之積的範例。

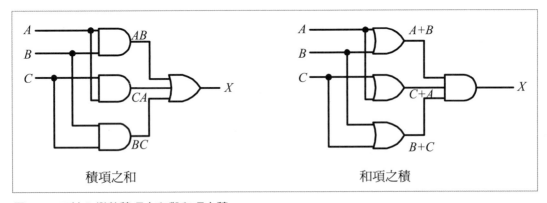

圖 4.1　三輸入變數積項之和與和項之積

4-1-3　最小項與最大項

使用卡諾圖 (Karnaugh map) 化簡布林函數之前，為了找出各積項間的關係，可利用加法補數定理（$A+\overline{A}=1$）補滿各積項的變數，補滿後的積項稱為最小項 (minterm)。為了找出各和項間的關係，可利用乘法補數定理（$A\cdot\overline{A}=0$）補滿各和項的變數，補滿後的和項稱為最大項 (maxterm)。表 4.3 是二變數的最小項與最大項，

表 4.4 是三變數的最小項與最大項，表 4.5 是四變數的最小項與最大項，其中最大項即為對應最小項的補數。

▶表 4.3　二變數的最小項與最大項

A	B	最小項	最大項
0	0	$\overline{A}\cdot\overline{B}$	$A+B$
0	1	$\overline{A}\cdot B$	$A+\overline{B}$
1	0	$A\cdot\overline{B}$	$\overline{A}+B$
1	1	$A\cdot B$	$\overline{A}+\overline{B}$

▶表 4.4　三變數的最小項與最大項

A	B	C	最小項	最大項
0	0	0	$\overline{A}\cdot\overline{B}\cdot\overline{C}$	$A+B+C$
0	0	1	$\overline{A}\cdot\overline{B}\cdot C$	$A+B+\overline{C}$
0	1	0	$\overline{A}\cdot B\cdot\overline{C}$	$A+\overline{B}+C$
0	1	1	$\overline{A}\cdot B\cdot C$	$A+\overline{B}+\overline{C}$
1	0	0	$A\cdot\overline{B}\cdot\overline{C}$	$\overline{A}+B+C$
1	0	1	$A\cdot\overline{B}\cdot C$	$\overline{A}+B+\overline{C}$
1	1	0	$A\cdot B\cdot\overline{C}$	$\overline{A}+\overline{B}+C$
1	1	1	$A\cdot B\cdot C$	$\overline{A}+\overline{B}+\overline{C}$

▶表 4.5　四變數的最小項與最大項

A	B	C	D	最小項	最大項
0	0	0	0	$\overline{A}\cdot\overline{B}\cdot\overline{C}\cdot\overline{D}$	$A+B+C+D$
0	0	0	1	$\overline{A}\cdot\overline{B}\cdot\overline{C}\cdot D$	$A+B+C+\overline{D}$
0	0	1	0	$\overline{A}\cdot\overline{B}\cdot C\cdot\overline{D}$	$A+B+\overline{C}+D$
0	0	1	1	$\overline{A}\cdot\overline{B}\cdot C\cdot D$	$A+B+\overline{C}+\overline{D}$
0	1	0	0	$\overline{A}\cdot B\cdot\overline{C}\cdot\overline{D}$	$A+\overline{B}+C+D$
0	1	0	1	$\overline{A}\cdot B\cdot\overline{C}\cdot D$	$A+\overline{B}+C+\overline{D}$
0	1	1	0	$\overline{A}\cdot B\cdot C\cdot\overline{D}$	$A+\overline{B}+\overline{C}+D$
0	1	1	1	$\overline{A}\cdot B\cdot C\cdot D$	$A+\overline{B}+\overline{C}+\overline{D}$

A	B	C	D	最小項	最大項
1	0	0	0	$A \cdot \overline{B} \cdot \overline{C} \cdot \overline{D}$	$\overline{A} + B + C + D$
1	0	0	1	$A \cdot \overline{B} \cdot \overline{C} \cdot D$	$\overline{A} + B + C + \overline{D}$
1	0	1	0	$A \cdot \overline{B} \cdot C \cdot \overline{D}$	$\overline{A} + B + \overline{C} + D$
1	0	1	1	$A \cdot \overline{B} \cdot C \cdot D$	$\overline{A} + B + \overline{C} + \overline{D}$
1	1	0	0	$A \cdot B \cdot \overline{C} \cdot \overline{D}$	$\overline{A} + \overline{B} + C + D$
1	1	0	1	$A \cdot B \cdot \overline{C} \cdot D$	$\overline{A} + \overline{B} + C + \overline{D}$
1	1	1	0	$A \cdot B \cdot C \cdot \overline{D}$	$\overline{A} + \overline{B} + \overline{C} + D$
1	1	1	1	$A \cdot B \cdot C \cdot D$	$\overline{A} + \overline{B} + \overline{C} + \overline{D}$

例 4.1 　將積項之和 $\mathbf{X = AB + \overline{A}B\overline{C}}$ 化成最小項之和

化簡 1

$X = AB + \overline{A}B\overline{C}$

$\quad = AB \cdot 1 + \overline{A}B\overline{C} \qquad\qquad \because AB = AB \cdot 1$

$\quad = AB(C + \overline{C}) + \overline{A}B\overline{C} \qquad \because C + \overline{C} = 1$

$\quad = ABC + AB\overline{C} + \overline{A}B\overline{C} \qquad \because AB(C + \overline{C}) = ABC + AB\overline{C}$

化簡 2　$X = AB + \overline{A}B\overline{C}$

$\qquad\qquad 11⓪ \qquad 010$

$\qquad\qquad 11①$

$X = ABC + AB\overline{C} + \overline{A}B\overline{C}$

說明　化簡 2 是直接使用數字來表示最小項，作法如下：

先列出已存在元素對應的數值。

$AB \qquad \overline{A}B\overline{C}$

$11 \qquad 010$

再補上缺項元素的可能值。

$AB \qquad \overline{A}B\overline{C}$

$11⓪ \qquad 010$

$11①$

以變數元素來取代數值，並寫成最小項之和。

例 4.2 將和項之積 $X = (A + B)(\overline{A} + B + C)$ 化成最大項之積

化簡 1

$X = (A + B)(\overline{A} + B + C)$

$= (A + B + 0)(\overline{A} + B + C)$ $\because (A + B) = (A + B + 0)$

$= (A + B + C \cdot \overline{C})(\overline{A} + B + C)$ $\because 0 = C \cdot \overline{C}$

$= (A + B + C)(A + B + \overline{C})(\overline{A} + B + C)$ $\because (A + B) + C\overline{C} = (A + B + C)(A + B + \overline{C})$

化簡 2

$X = (A + B)(\overline{A} + B + C)$

$(0 + 0 + ⓪)(1 + 0 + 0)$

$(0 + 0 + ①)$

$X = (A + B + C)(A + B + \overline{C})(\overline{A} + B + C)$

說明 化簡 2 是直接使用數字來表示最小項，作法如下：

先列出已存在元素對應的數值。

$A + B$ $\overline{A} + B + C$

$0 + 0$ $1 + 0 + 0$

再補上缺項元素的可能值。

$A + B$ $\overline{A} + B + C$

$0 + 0 + ⓪$ $1 + 0 + 0$

$0 + 0 + ①$

以變數元素來取代數值，並寫成最小項之和。

4-2 布林定理化簡法

4-2-1 化簡布林函數

　　一個複雜的布林函數會被轉換成一個複雜的等效邏輯電路，所以利用 4-1-1 節表 4.1 布林代數基本定理，與表 4.2 布林代數多變數定理，來化簡布林函數。再配合實際應用將布林函數化成積項之和型式或和項之積型式。

例 4.3 化簡布林函數 $\mathbf{X} = (\mathbf{A} + \overline{\mathbf{B}})\mathbf{C} + (\overline{\mathbf{A}} + \mathbf{B})$

化簡

$$
\begin{aligned}
X &= (A + \overline{B})C + (\overline{A} + B)C \\
&= AC + \overline{B}C + \overline{A}C + BC && \because 乘法分配律\ (A+B)C = AC + BC \\
&= (A + \overline{B} + \overline{A} + B)C && \because 乘法分配律\ AC + BC = (A+B)C \\
&= (A + \overline{A} + B + \overline{B})C && \because 加法交換律\ A + B = B + A \\
&= ((A + \overline{A}) + (B + \overline{B}))C && \because 加法結合律\ A + B + C = (A+B) + C \\
&= (1 + 1)C && \because 加法補數定理\ A + \overline{A} = 1 \\
&= 1 \cdot C && \because 加法對偶定理\ A + 1 = 1 \\
&= C && \because 乘法對偶定理\ 1 \cdot C = C
\end{aligned}
$$

例 4.4 化簡布林函數 $\mathbf{X} = \overline{(\mathbf{A} + \overline{\mathbf{B}})(\mathbf{C} + \overline{\mathbf{D}})}$

化簡

$$
\begin{aligned}
X &= \overline{(A + \overline{B})(C + \overline{D})} \\
&= \overline{A + \overline{B}} + \overline{C + \overline{D}} && \because 狄摩根第一定理\ \overline{A + B} = \overline{A} \cdot \overline{B} \\
&= \overline{A} \cdot \overline{\overline{B}} + \overline{C} \cdot \overline{\overline{D}} && \because 狄摩根第二定理\ \overline{A \cdot B} = \overline{A} + \overline{B} \\
&= \overline{A} \cdot B + \overline{C} \cdot D && \because 自補定理\ \overline{\overline{A}} = A
\end{aligned}
$$

4-2-2 化簡邏輯電路

1. 先將欲化簡的邏輯電路轉成布林函數。

2. 利用布林定理來化簡布林函數。

3. 將化簡後的布林函數轉換成邏輯電路。

例 4.5 化簡下面邏輯電路

化簡前

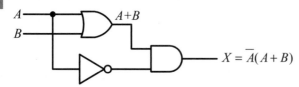

$$X = \overline{A}(A + B)$$

化簡

$$
\begin{aligned}
X &= \overline{A}(A + B) \\
&= \overline{A}A + \overline{A}B && \because 乘法分配律\ A(B + C) = AB + AC \\
&= 0 + \overline{A}B && \because 乘法補數定理\ A \cdot \overline{A} = 0 \\
&= \overline{A}B && \because 加法對偶定理\ 0 + A = A
\end{aligned}
$$

化簡後

$$X = \overline{A}B$$

例 4.6 化簡下面邏輯電路

化簡前

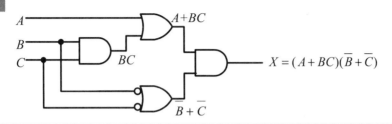

$$X = (A + BC)(\overline{B} + \overline{C})$$

化簡

$$X = (A + BC)(\overline{B} + \overline{C})$$

$$= (A + BC)\overline{B} + (A + BC)\overline{C} \qquad \because 乘法分配律\ A(B + C) = AB + AC$$

$$= (A\overline{B} + BC\overline{B}) + (A\overline{C} + BC\overline{C}) \qquad \because 乘法分配律\ A(B + C) = AB + AC$$

$$= (A\overline{B} + 0 \cdot C) + (A\overline{C} + B \cdot 0) \qquad \because 乘法補數定理\ A\overline{A} = 0$$

$$= (A\overline{B} + 0) + (A\overline{C} + 0) \qquad \because 乘法吸收定理\ \overline{A} \cdot 0 = 0$$

$$= A\overline{B} + A\overline{C} \qquad \because 加法對偶定理\ A + 0 = A$$

$$= A(\overline{B} + \overline{C}) \qquad \because 乘法分配律\ AB + AC = A(B + C)$$

$$= A(\overline{BC}) \qquad \because 狄摩根第二定理\ \overline{A} + \overline{B} = \overline{A + B}$$

化簡後

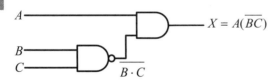

$$X = A(\overline{BC})$$

4-3 卡諾圖化簡法

4-3-1 卡諾圖 (Karnaugh map)

　　利用布林定理化簡布林函數時，因化簡的過程複雜，所以無法確定化簡的結果是否為最簡式。而卡諾圖化簡法是一種比較簡單的布林函數化簡法，它是依據布林定理整理而得的圖示化簡法，所以利用卡諾圖化簡布林函數，除了簡單、容易之外，只要方法正確即可以確定化簡後的布林函數為最簡式。

　　雖然使用卡諾圖化簡法簡單、容易、又正確，但卡諾圖只限於化簡六個元素以下的布林函數。又因為五個或六個元素的卡諾圖太複雜，所以建議使用電腦程式來化簡。

　　圖 4.2 為二變數卡諾圖，圖 4.3 為三變數卡諾圖，圖 4.4 為四變數卡諾圖。包括以最小項組成的卡諾圖、最大項組成的卡諾圖、以及卡諾圖與真值表對應的排列順序。

　　卡諾圖的組成原理是，以一個小正方形來代表真值表中一個最小項 (或最大項)，並依下列方式將每個小正方形排列組合成大正方形或矩形。

1. 相鄰的二個小正方形，也就是相鄰的二個最小項 (或最大項)，只有一個元素為互補型式。

2. 相鄰的四個小正方形，也就是相鄰的四個最小項 (或最大項)，有二個元素為互補型式。

3. 相鄰的八個小正方形，也就是相鄰的八個最小項 (或最大項)，有三個元素為互補型式。

4. 相鄰的十六個小正方形，也就是相鄰的十六個最小項 (或最大項)，有四個元素為互補型式。

5. 相鄰小正方形的定義，除了圖中顯示的相鄰小正方形外，同列的最左與最右 (如 00 列與 10 列)、同行的最上與最下 (如 00 行與 10 行) 亦視為相鄰。

6. 在三變數與四變數的卡諾圖中，因考慮二相鄰的列或行間，只有一個元素為互補型式，所以排列順序為 00、01、11、10。

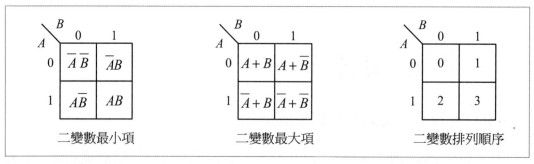

圖 4.2　二變數卡諾圖

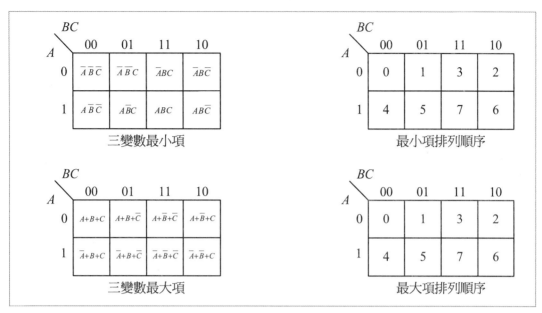

圖 4.3　三變數卡諾圖

圖 4.4　四變數最小項卡諾圖

4-3-2 卡諾圖消去法則

1. 卡諾圖中相鄰的二個 1，因其中一個元素具有互補型式 (元素與反元素)，所以可利用分配律提出共同元素，再利用補數定理消去一個互補型式的元素。**所以，二個相鄰的 1，可消去一個互補的元素。**

2. 卡諾圖中相鄰的四個 1，因其中二個元素具有互補型式 (元素與反元素)，所以可利用分配律提出共同元素，再利用補數定理消去二個互補型式的元素。**所以，四個相鄰的 1，可消去二個互補的元素。**

3. 卡諾圖中相鄰的八個 1，因其中三個元素具有互補形式 (元素與反元素)，所以可利用分配律提出共同元素，再利用補數定理消去三個互補型式的元素。**所以，八個相鄰的 1，可消去三個互補的元素。**

4. 卡諾圖中相鄰的十六個 1，因其中四個元素具有互補形式 (元素與反元素)，所以可利用分配律提出共同元素，再利用補數定理消去四個互補型式的元素。**所以，十六個相鄰的 1，可消去四個互補的元素。**

例 4.7 證明最小項卡諾圖中相鄰二個 1，可以消去一個互補的變數。

證明

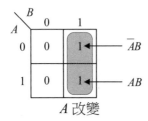

$$
\begin{aligned}
X &= \overline{A} \cdot B + A \cdot B \\
&= (\overline{A} + A)B \\
&= 1 \cdot B \\
&= B
\end{aligned}
$$

例 4.8 證明最大項卡諾圖中相鄰二個 0，可以消去一個互補的變數。

證明

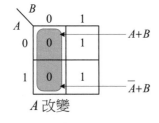

$$
\begin{aligned}
X &= (A + B) \cdot (\overline{A} + B) \\
&= A\overline{A} + AB + B\overline{A} + BB \\
&= A\overline{A} + B(\overline{A} + A) + BB \\
&= 0 + B \cdot 1 + B \\
&= B
\end{aligned}
$$

　　從例 4.7 與例 4.8 的結果得知，相同的卡諾圖中，使用最小項消去法與使用最大項消去法所得的結果相同。

例 4.9 證明最小項卡諾圖中相鄰四個 1，可以消去二個互補的變數。

(a)

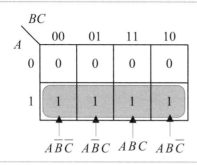

$$X = A\overline{B}\,\overline{C} + A\overline{B}C + ABC + AB\overline{C}$$
$$= A\overline{B}(\overline{C}+C) + AB(C+\overline{C})$$
$$= A\overline{B} + AB$$
$$= A(\overline{B}+B)$$
$$= A$$

(b)

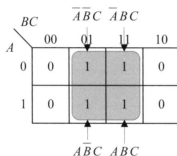

$$X = \overline{A}\,\overline{B}C + \overline{A}BC + A\overline{B}C + ABC$$
$$= \overline{A}C(\overline{B}+B) + AC(\overline{B}+B)$$
$$= \overline{A}C + AC$$
$$= C(\overline{A}+A)$$
$$= C$$

(c)

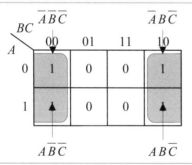

$$X = \overline{A}\,\overline{B}\,\overline{C} + \overline{A}B\overline{C} + A\overline{B}\,\overline{C} + AB\overline{C}$$
$$= \overline{A}\,\overline{C}(\overline{B}+B) + A\overline{C}(\overline{B}+B)$$
$$= \overline{A}\,\overline{C} + A\overline{C}$$
$$= \overline{C}(\overline{A}+A)$$
$$= \overline{C}$$

例 4.10 證明最小項卡諾圖中相鄰八個 1，可以消去三個互補的變數。

(a)

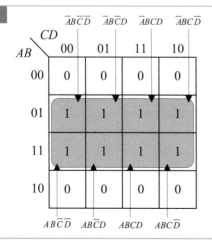

$$X = \overline{A}B\overline{C}\,\overline{D} + \overline{A}B\overline{C}D + \overline{A}BCD + \overline{A}BC\overline{D}$$
$$\quad + AB\overline{C}\,\overline{D} + AB\overline{C}D + ABCD + ABC\overline{D}$$
$$= \overline{A}B\overline{C}(\overline{D}+D) + \overline{A}BC(D+\overline{D})$$
$$\quad + AB\overline{C}(\overline{D}+D) + ABC(D+\overline{D})$$
$$= \overline{A}B\overline{C} + \overline{A}BC + AB\overline{C} + ABC$$
$$= \overline{A}B(\overline{C}+C) + AB(\overline{C}+C)$$
$$= \overline{A}B + AB$$
$$= B(\overline{A}+A)$$
$$= B$$

(b)

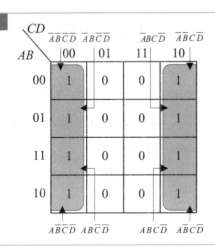

$$X = \overline{A}\,\overline{B}\,\overline{C}\,\overline{D} + \overline{A}\,B\,\overline{C}\,\overline{D} + \overline{A}\,B\,C\,\overline{D} + \overline{A}\,\overline{B}\,C\,\overline{D}$$

$$+ A\,\overline{B}\,\overline{C}\,\overline{D} + A\,B\,\overline{C}\,\overline{D} + A\,B\,C\,\overline{D} + A\,\overline{B}\,C\,\overline{D}$$

$$= \overline{A}\,\overline{C}\,\overline{D}(\overline{B}+B) + \overline{A}\,C\,\overline{D}(B+\overline{B})$$

$$+ A\,\overline{C}\,\overline{D}(\overline{B}+B) + A\,C\,\overline{D}(B+\overline{B})$$

$$= \overline{A}\,\overline{C}\,\overline{D} + \overline{A}\,C\,\overline{D} + A\,\overline{C}\,\overline{D} + A\,C\,\overline{D}$$

$$= \overline{A}\,\overline{D}(\overline{C}+C) + A\,\overline{D}(\overline{C}+C)$$

$$= \overline{A}\,\overline{D} + A\,\overline{D}$$

$$= \overline{D}(\overline{A}+A)$$

$$= \overline{D}$$

例 4.11 證明最小項卡諾圖中相鄰十六個 1，可以消去四個互補的變數。

(a)

$AB \backslash CD$	00	01	11	10
00	1	1	1	1
01	1	1	1	1
11	1	1	1	1
10	1	1	1	1

(b)

$$X = \overline{A}\,\overline{B}\,\overline{C}\,\overline{D} + \overline{A}\,\overline{B}\,\overline{C}\,D + \overline{A}\,\overline{B}\,C\,D + \overline{A}\,\overline{B}\,C\,\overline{D} + \overline{A}\,B\,\overline{C}\,\overline{D} + \overline{A}\,B\,\overline{C}\,D + \overline{A}\,B\,C\,D + \overline{A}\,B\,C\,\overline{D}$$

$$+ A\,B\,\overline{C}\,\overline{D} + A\,B\,\overline{C}\,D + A\,B\,C\,D + A\,B\,C\,\overline{D} + A\,\overline{B}\,\overline{C}\,\overline{D} + A\,\overline{B}\,\overline{C}\,D + A\,\overline{B}\,C\,D + A\,\overline{B}\,C\,\overline{D}$$

$$= \overline{A}\,\overline{B}\,\overline{C}(\overline{D}+D) + \overline{A}\,\overline{B}\,C(D+\overline{D}) + \overline{A}\,B\,\overline{C}(\overline{D}+D) + \overline{A}\,B\,C(D+\overline{D})$$

$$+ A\,B\,\overline{C}(\overline{D}+D) + A\,B\,C(D+\overline{D}) + A\,\overline{B}\,\overline{C}(\overline{D}+D) + A\,\overline{B}\,C(D+\overline{D})$$

$$= \overline{A}\,\overline{B}\,\overline{C} + \overline{A}\,\overline{B}\,C + \overline{A}\,B\,\overline{C} + \overline{A}\,B\,C + A\,B\,\overline{C} + A\,B\,C + A\,\overline{B}\,\overline{C} + A\,\overline{B}\,C$$

$$= \overline{A}\,\overline{B}(\overline{C}+C) + \overline{A}\,B(\overline{C}+C) + A\,B(\overline{C}+C) + A\,\overline{B}(\overline{C}+C)$$

$$= \overline{A}\,\overline{B} + \overline{A}\,B + A\,B + A\,\overline{B}$$

$$= \overline{A}(\overline{B}+B) + A(B+\overline{B})$$

$$= \overline{A} + A$$

$$= 1$$

例 4.12 利用下面卡諾圖，求化簡後的布林函數 X。

題目		解答

(a)

題目：

A \ BC	00	01	11	10
0	1	1	0	0
1	1	1	0	0

解答：

A \ BC	00	01	11	10
0	1	1	0	0
1	1	1	0	0

$\because \overline{B}$ 不變 $\Rightarrow X = \overline{B}$

(b)

題目：

A \ BC	00	01	11	10
0	0	0	1	1
1	0	0	1	1

解答：

A \ BC	00	01	11	10
0	0	0	1	1
1	0	0	1	1

$\because B$ 不變 $\Rightarrow X = B$

(c)

題目：

A \ BC	00	01	11	10
0	0	1	0	0
1	0	1	0	0

解答：

A \ BC	00	01	11	10
0	0	1	0	0
1	0	1	0	0

$\because \overline{B}, C$ 不變 $\Rightarrow X = \overline{B}C$

(d)

題目：

A \ BC	00	01	11	10
0	0	0	0	0
1	1	0	0	1

解答：

A \ BC	00	01	11	10
0	0	0	0	0
1	1	0	0	1

$\because A, \overline{C}$ 不變 $\Rightarrow X = A\overline{C}$

(e)

CD\AB	00	01	11	10
00	0	0	0	0
01	1	0	0	1
11	1	0	0	1
10	0	0	0	0

CD\AB	00	01	11	10
00	0	0	0	0
01	1	0	0	1
11	1	0	0	1
10	0	0	0	0

$\because B, \overline{D}$ 不變 $\Rightarrow X = B\overline{D}$

(f)

CD\AB	00	01	11	10
00	1	0	0	1
01	0	0	0	0
11	0	0	0	0
10	1	0	0	1

CD\AB	00	01	11	10
00	1	0	0	1
01	0	0	0	0
11	0	0	0	0
10	1	0	0	1

$\because \overline{B}, \overline{D}$ 不變 $\Rightarrow X = \overline{B}\,\overline{D}$

(g)

CD\AB	00	01	11	10
00	0	0	0	0
01	0	1	1	0
11	0	1	1	0
10	0	0	0	0

CD\AB	00	01	11	10
00	0	0	0	0
01	0	1	1	0
11	0	1	1	0
10	0	0	0	0

$\because B, D$ 不變 $\Rightarrow X = BD$

(h)

AB＼CD	00	01	11	10
00	0	1	0	0
01	0	1	0	0
11	0	1	0	0
10	0	1	0	0

AB＼CD	00	01	11	10
00	0	1	0	0
01	0	1	0	0
11	0	1	0	0
10	0	1	0	0

$\because \overline{C}, D$ 不變 $\Rightarrow X = \overline{C}D$

4-3-3　卡諾圖最小項化簡法

1. 畫出該最小項之和對應的卡諾圖。

2. 圈選卡諾圖中獨立的 1。

3. 圈選卡諾圖中僅與一個 1 相鄰的 1 (成對圈選)。

4. 圈選四個相鄰的 1，即使其中有一部份 1 已經圈選。

5. 圈選八個相鄰的 1，即使其中有一部份 1 已經圈選。

6. 成對圈選剩餘的 1，且確定被圈選的數目為最少。

7. 利用 OR 運算將每個圈選所代表的積項組合起來。

例 4.13　求下面卡諾圖化簡後的布林函數 X。

題目		解答	

(a)

A＼BC	00	01	11	10
0	1	1	1	0
1	1	1	0	0

A＼BC	00	01	11	10
0	1	1	1	0
1	1	1	0	0

$\overline{B}$　　$\overline{A}C$

$X = \overline{B} + \overline{A}C$

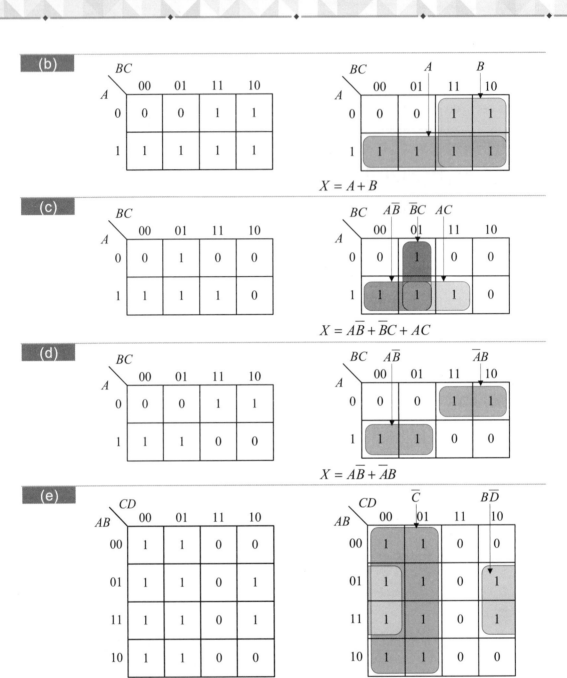

(b)

$X = A + B$

(c)

$X = A\overline{B} + \overline{B}C + AC$

(d)

$X = A\overline{B} + \overline{A}B$

(e)

$X = \overline{C} + B\overline{D}$

(f)

CD\AB	00	01	11	10
00	1	0	0	1
01	0	1	1	0
11	0	1	1	0
10	1	0	0	1

CD\AB	00	01	11	10
00	1	0	0	1
01	0	1	1	0
11	0	1	1	0
10	1	0	0	1

$$X = BD + \overline{B}\,\overline{D}$$

(g)

CD\AB	00	01	11	10
00	0	1	0	0
01	0	1	1	1
11	1	1	1	0
10	0	0	1	0

CD\AB	00	01	11	10
00	0	1	0	0
01	0	1	1	1
11	1	1	1	0
10	0	0	1	0

$$X = AB\overline{C} + ACD + \overline{A}\,\overline{C}D + \overline{A}BC$$

(h)

CD\AB	00	01	11	10
00	1	1	0	0
01	1	1	1	1
11	1	1	1	1
10	0	0	1	0

CD\AB	00	01	11	10
00	1	1	0	0
01	1	1	1	1
11	1	1	1	1
10	0	0	1	0

$$X = B + \overline{A}\,\overline{C} + ACD$$

4-3-4　未確定狀態

在某些邏輯電路的應用中，並非所有輸入狀態皆有其對應的輸出狀態；也就是說，某些輸入狀態不可能出現在此電路的輸入端，所以對這些輸入狀態而言，其對應的輸出狀態可以是 0 (低電位) 或 1 (高電位)，這種輸入狀態所對應的輸出狀態則稱為未確定狀態 (Don't care condition)。

因為未確定輸出狀態可能是 0 也可能是 1，所以在卡諾圖中以 "X" 來表示未確定狀態。電路設計師可視化簡時可能產生的最簡式，而任意指定未確定狀態 "X" 為 1 或為 0；也就是說，電路設計師可自行決定那些 "X" 為 0、而那些 "X" 為 1，以產生最佳的卡諾圖圈選方式。

表 4.6 是十進位、二進位碼、與 BCD 碼的 9's 補數對應表。因為 $1010B$ 至 $1111B$ (10 至 15) 不是有效的 BCD 碼，所以它所對應的 BCD 碼 9's 補數則為未確定狀態。

▶表 4.6　十進位、BCD 碼、與 9's 補數對應表

十進位	二進位碼				BCD 碼的 9's 補數			
D_0	B_3	B_2	B_1	B_0	C_3	C_2	C_1	C_0
0	0	0	0	0	1	0	0	1
1	0	0	0	1	1	0	0	0
2	0	0	1	0	0	1	1	1
3	0	0	1	1	0	1	1	0
4	0	1	0	0	0	1	0	1
5	0	1	0	1	0	1	0	0
6	0	1	1	0	0	0	1	1
7	0	1	1	1	0	0	1	0
8	1	0	0	0	0	0	0	1
9	1	0	0	1	0	0	0	0
10	1	0	1	0	X	X	X	X
11	1	0	1	1	X	X	X	X
12	1	1	0	0	X	X	X	X
13	1	1	0	1	X	X	X	X
14	1	1	1	0	X	X	X	X
15	1	1	1	1	X	X	X	X

例 **4.14** 求表 4.6 中，BCD 碼 9's 補數與二進位碼的布林恆等式。

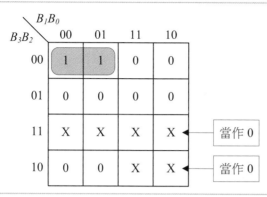

C_3

B_3B_2 \ B_1B_0	00	01	11	10
00	1	1	0	0
01	0	0	0	0
11	X	X	X	X	← 當作 0
10	0	0	X	X	← 當作 0

$$C_3 = \overline{B_3}\,\overline{B_2}\,\overline{B_1}$$

C_2

B_3B_2 \ B_1B_0	00	01	11	10
00	0	0	1	1
01	1	1	0	0
11	X	X	X	X	← 當作 0
10	0	0	X	X	← 當作 1

$$C_2 = B_2\overline{B_1} + \overline{B_2}B_1$$

C_1

B_3B_2 \ B_1B_0	00	01	11	10
00	0	0	1	1
01	0	0	1	1
11	X	X	X	X	← 當作 0
10	0	0	X	X	← 當作 1

$$C_1 = B_1$$

C_0

B_3B_2 \ B_1B_0	00	01	11	10
00	1	0	0	1
01	1	0	0	1
11	X	X	X	X	← 當作 0
10	1	0	X	X	← 當作 1

$$C_0 = \overline{B_0}$$

4-4 函數與電路化簡

4-4-1 布林函數化簡

1. 先將布林函數化成最小項之和。

2. 將最小項之和填入卡諾圖的對應位置。

3. 根據卡諾圖消去法則圈選卡諾圖中相鄰的 1。

4. 利用 OR 運算將每個圈選所代表的積項組合起來。

例 4.15 利用卡諾圖化簡下列布林函數。

函數 $X = (A + \overline{B})(B + C)$

步驟 1 先將布林函數化成最小項之和。

$$X = (A + \overline{B})(B + C)$$
$$= AB + AC + \overline{B}B + \overline{B}C$$
$$= AB \quad + \quad AC \quad + \quad \overline{B}C$$
$$\quad\quad 11\textcircled{0} \quad 1\textcircled{0}1 \quad \textcircled{0}01$$
$$\quad\quad 11\textcircled{1} \quad 1\textcircled{1}1 \quad \textcircled{1}01$$

步驟 2 將最小項之和填入卡諾圖的對應位置並圈選。

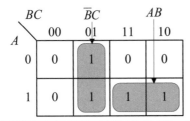

步驟 3 利用 OR 運算將每個圈選所代表的積項組合起來。

$$X = AB + \overline{B}C$$

4-4-2 邏輯電路化簡

1. 將邏輯電路化成等效布林函數。

2. 將布林函數化成最小項之和。

3. 將最小項之和填入卡諾圖的對應位置。

4. 根據卡諾圖消去法則圈選卡諾圖中相鄰的 1。

5. 利用 OR 運算將每個圈選所代表的積項組合起來。

6. 畫出化簡後布林函數的等效邏輯電路。

例 4.16 證明

電路圖

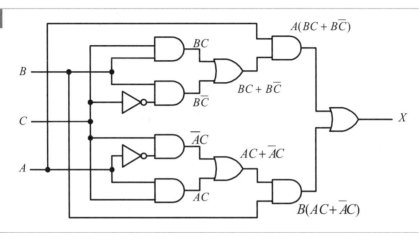

步驟 1 將邏輯電路化成等效布林函數。

$$X = A(BC + B\overline{C}) + B(AC + \overline{A}C)$$

步驟 2 將布林函數化成最小項之和。

$$X = A(BC + B\overline{C}) + B(AC + \overline{A}C)$$
$$= ABC + AB\overline{C} + ABC + \overline{A}BC$$
$$\quad\ 111 \qquad 110 \qquad 111 \qquad 011$$

步驟 3 將最小項之和填入卡諾圖的對應位置並圈選。

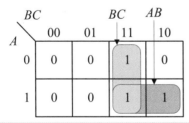

步驟 4 利用 OR 運算將每個圈選所代表的積項組合起來。

X=AB+BC

步驟 5 畫出化簡後布林函數的等效邏輯電路。

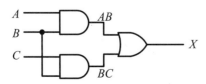

4-5 習題

1. 表 3.7(a)真值表所代表的布林函數最小項之和為_____。

    (a) $X = \overline{A}\,\overline{B} + A\,B$

    (b) $X = \overline{A}\,B + A\,\overline{B}$

    (c) $X = (\overline{A} + \overline{B})(A + B)$

    (d) $X = (\overline{A} + B)(A + \overline{B})$

2. 表 3.7(b)真值表所代表的布林函數最小項之和為_____。

    (a) $X = A\,\overline{B}$

    (b) $X = \overline{A}\,\overline{B} + \overline{A}B + AB$

    (c) $X = (A + \overline{B})$

    (d) $X = (\overline{A} + \overline{B})(\overline{A} + B)(A + B)$

3. 表 3.7(a)真值表所代表的布林函數最大項之積為_____。

    (a) $X = \overline{A}\,\overline{B} + A\,B$

    (b) $X = \overline{A}\,B + A\,\overline{B}$

    (c) $X = (\overline{A} + \overline{B})(A + B)$

    (d) $X = (\overline{A} + B)(A + \overline{B})$

4. 表 3.7(b)真值表所代表的布林函數最大項之積為_____。

    (a) $X = A\,\overline{B}$

    (b) $X = \overline{A}\,\overline{B} + \overline{A}B + AB$

    (c) $X = (A + \overline{B})$

    (d) $X = (\overline{A} + \overline{B})(\overline{A} + B)(A + B)$

▶表 3.7　習題 1 與習題 2 真值表

(a)	A	B	X	(b)	A	B	X
	0	0	0		0	0	0
	0	1	1		0	1	0
	1	0	1		1	0	1
	1	1	0		1	1	0

5. 布林函數 $X = A + B$ 的最小項之和為_____。

    (a) $X = \overline{A}\,\overline{B} + \overline{A}B + A\overline{B}$

    (b) $X = AB$

    (c) $X = (\overline{A} + \overline{B})(\overline{A} + B)(A + \overline{B})$

    (d) $X = (\overline{A} + B)(A + \overline{B})$

6. 布林函數 $X = (\overline{A}B + B)(\overline{A} + A\overline{B})$ 的最小項之和為_____。

    (a) $X = \overline{A}\,\overline{B} + \overline{A}B + A\overline{B}$

    (b) $X = \overline{A}B$

    (c) $X = (\overline{A} + \overline{B})(\overline{A} + B)(A + \overline{B})$

    (d) $X = (\overline{A} + B)$

7. 布林函數 $X = AB$ 的最大項之積為_____。

   (a) $X = \overline{A}\,\overline{B} + \overline{A}B + A\overline{B}$

   (b) $X = AB$

   (c) $X = \left(\overline{A} + \overline{B}\right)\left(\overline{A} + B\right)\left(A + \overline{B}\right)$

   (d) $X = \left(A + B\right)$

8. 布林函數 $X = B(\overline{A} + A\overline{B})$ 的最大項之積為_____。

   (a) $X = \overline{A}B$

   (b) $X = \overline{A}B + A$

   (c) $X = \left(\overline{A} + B\right)$

   (d) $X = \left(\overline{A} + \overline{B}\right)\left(A + \overline{B}\right)\left(A + B\right)$

CHAPTER 5

組合邏輯電路

5-1 組合邏輯電路分析

5-1-1 組合邏輯電路概論

　　邏輯電路分為組合邏輯電路 (Combinational Logic Circuit) 與序向邏輯電路 (Sequential Logic Circuit)。組合邏輯電路是由基本邏輯閘組成，且輸出是所有輸入的組合形式，如圖 5.1 (a) 所示。序向邏輯電路則是由組合邏輯電路與記憶電路組成，且其輸出是所有輸入與前次輸出的組合形式，如圖 5.1 (b) 所示。

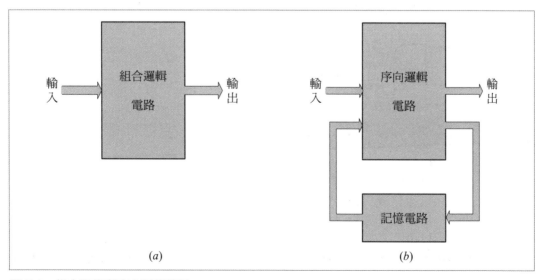

| 輸入 → | 組合邏輯電路 | → 輸出 |

(a)

(b)

圖 5.1　組合邏輯與序向邏輯簡圖

5-1-2　組合邏輯分析方法

　　組合邏輯電路分析是以等效布林函數與真值表來表示該邏輯電路輸入與輸出的關係，以便技術人員進行檢查或維修。布林函數可以表示邏輯電路輸入與輸出之間的邏輯運算關係，真值表則列出輸入組合與輸出的對應狀態。

邏輯電路分析步驟

1. 由輸入端向輸出端，依次寫出電路中各個邏輯閘輸出的布林運算式。

2. 將最後輸出的布林運算式，寫成布林函數表示式。

3. 將布林函數化成積項之和或和項之積。

4. 將積項之和或和項之積化成最小項之和或最大項之積。

5. 將最小項之和或最大項之積發展成真值表。

5-1-3　組合邏輯分析範例

例 5.1　寫出下列邏輯電路的布林函數積項之和，並發展成真值表。

電路　AND-OR 邏輯電路如下。

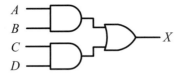

輸出　寫出各個邏輯閘輸出的布林運算式。

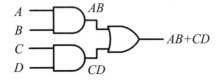

函數　邏輯電路的等效布林函數與化成最小項之和如下。

$$X = AB \qquad + \qquad CD$$

$$11①① \ ①①11$$
$$11①① \ ①①11$$
$$11①① \ ①①11$$
$$11①① \ ①①11$$

$$= AB\overline{C}\overline{D} + AB\overline{C}D + ABC\overline{D} + ABCD + \overline{A}\overline{B}CD + \overline{A}BCD + A\overline{B}CD + ABCD$$

真值表 利用最小項之和發展出下列的真值表。

A	B	C	D	X	最小項
0	0	0	0	0	
0	0	0	1	0	
0	0	1	0	0	
0	0	1	1	1	$\overline{A}\,\overline{B}CD$
0	1	0	0	0	
0	1	0	1	0	
0	1	1	0	0	
0	1	1	1	1	$\overline{A}BCD$
1	0	0	0	0	
1	0	0	1	0	
1	0	1	0	0	
1	0	1	1	1	$A\overline{B}CD$
1	1	0	0	1	$AB\overline{C}\,\overline{D}$
1	1	0	1	1	$AB\overline{C}D$
1	1	1	0	1	$ABC\overline{D}$
1	1	1	1	1	$ABCD$

例 5.2 寫出下列邏輯電路的布林函數和項之積，並發展成真值表。

電路 OR-AND 邏輯電路如下。

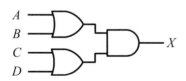

輸出 寫出各個邏輯閘輸出的布林運算式。

函數 邏輯電路的等效布林函數與化成最大項之積如下。

$$X = (A+B) \qquad \cdot \qquad (C+D)$$

$$0+0+ⓞ+ⓞ \qquad ⓞ+ⓞ+0+0$$
$$0+0+ⓞ+① \qquad ⓞ+①+0+0$$
$$0+0+①+ⓞ \qquad ①+ⓞ+0+0$$
$$0+0+①+① \qquad ①+①+0+0$$

$$= (A+B+C+D)(A+B+C+\overline{D})(A+B+\overline{C}+D)(A+B+\overline{C}+\overline{D})$$
$$(A+B+C+D)(A+\overline{B}+C+D)(\overline{A}+B+C+D)(\overline{A}+\overline{B}+C+D)$$

真值表 利用最大項之積發展出下列的真值表。

A	B	C	D	X	最大項
0	0	0	0	0	$A+B+C+D$
0	0	0	1	0	$A+B+C+\overline{D}$
0	0	1	0	0	$A+B+\overline{C}+D$
0	0	1	1	0	$A+B+\overline{C}+\overline{D}$
0	1	0	0	0	$A+\overline{B}+C+D$
0	1	0	1	1	
0	1	1	0	1	
0	1	1	1	1	
1	0	0	0	0	$\overline{A}+B+C+D$
1	0	0	1	1	
1	0	1	0	1	
1	0	1	1	1	
1	1	0	0	0	$\overline{A}+\overline{B}+C+D$
1	1	0	1	1	
1	1	1	0	1	
1	1	1	1	1	

例 5.3 邏輯電路及其輸入波形如下，求其輸出波形。

電路 邏輯電路及其輸入波形如下。

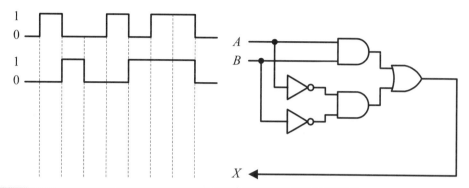

輸出 寫出各個邏輯閘輸出的布林運算式。

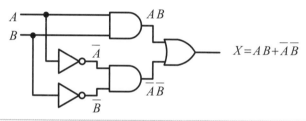

函數 邏輯電路的等效布林函數如下。

$$X = AB + \overline{A}\,\overline{B}$$

真值表 利用最小項之和發展出下列的真值表。

A	B	X	最小項
0	0	1	$\overline{A}\,\overline{B}$
0	1	0	
1	0	0	
1	1	1	AB

波形 利用真值表畫輸出波形。

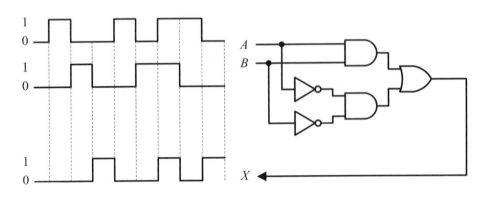

例 5.4 邏輯電路及其輸入波形如下，求其輸出波形。

電路 邏輯電路如下。

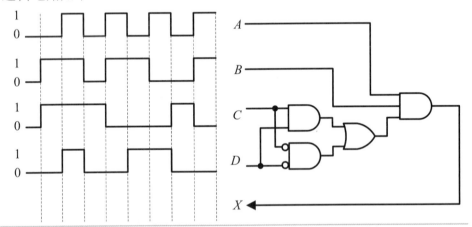

輸出 寫出各個邏輯閘輸出的布林運算式。

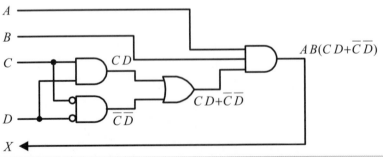

函數 邏輯電路的等效布林函數與化成最小項之和如下。

$$X = AB(CD + \overline{C}\,\overline{D})$$
$$= ABCD + AB\overline{C}\,\overline{D}$$

真值表 利用最大項之積發展出下列的真值表。

A	B	C	D	X	最小項
0	0	0	0	0	
0	0	0	1	0	
0	0	1	0	0	
0	0	1	1	0	
0	1	0	0	0	
0	1	0	1	0	
0	1	1	0	0	
0	1	1	1	0	
1	0	0	0	0	
1	0	0	1	0	
1	0	1	0	0	
1	0	1	1	0	
1	1	0	0	1	$AB\overline{C}\,\overline{D}$
1	1	0	1	0	
1	1	1	0	0	
1	1	1	1	1	$ABCD$

波形 利用真值表畫輸出波形。

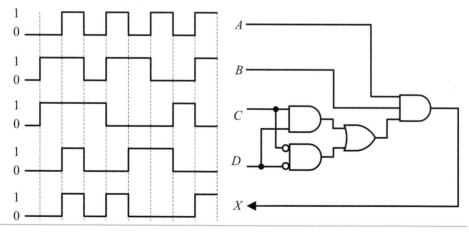

5-2 組合邏輯電路設計

5-2-1 組合邏輯設計方法

　　組合邏輯電路設計是將一個文字敘述問題換成組合邏輯電路。例如，設計一個加法器或設計一個投票器，設計步驟如下。

邏輯電路設計步驟

1. 由問題中，確定輸入變數個數與輸出變數的個數。

2. 將問題轉換成輸入變數與輸出變數關係的真值表。

3. 將真值表轉換成布林函數最小項之和 (或最大項之積)。

4. 利用布林定理或卡諾圖，化簡布林函數為積項之和 (或和項之積)。

5. 畫出布林函數的等效邏輯電路。

5-2-2 設計 XOR 電路

　　XOR 的運算定義為當偶數個輸入為 1 時則輸出為 0，而當奇數個輸入為 1 時則輸出為 1。在 3-1-7 節曾經介紹過 XOR 邏輯閘符號、運算符號與運算真值表，而本節將利用 NOT、AND、OR、NAND 閘的組合邏輯來設計二輸入或三輸入 XOR 閘。

例 5.5 使用 NOT、AND、OR、NAND，設計二輸入 XOR 電路。

符號 二輸入 XOR 邏輯閘符號與布林表示式。

$$X = A \oplus B$$

真值表 Exclusive-OR 的真值表與最小項、最大項定義如下。

A	B	X	最小項	最大項
0	0	0		$A + B$
0	1	1	$\overline{A}B$	
1	0	1	$A\overline{B}$	
1	1	0		$\overline{A} + \overline{B}$

最小值 真值表中最小項之和的布林函數與等效邏輯電路如下。

$$X = \overline{A}B + A\overline{B}$$

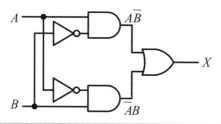

最大值 真值表中最大項之積的布林函數與等效邏輯電路如下。

$$X = (A + B)(\overline{A} + \overline{B})$$

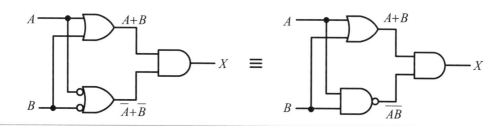

　　三輸入 XOR 邏輯閘的邏輯運算，除了遵循『偶數個輸入為 1 時輸出為 0，奇數個輸入為 1 時輸出為 1』的運算原則，還可使用結合律先執行其中二個輸入的 XOR 運算，再與第三個輸入執行 XOR 運算，如下；

$$X = A \oplus B \oplus C = A \oplus (B \oplus C) = (A \oplus B) \oplus C$$

例 5.6 設計三輸入 XOR 電路。

符號 三輸入 XOR 邏輯閘符號與布林表示式。

真值表 三輸入 XOR 的真值表與最小項定義如下。

A	B	C	B⊕C	X=A⊕(B⊕C)	最小項
0	0	0	0	0	
0	0	1	1	1	$\overline{A}\overline{B}C$
0	1	0	1	1	$\overline{A}B\overline{C}$
0	1	1	0	0	
1	0	0	0	1	$A\overline{B}\overline{C}$
1	0	1	1	0	
1	1	0	1	0	
1	1	1	0	1	ABC

函數 真值表中最小項之和的布林函數與等效邏輯電路如下。

$$X = \overline{A}\overline{B}C + \overline{A}B\overline{C} + A\overline{B}\overline{C} + ABC$$

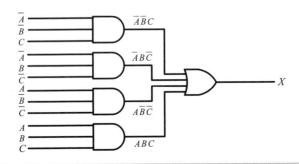

5-2-3 設計 XNOR 電路

XNOR 的運算定義為當偶數個輸入為 1 時則輸出為 1，而當奇數個輸入為 1 時則輸出為 0。在 3-1-8 節曾經介紹過 XNOR 邏輯閘符號、運算符號與運算真值表，而本節將利用 NOT、AND、OR、NOR 閘的組合邏輯來設計二輸入或三輸入 XNOR 閘。

例 5.7 使用 NOT、AND、OR、NOR，設計二輸入 XNOR 電路。

符號 二輸入 XNOR 邏輯閘符號與布林表示式。

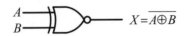

真值表 二輸入 Exclusive-NOR 的真值表與最小項、最大項定義如下。

A	B	X	最小項	最大項
0	0	1	$\overline{A}\,\overline{B}$	
0	1	0		$A + \overline{B}$
1	0	0		$\overline{A} + B$
1	1	1	AB	

最小值 真值表中最小項之和的布林函數與等效邏輯電路如下。

$$X = AB + \overline{A}\,\overline{B} = AB + (\overline{A + B})$$

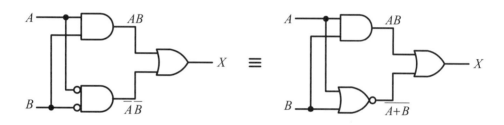

最大值 真值表中最大項之積的布林函數與等效邏輯電路如下。

$$X = (A + \overline{B})(\overline{A} + B)$$

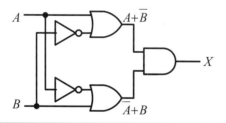

　　三輸入 XNOR 邏輯閘的邏輯運算,除了遵循『偶數個輸入為 1 時輸出為 1,奇數個輸入為 1 時輸出為 0』的運算原則,還可使用結合律先執行其中二個輸入的 XOR 運算,再與第三個輸入執行 XNOR 運算,如下;

$$X = \overline{A \oplus B \oplus C} = \overline{A \oplus (B \oplus C)} = \overline{(A \oplus B) \oplus C}$$

例 5.8 設計三輸入 XNOR 電路。

符號 三輸入 XNOR 邏輯閘符號與布林表示式。

$$X = \overline{A \oplus B \oplus C} \equiv X = \overline{A \oplus (B \oplus C)}$$

真值表 三輸入 Exclusive-NOR 的真值表與最小項、最大項定義如下。

A	B	C	B⊕C	$\overline{A \oplus B \oplus C}$	最小項
0	0	0	0	1	$\overline{A}\,\overline{B}\,\overline{C}$
0	0	1	1	0	
0	1	0	1	0	
0	1	1	0	1	$\overline{A}BC$
1	0	0	0	0	
1	0	1	1	1	$A\overline{B}C$
1	1	0	1	1	$AB\overline{C}$
1	1	1	0	0	

電路 真值表中最小項之和的布林函數與等效邏輯電路如下。

$$X = \overline{A}\,\overline{B}\,\overline{C} + \overline{A}BC + A\overline{B}C + AB\overline{C}$$

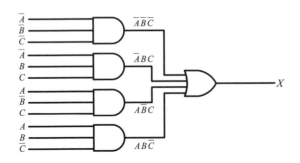

5-2-4 設計投票器電路

　　下圖是設計一個三人投票器的方塊圖。投票器是由 A、B、C 三個按鍵來輸入，按下輸入鍵表示輸入 1 (High)，放開輸入鍵表示輸入 0 (Low)。投票器的輸出先接到一個發光二極體再接地。設計一個三人投票器的邏輯電路，將按鍵輸入狀態轉換成發光二極體的輸出狀態。當二個以上輸入為 1 時表多數贊成，則發光二極體會發亮表示通過。當二個以上輸入為 0 時表多數反對，則發光二極體不發亮表示不通過。

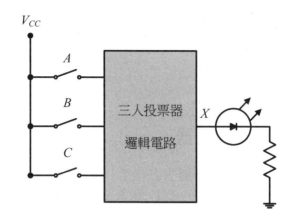

例 5.9　設計三人投票器。

真值表　先發展一個三人投票器的真值表，1 表示佔贊成 0 表示反對。

A	B	C	X	最小項
0	0	0	0	
0	0	1	0	
0	1	0	0	
0	1	1	1	$\overline{A}BC$
1	0	0	0	
1	0	1	1	$A\overline{B}C$
1	1	0	1	$AB\overline{C}$
1	1	1	1	ABC

函數　將真值表轉換成布林函數最小項之和。

$$X = \overline{A}BC + A\overline{B}C + AB\overline{C} + ABC$$

化簡　利用卡諾圖化簡布林函數如下。

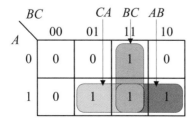

$$X = AB + BC + CA$$

電路 將布林函數畫成等效邏輯電路如下。

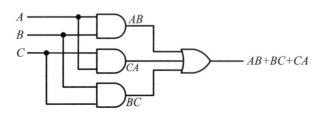

5-2-5 設計 BCD 碼檢查器

下圖是設計一個 BCD 碼檢查器的方塊圖。檢查器左邊是 A、B、C、D 四個輸入，右邊為一個輸出 X。設計 BCD 碼檢查器的邏輯電路，將 A、B、C、D 四個輸入轉換成 X 的輸出狀態。當輸入為 $0000B$ 至 $1001B$ 時為 BCD 碼則輸出為 1，當輸入為 $1010B$ 至 $1111B$ 時不為 BCD 碼則輸出為 0。

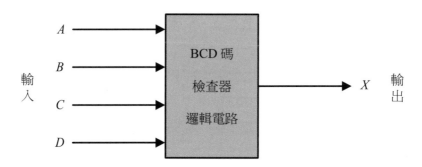

例 5.10 設計 BCD 碼檢查器。

真值表 先發展一個 BCD 碼檢查器的真值表，輸出 1 表示該輸入為 BCD 碼，輸出 0 表示該輸入不為 BCD 碼。

A	B	C	D	X	最小項
0	0	0	0	1	$\overline{A}\,\overline{B}\,\overline{C}\,\overline{D}$
0	0	0	1	1	$\overline{A}\,\overline{B}\,\overline{C}\,D$
0	0	1	0	1	$\overline{A}\,\overline{B}\,C\,\overline{D}$
0	0	1	1	1	$\overline{A}\,\overline{B}\,C\,D$
0	1	0	0	1	$\overline{A}\,B\,\overline{C}\,\overline{D}$
0	1	0	1	1	$\overline{A}\,B\,\overline{C}\,D$
0	1	1	0	1	$\overline{A}\,B\,C\,\overline{D}$

A	B	C	D	X	最小項
0	1	1	1	1	$\overline{A}BCD$
1	0	0	0	1	$A\overline{B}\overline{C}\overline{D}$
1	0	0	1	1	$A\overline{B}\overline{C}D$
1	0	1	0	0	
1	0	1	1	0	
1	1	0	0	0	
1	1	0	1	0	
1	1	1	0	0	
1	1	1	1	0	

函數　將真值表轉換成布林函數最小項之和。

$$X = \overline{A}\overline{B}\overline{C}\overline{D} + \overline{A}\overline{B}\overline{C}D + \overline{A}\overline{B}C\overline{D} + \overline{A}\overline{B}CD + \overline{A}B\overline{C}\overline{D} + \overline{A}B\overline{C}D + \overline{A}BC\overline{D}$$
$$+ \overline{A}BCD + A\overline{B}\overline{C}\overline{D} + A\overline{B}\overline{C}D$$

化簡　利用卡諾圖化簡布林函數如下。

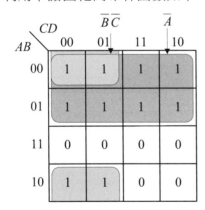

$$X = \overline{A} + \overline{B}\,\overline{C} = \overline{A} + \overline{(B+C)} = \overline{A \cdot (B+C)}$$

電路　將布林函數畫成等效邏輯電路如下。

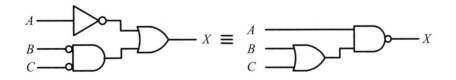

5-2-6 利用波形設計電路

利用波形設計邏輯電路步驟

1. 將輸入波形與輸出波形轉換成輸入變數與輸出變數關係的真值表。

2. 將真值表轉換成布林函數最小項之和 (或最大項之積)。

3. 利用布林定理或卡諾圖,化簡布林函數為積項之和 (或和項之積)。

4. 畫出布林函數的等效邏輯電路。

例 5.11 求適合於下列輸入波形與輸出波形的邏輯電路。

波形 已知輸入波形與輸出波形如下。

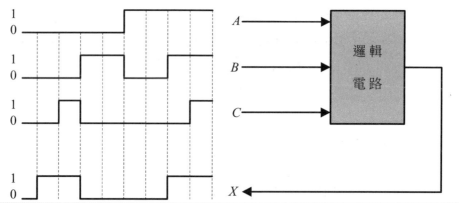

真值表 找出已知的輸入與輸出關係,並發展成真值表,而未知的關係則以 X (Don't Care) 代替。

A	B	C	X
0	0	0	1
0	0	1	1
0	1	0	0
0	1	0	X
1	0	0	0
1	0	0	X
1	1	0	1
1	1	1	1

化簡　利用卡諾圖化簡布林函數如下。

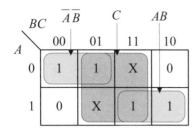

$$X = \overline{A}\,\overline{B} + AB + C$$

電路　將布林函數畫成等效邏輯電路如下。

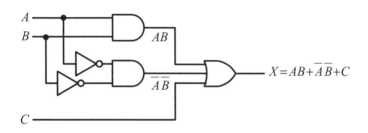

$$X = AB + \overline{A}\,\overline{B} + C$$

例 5.12　求適合於下列輸入波形與輸出波形的邏輯電路。

波形　已知輸入波形與輸出波形如下。

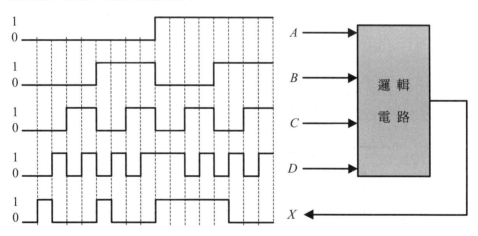

真值表 找出已知的輸入與輸出關係，並發展成真值表，而未知的關係則以 X (Don't Care) 代替。

A	B	C	D	X
0	0	0	0	1
0	0	0	1	0
0	0	1	0	0
0	0	1	1	0
0	1	0	0	1
0	1	0	1	0
0	1	1	0	0
0	1	1	1	0

A	B	C	D	X
1	0	0	1	X
1	0	0	1	1
1	0	1	0	1
1	0	1	1	1
1	1	0	0	1
1	1	0	1	0
1	1	1	0	0
1	1	1	1	0

化簡 利用卡諾圖化簡布林函數如下。

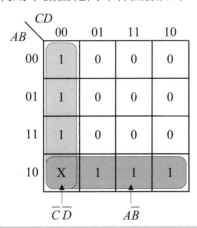

$$X = A\overline{B} + \overline{C}\,\overline{D}$$

電路 將布林函數畫成等效邏輯電路如下。

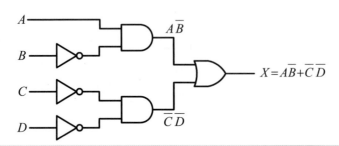

$$X = A\overline{B} + \overline{C}\,\overline{D}$$

5-3 邏輯閘的互換

5-3-1 邏輯閘互換概論

在單一數位邏輯 IC 中，通常包含多個相同功能的邏輯閘，而設計邏輯電路時，可能只使用某個數位邏輯 IC 中的一個或二個邏輯閘，所以整個數位邏輯電路中還有多餘的邏輯閘未使用。

因此數位邏輯電路經化簡後，於製作成實際電路之前，為了節省成本可檢查電路中使用的數位邏輯 IC，是否還有多餘的邏輯閘未使用。若有多餘的邏輯閘未使用，則再檢查這些多餘的邏輯閘，是否可用來替代其它的邏輯閘，以節省數位邏輯 IC 的使用。

5-3-2 狄摩根定理

狄摩根第一定理是和的補數（$\overline{A+B}$）等於補數的積（$\overline{A}\,\overline{B}$），狄摩根第二定理是積（$\overline{AB}$）的補數等於補數的和（$\overline{A}+\overline{B}$）。

> 狄摩根第一定理：$\overline{A+B} = \overline{A}\,\overline{B}$
> 狄摩根第二定理：$\overline{AB} = \overline{A}+\overline{B}$

將狄摩根第一定理以邏輯閘來表示時，則（$\overline{A+B}$）為正邏輯 NOR 閘的布林運算式，所以（$\overline{A}\,\overline{B}$）可視為負邏輯 NOR 閘的布林運算式。將狄摩根第二定理以邏輯閘來表示時，則（$\overline{AB}$）為正邏輯 NAND 閘的布林運算式，所以（$\overline{A}+\overline{B}$）可視為負邏輯 NAND 閘的布林運算式。

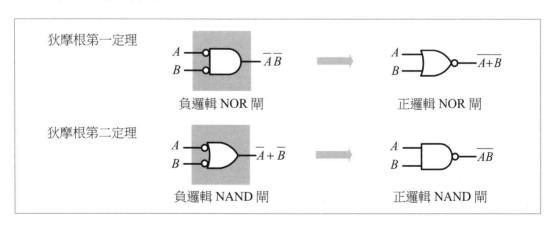

圖 5.2　利用狄摩根定理的互換邏輯閘(一)

　　將狄摩根第一定理與狄摩根第二定理等號左右二邊取補數，則等號左右二邊的運算式變化如下：

狄摩根第一定理：$\overline{\overline{A+B}} = \overline{\overline{A} \cdot \overline{B}} \Rightarrow A+B = \overline{\overline{A} \cdot \overline{B}}$
狄摩根第二定理：$\overline{\overline{AB}} = \overline{\overline{A}+\overline{B}} \Rightarrow AB = \overline{\overline{A}+\overline{B}}$

　　將擴充的狄摩根第一定理以邏輯閘來表示時，則 ($A+B$) 為正邏輯 OR 閘的布林運算式，所以 ($\overline{\overline{AB}}$) 可視為負邏輯 OR 閘的布林運算式。將擴充的狄摩根第二定理以邏輯閘來表示時，則 (AB) 為正邏輯 AND 閘的布林運算式，所以 ($\overline{\overline{A}+\overline{B}}$) 可視為負邏輯 AND 閘的布林運算式。

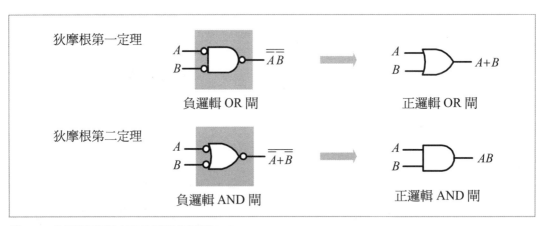

圖 5.3　利用狄摩根定理的互換邏輯閘(二)

5-3-3　萬用 NAND 閘

　　NAND 閘可當作萬用閘來使用。例如，使用一個 NAND 閘可作 NOT 等效閘，使用二個 NAND 閘可作 AND 等效閘，使用三個 NAND 閘可作 OR 等效閘，使用四個 NAND 閘可作 NOR 等效閘。圖 5.4 顯示利用 NAND 閘來作 NOT、AND、OR、NOR 等效閘的邏輯電路。

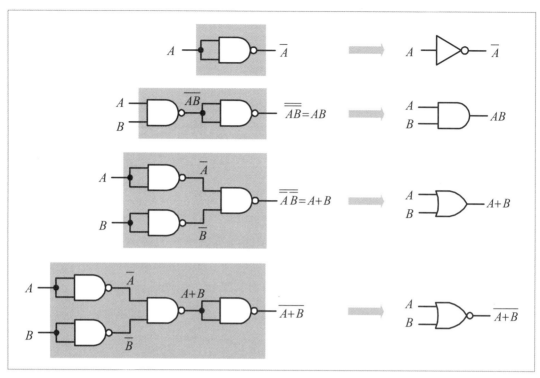

圖 5.4　利用 NAND 閘作 NOT、AND、OR、NOR 閘

5-3-4　萬用 NOR 閘

NOR 閘可當作萬用閘來使用。例如，使用一個 NOR 閘可作 NOT 等效閘，使用二個 NOR 閘可作 OR 等效閘，使用三個 NOR 閘可作 AND 等效閘，使用四個 NOR 閘可作 NAND 等效閘。圖 5.4 顯示利用 NOR 閘來作 NOT、AND、OR、NAND 等效閘的邏輯電路。

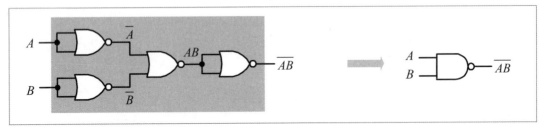

圖 5.5　利用 NOR 閘作 NOT、AND、OR、NAND 閘

5-3-5　萬用組合邏輯

　　除了 5-3-2 節、5-3-3 節、5-3-4 節邏輯閘互換原則外，還可使用反轉定理 ($\overline{\overline{A}} = A$)，令反向閘成對抵消，來消去二個相連的小圓圈。如圖 5.6 是利用反轉定理將 NAND-NAND 邏輯換成 AND-OR 邏輯，而圖 5.7 是利用反轉定理將 NOR-NOR 邏輯換成 OR-AND 邏輯。

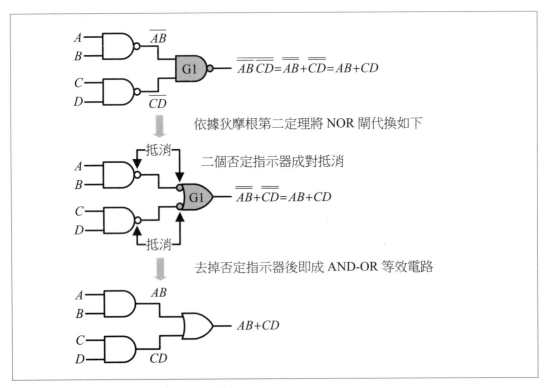

圖 5.6　NAND 閘邏輯換成 AND-OR 邏輯

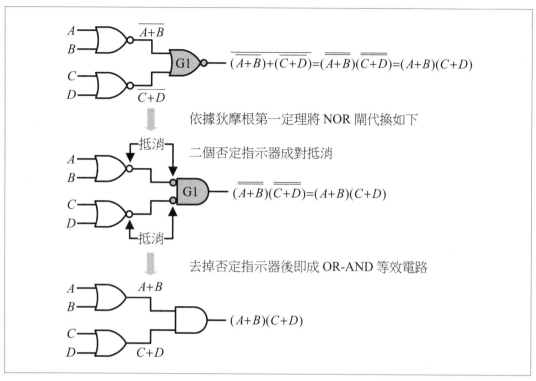

圖 5.7　NOR 閘邏輯換成 OR-AND 邏輯

例 5.13　以 AND、OR 組合邏輯，製作下列布林函數的等效邏輯電路。

(a) $X = A(B + C)$

A ─────┐
B ─┐   AND ─── $X=A(B+C)$
C ─┘ OR
　　$(B+C)$

(b) $X = A + B + C = A + (B + C)$

A ─┐
B ─┤ OR ─── $X=A+B+C$　⟺　A ─────┐ OR ─── $X=A+(B+C)$
C ─┘　　　　　　　　　　　　　B ─┐ OR
　　　　　　　　　　　　　　　C ─┘ $(B+C)$

(c) $X = A(B(C + D))$

A ──────────┐
B ───────┐ AND ─── $X=A(B(C+D))$
C ─┐ OR AND
D ─┘ $(C+D)$ $B(C+D)$

(d) $X = A + BCD = A + B(CD)$

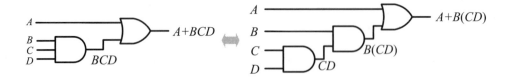

例 **5.14** 利用 NOT、AND、OR 組合邏輯，作下列布林函數等效電路。

(a) $X = A(B + \overline{C})$

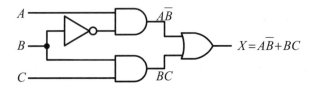

(b) $X = A\overline{B} + BC$

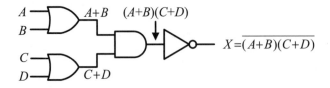

(c) $X = \overline{AB + CD}$

(d) $X = \overline{(A + B)(C + D)}$

■ 例 5.15　利用 NAND 組合邏輯，取代下列布林函數與邏輯電路。

題目　$X = \overline{A}B + C\overline{D}$

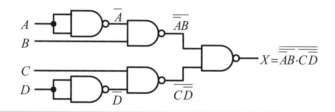

解答　$X = \overline{A}B + C\overline{D} = \overline{\overline{\overline{A}B + C\overline{D}}} = \overline{\overline{\overline{A}B} \cdot \overline{C\overline{D}}}$

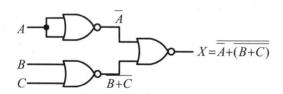

■ 例 5.16　利用 NOR 組合邏輯，取代下列布林函數與邏輯電路。

題目　$X = AB + AC$

A
B
C
$X = A(B+C)$
$B+C$

解答　$X = AB + AC = A(B + C) = \overline{\overline{A(B + C)}} = \overline{\overline{A} + \overline{(B + C)}}$

A
B
C
$\overline{A}$
$X = \overline{\overline{A} + \overline{(B+C)}}$
$B+C$

■ 例 5.17　利用 NAND-NOR 組合邏輯，取代下列布林函數與邏輯電路。

題目　$X = ABC$

A
B
C
$X = ABC$

解答　$X = ABC = \overline{\overline{ABC}} = \overline{\overline{A} + \overline{B} + \overline{C}}$

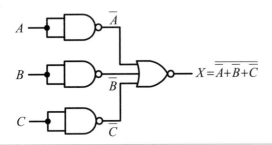

例 5.18　利用 NOR-NAND 組合邏輯，取代下列布林函數與邏輯電路。

題目　$X = A + B + C$

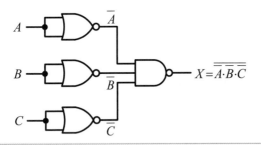

解答　$X = A + B + C = \overline{\overline{A + B + C}} = \overline{\overline{A} \cdot \overline{B} \cdot \overline{C}}$

5-4 組合邏輯電路的實現方式

從 1947 年貝爾實驗室研發的電晶體取代了真空管之後，由於具備體積更小、性能更穩定、而且成本低廉的優點，電晶體不僅引發了一連串固態物理學的革命，數位電子產業也因此得以蓬勃發展，更為今日的半導體產業奠定良好的基礎，電晶體對現今科技產業有著難以衡量的重要性。

在第一章曾經提到，數位系統設計的演進過程大致可分為「電晶體層次」、「邏輯閘層次」、「暫存器轉移層次」和「系統層次」等四個階段。

現階段的數位系統設計環境仍以「暫存器轉移層次」為主。RTL 層次設計主要的特色就是大量的使用暫存器與算數邏輯元件(ALU 或 FU)來描述電路，目前最熱門的硬體電路描述語言莫過於 VHDL 與 Verilog。由於 VHDL 程式語言的架構較為嚴謹，本書後面的教學和專案做中學都是採用 VHDL 程式語言。

硬體描述語言是屬於設計的工具或平台，最後仍須將設計的成果燒錄至數位 IC 內(FPGA 或 CPLD 晶片)，數位系統的功能才得以實現。所以除了認識硬體描述語言之外，系統開發者也必須對數位 IC 的分類有基本的認識。

5-4-1 數位 IC 分類

數位 IC 大致可分為標準邏輯 IC(Standard Logic IC)和客製化 IC(ASIC)兩大類，圖 5.8 為數位 IC 的家族分類。數位系統設計開發者可以依據需要從中選擇適合的晶片來實現電路。

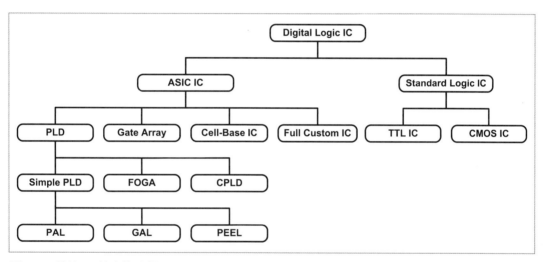

圖 5.8　數位 IC 的家族分類

5-4-2 FPGA 和 CPLD 晶片

由於市場需求變化迅速，市場規模也從大量製造演變成少量多樣的型態，因此並非所有的系統設計開發者都可以負擔得起客製化 IC 的費用。FPGA 或 CPLD IC 便在這種需求下出現，由於具備體積小、容量大、可程式規劃可以大幅降低開發成本，更能夠在短時間內完成產品設計並讓商品上市的優點，系統設計開發者可依據其電路規模的大小或規格的要求，選擇功能、價格適合的可程式規劃的 FPGA 晶片來實現電路，因此很快就獲得青睞，擴展出相當的市場規模。表 5.1 列出常用可程式晶片的特性比較。

表 5.1　常用可程式晶片的特性比較

	Full-Custom IC	Cell-Based IC	Gate Arrays	FPGA/CPLD
Speed	★★	★	★	★
Integration Density	★★	★	★	★
Volume device cost	HIGH	HIGH	LOW	LOW
Risk Reduction			★	★★
Time to Market			★	★★

　　當然，一項設計的好壞很難從單一角度來評論其好壞，一個設計通常是許多條件下取捨後的結果，基本上能夠滿足客戶的需求就是一個好的設計。好比在都會區的交通規劃，打算從 A 點前往 B 點，開車、搭捷運還是騎機車，其選擇會因人、因地、因時而異。

5-4-3　硬體描述語言(HDL)介紹

　　近年來隨著科技的進步，各種 EDA 工具應運而生，使用硬體描述語言搭配FPGA 或 CPLD 這類的晶片來進行數位系統的設計逐漸成為近年來的主要趨勢，硬體描述語言的問世，甚至可以視為數位系統設計發展的一個里程碑，目前市面上較為通用的硬體描述語言有 VHDL 和 Verilog 兩種。由於 VHDL 的架構比較嚴謹，本書接下來的章節中都將以 VHDL 這款硬體描述語言的基礎架構來描述電路。

5-4-4　VHDL 的由來

　　VHDL 是 Very high speed integrated circuit Hardware Description Language 的縮寫，意思是非常高速積體電路的硬體描述語言。這是一項由美國國防部所支持的研究計畫，目的是為了把電子電路的設計意義以文字或文件的方式保存下來，以便其他人能輕易地了解電路的設計意義。

　　1985 年完成第一版的硬體描述語言，兩年後(1987)成為 IEEE 標準，即 IEEE1076標準。1988 年，美國國防部規定所有官方的 ASIC 設計都必須以 VHDL 為設計描述語言，所以 VHDL 就漸漸地成為工業界的標準。之後於 1993 年增修為眾所週知的

IEEE1164 標準，1996 年，IEEE 再將電路合成的標準程式與規格加入至 VHDL 硬體描述語言之中，稱之為 IEEE 1076.3 標準。

由於半導體製程技術和電腦輔助設計工具的快速進步，VHDL 能夠以高階電路描述語言的方式，讓複雜的電路可以透過 VHDL 編輯合成器快速地完成電路的合成，並且可立即將設計燒錄在 FPGA 或 CPLD 等可程式規劃晶片上，不但大大地縮短數位系統設計開發的時程，更可降低開發過程中的 Non Return Cost，因此很快就受到市場的注目。

由於 VHDL 電路描述語言所能涵蓋的範圍相當廣，能適用於各種不同階層的設計工程師之需求。從 ASIC 的設計到 PCB 系統的設計，VHDL 電路描述語言都能夠派上用場，所以 VHDL 電路設計很快地成為硬體設計工程師的必備工具之一。

5-4-5　設計流程

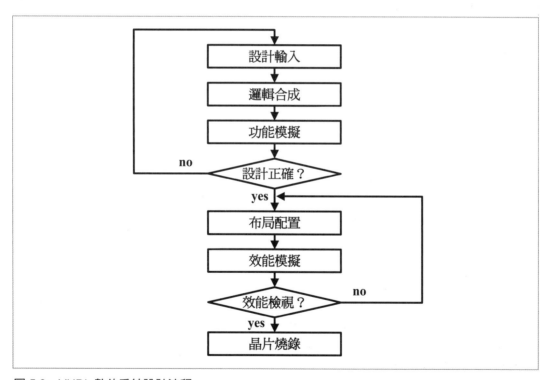

圖 5.9　VHDL 數位系統設計流程

5-4-6　VHDL 語言的程式結構

Library 宣告區
Entity 宣告區
Architecture 宣告區

圖 5.10　VHDL 程式基本架構

　　圖 5.10 是一個 VHDL 程式基本架構，每個宣告區的用途說明如下：

LIBRARY 宣告區

　　宣告要使用的零件庫名稱。當程式在執行組譯(Compiler)或是邏輯電路合成 (Logic Synthesize)時，如果找不到零件就會出現錯誤，無法執行電路合成的工作。

　　瞭解各個零件庫的用途對程式開發者是有其必要的，但過程卻很繁瑣，尤其對於初學者而言更是一項艱澀的工作。

　　建議初學者先行參考範例程式中的三種零件庫宣告，絕大多數的情況下，這三種零件庫應該可以滿足初學者的需求，至於其他的零件庫可以慢慢再行了解。

```
use ieee.std_logic_1164.all;        --定義基礎標準邏輯的資料型態和函數
use ieee.std_logic_arith.all;       --定義算數運算元及相關的資料型態
use ieee.std_logic_unsigned.all;    --用於邏輯常數和數值常數間的轉換
```

ENTITY 宣告區

　　ENTITY 宣告區的作用是宣告電路外觀的接腳，也就是輸入輸出的介面，包含每個輸入及輸出訊號的名稱、資料型態和資料的位元寬度。

```
ENTITY 電路名稱  IS
    PORT
(
            接腳名稱 1 : 輸出入情形  資料型態；
            接腳名稱 2 : 輸出入情形  資料型態；
            .......
            接腳名稱 n : 輸出入情形  資料型態(最後一個宣告不要打分號)
```

```
                  ）；
    END 電路名稱；
```

其實，VHDL 是一種使用文字的硬體描述語言，所以基本上它的描述方式就跟說話類似，只不過它說的是美語，而且必須符合 VHDL 的語法，邏輯合成器才能夠將電路合成出來；如果把上面的 ENTITY 宣告的架構用國語重說一次，他的大意如下：

```
宣告「ＸＸ電路」的介面
介面宣告，如下面的括弧所示
（
        根據語法來宣告每一個輸入和輸出訊號。說完記得要打分號(;)
        訊號宣告包含[接腳名稱][：][輸入或輸出][ 資料型態]四個部分
）
介面宣告結束
```

經過中英對照說明之後，有沒有覺得它其實跟說話沒有太大的差別呢？

Architecture 宣告區

Architecture 宣告區的作用是在做電路架構的行為描述。換句話說，就是在描述我們所要設計的電路行為與特性，或是電路提供了哪些功。Architecture 宣告區的語法如下：

```
ARCHITECTURE 架構名稱 OF 電路名稱 IS
    內部訊號/元件宣告區
    ……
BEGIN
    電路內部描述
    ……
END 架構名稱;
```

一個 VHDL 程式可以有好幾個 Architecture 宣告區，最後再利用 Configuration 宣告來指定哪一個 Architecture 會被啟用。這好比我們會在一部電腦同時安裝多個作業系統一樣，再利用開機時的組態配置功能來決定進入哪一種作業系統。不過對初學者而言，能寫出一個 Architecture 宣告就很厲害了。同時為了降低學習的困難度，本書中的程式範例中也只會出現一個 Architecture 宣告。

因為每一個電路的功能不盡相同，因此 Architecture 宣告區會是一個 VHDL 程式中難度較高的部分，不過雖然難度較高，但是往往困難之處也正是系統開發設計者展現功力與巧思的最佳場所。

從 VHDL 範本程式開始寫程式

下面是作者依據 VHDL 程式架構，先行寫好的一個 VHDL 範本程式，之後當讀者需要撰寫 VHDL 程式時，可以套用此一範本，再依據現況稍做修改，便能較輕鬆地完成一個 VHDL 程式的撰寫工作。其實學任何東西在一開始時，大多是從模仿開始的，有了基本認識和技能後，就可以跳脫模仿，自行完成所有的工作。

程式 5-01：VHDL 範本程式

```
1:   --LIBRARY DECLARATION(零件庫宣告)
2:   library ieee;
3:   use ieee.std_logic_1164.all;
4:   use ieee.std_logic_arith.all;
5:   use ieee.std_logic_unsigned.all;
6:
7:   --ENTITY DECLARATION(電路外部的輸入輸出介面宣告)
8:   entity __Entity_Name is
9:   port(
10:    __clk  :in  std_logic;
11:    __name :in  std_logic_vector(__width downto 0);
12:    ............
13:    __name :out std_logic_vector(__width downto 0)
14:      );
15: end __Entity_Name ;
16:
17: --ARCHITECTURE BODY DESCRIPTION(電路內部的功能/行為描述)
18: architecture a of __Entity_Name is
19:    signal temp1: std_logic_vector(__width downto 0);
20:    --(如果沒有信號需要宣告，這裡就不寫。)
21: begin
22:    __Behavior Description(內部的行為、功能描述)
23:    --(因為只是程式範本，功能描述留待程式開發設計人員自行完成)
24: end a ;
```

程式中有出現底線的地方是讀者需要按實際情況或要求來進行編輯的地方。接者，先來依樣畫葫蘆，嘗試完成一個 VHDL 程式。下面的範例想設計一個電路(半加法器)，可以完成 x + y = sum 的運算。

撰寫第一個 VHDL 程式

利用範本程式，稍加修改後，完成的第一個 VHDL 程式如下：

程式 5-02：第一個 VHDL 程式

```
1: --LIBRARY DECLARATION
2: library ieee;
3: use ieee.std_logic_1164.all;
4: use ieee.std_logic_arith.all;
5: use ieee.std_logic_unsigned.all;
6:
7: --ENTITY DECLARATION
8: entity ADDER is
9: port(
10:    x, y :in  std_logic_vector(31 downto 0);
11:    sum:out std_logic_vector(31 downto 0)
12:    );
13: end ADDER ;
14:
15: --ARCHITECTURE BODY DESCRIPTION
16: architecture a of ADDER is
17: begin
18:    sum <= x + y;
19: end a ;
```

模擬的結果：

程式經過組譯合成後，模擬得到結果如下圖。仔細檢視一下圖中的 X + Y 執行加法運算後的結果得到 sum，其運算結果是正確的。嗯，是不是沒有很難呢？

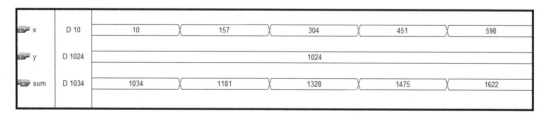

補充說明：

更完整的 VHDL 程式架構共有五個區塊如圖 5.11 所示，它比圖 5.10 中的 VHDL 程式基本架構多出兩個區塊。增加的兩個區塊是：PACKAGE 宣告區和 CONFIGURATION 宣告區。

　　PACKAGE 宣告區可視為自訂零件庫宣告區。可以把一些常用的或是自行定義的零件寫在裡面。

　　CONFIGURATION 宣告區是負責選擇哪一種架構來和電路，它的前提是程式中必須包含有至少兩個以上的 Architecture 宣告。假設一個 VHDL 程式中描述了三個 ARCHITECTURE，分別是 ARCHITECTURE A、ARCHITECTURE B 和 ARCHITECTURE C，那麼就可以利用 CONFIGURATION 宣告區來決定選用哪一種架構來合成。舉一個類似的例子加以說明，他很類似如果一台 PC 安裝了 WINDOWS 和 LINUX 兩種作業系統，在開機時電腦會問你要使用哪一種 OS 來開啟電腦，這就是所謂的 CONFIGURATION。不過初學者通常都只有一個 Architecture 宣告，因此就不會有 CONFIGURATION 宣告區的出現。

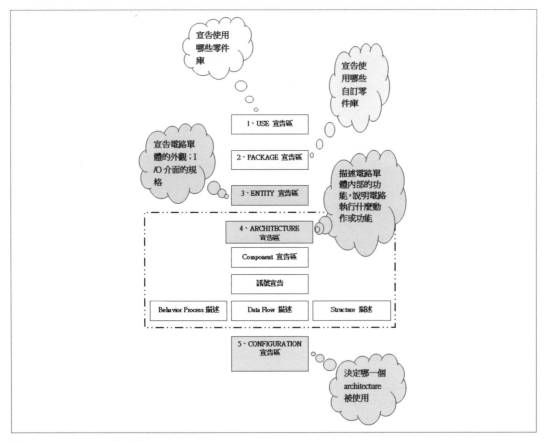

圖 5.11　VHDL 程式架構

　　通常第二個程式區塊(自製資料庫)和第五個程式區塊(組態配置)在初學階段通常會被省略，因為對初學者而言，還沒有能力完成自訂零件庫，同時開始學寫 VHDL 程式時通常只會寫一個 ARCHITECTURE 宣告，因此也就不會用到第五個程式區塊的組態配置了。

重點複習：

- VHDL 程式基本架構為何？

- ENTITY 宣告區的功能為何？

- ARCHITURER 宣告區的功能為何？

- 解讀下面的程式。

```
--資料庫宣告區(LIBRARY 宣告)
   library ieee;
   use ieee.std_logic_1164.all;
--電路外觀輸入輸出埠宣告區(entity 宣告)
   entity half_adder is
     port (
          x, y : in  std_logic;
          s, c : out std_logic
        );
   end half_adder;
--電路內部功能架構宣告區(ARCHITECTURE 宣告)
   architecture a of half_adder is
   begin
     s <= x xor y;
     c <= x and y;
   end a;
```

簡單看懂 VHDL 程式

　　想要看懂程式到底在幹什麼就必須用對方法。解讀程式時並不是一行一行的看程式在寫些什麼，而是應該先將程式區分成一個區塊一個區塊，然後再去解讀各個區塊的功能，弄清楚整個程式系統的架構之後，再進一步去探討區塊內的每一行程式在執行什麼功能，便能輕鬆地看懂程式。先將上面的程式分成三個區塊：

- 第一個區塊，程式的第 1 行～第 2 行，是 LIBRARY 宣告區：是在宣告零件資料庫，讓 compiler 可以讀懂程式，並讓邏輯合成契合成相關的電路。

- 第二個區塊，程式的第 3 行～第 8 行，是 ENTITY 宣告區：是在宣告電路的輸入輸出界面。根據程式的描述可以得知其外觀介面如圖 5.12 所示：

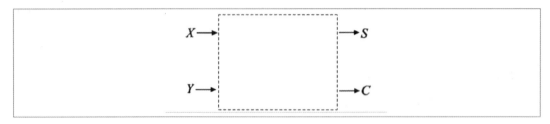

圖 5.12　電路的外觀介面

- 第三個區塊，程式的第 9 行～第 13 行，是 ARCHITECTURE 宣告區：是在描述電路的功能或特性。從第 11 行和第 12 行的程式可以得知電路內部的結構如圖 5.13 所示：

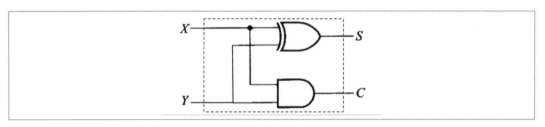

圖 5.13　電路的內部結構

因而得知這個程式是在描述一位元半加器。

5-5 習題

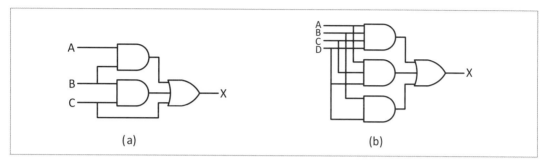

圖 5.14 選擇題第 1 題和第 2 題

1. 圖 5.14(a)的 AND-OR 組合邏輯，其等效布林函數為_____。

   (a) $X = AB + BC + C$ (b) $X = C(AB + B)$

   (c) $X = (A + C)(B + C)$ (d) $X = C(AB + B)$

2. 圖 5.14(b)的 AND-OR 組合邏輯，其等效布林函數為_____。

   (a) $X = (A + C)(B + C)D$ (b) $X = (AB + B)CD$

   (c) $X = D(ABC + AC + B)$ (d) $X = (A + B + C)(A + C)(B + D)$

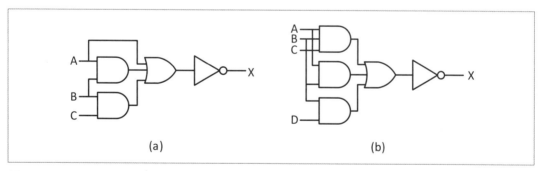

圖 5.15 選擇題第 3 題和第 4 題

3. 圖 5.14(a)的 AND-OR-NOT 組合邏輯，其等效布林函數為_____。

   (a) $X = \overline{C(AB + A + B)}$ (b) $X = \overline{AC + BC + A}$

   (c) $X = \overline{BC(A + BC)}$ (d) $X = \overline{(A + B)(B + C)(A + C)}$

4. 圖 5.15(b)的 AND-OR-NOT 組合邏輯，其等效布林函數為_____。

   (a) $X = (A + C)(B + C)D)$ (b) $X = \overline{(A + B + C)(A + B)(C + D)}$

   (c) $X = \overline{BC(A + BC)}D$ (d) $X = (\overline{A} + \overline{B} + \overline{C})(\overline{A} + \overline{B})(\overline{BD})$

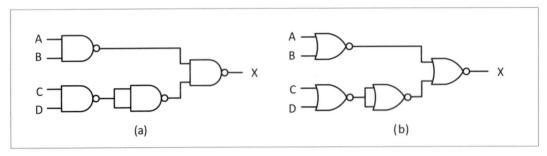

圖 5.16　選擇題第 5 題和第 6 題

5.　圖 5.16(a)的二輸入 NAND 組合邏輯，其等效布林函數為_____。

(a) $X = (A + C)(B + C)D$

(b) $X = AB + \overline{CD}$

(c) $X = \overline{BC(A + BC)D}$

(d) $X = (A + B)(\overline{C + D})$

6.　圖 5.16(b)的二輸入 NOR 組合邏輯，其等效布林函數為_____。

(a) $X = (A + C)(B + C)D$

(b) $X = AB + \overline{CD}$

(c) $X = \overline{BC(A + BC)D}$

(d) $X = (A + B)(\overline{C + D})$

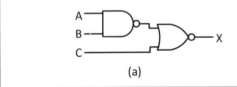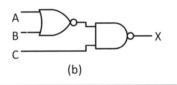

圖 5.17　選擇題第 7 題和第 8 題

7.　圖 5.17(a)的二輸入 NAND、NOR 組合邏輯，其等效布林函數為_____。

(a) $X = AB\overline{C}$

(b) $X = \overline{C(AB + A + B)}$

(c) $X = A + B + \overline{C}$

(d) $X = \overline{AC + BC + A}$

8.　圖 5.17(b)的二輸入 NAND、NOR 組合邏輯，其等效布林函數為_____。

(a) $X = AB\overline{C}$

(b) $X = \overline{C(AB + A + B)}$

(c) $X = A + B + \overline{C}$

(d) $X = \overline{AC + BC + A}$

算術與邏輯
運算電路設計

6-1 加法邏輯電路

6-1-1 組合邏輯 IC 概論

每一個晶片中包含 10 到 100 個邏輯閘的電路稱為中型積體 (Medium-scale integration；縮寫 MSI) 電路。而每一個晶片中包含 100 到 1000 個邏輯閘的電路則稱為大型積體 (Large-scale integration；縮寫 LSI) 電路。

本章討論的組合邏輯電路，大都已經被製作成組合邏輯 IC。所以下各節將先討論如何使用基本邏輯閘，來設計這些組合邏輯電路，且若該組合邏輯已經有現成的邏輯 IC，也將介紹該邏輯 IC，及利用現成的 IC 來設計邏輯電路。

6-1-2 基本加法器

半加器 (Half adder)

如 2-5-1 節二進位加法運算中二進位加法的四個基本規則如下，因為這種二進位加法運算，只能處理單一位元 (二個輸入) 的二進位運算，所以使用這種運算規則設計的邏輯電路只能稱為半加器 (Half adder)。

$$
\begin{array}{r}
0B \\
+\ \ 0B \\
\hline
0B
\end{array}
\qquad
\begin{array}{r}
0B \\
+\ \ 1B \\
\hline
1B
\end{array}
\qquad
\begin{array}{r}
1B \\
+\ \ 0B \\
\hline
1B
\end{array}
\qquad
\begin{array}{r}
1B \\
+\ \ 1B \\
\hline
1\ \ 0B
\end{array}
$$

進位

　　由半加器的四個基本規則得知，半加器有二個輸入 (加數與被加數) 與二個輸出 (總和與進位)。圖 6.1 為半加器的邏輯符號，而表 6.1 則是將上述半加器的四個基本運算規則，轉換成半加器的基本運算真值表。

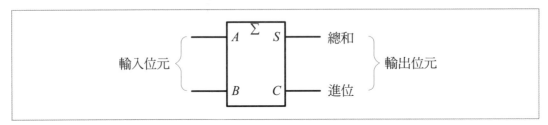

圖 6.1　半加器邏輯符號 (ANSI/IEEE Std. 91-1984)

▶表 6.1　半加器真值表

輸入		輸出	
A	**B**	**C (進位)**	**S (總和)**
0	0	0	0
0	1	0	1
1	0	0	1
1	1	1	0

　　由半加器真值表得知，C (進位) 為 A、B 的 AND 運算，而 S (總和) 為 A、B 的 XOR 運算。其運算式如下，圖 6.2 是半加器的組合邏輯電路。

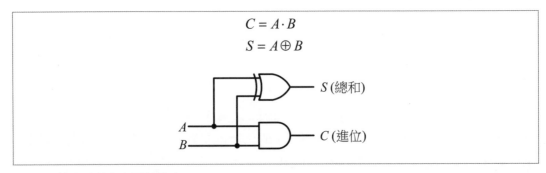

圖 6.2　半加器的組合邏輯電路

全加器 (Full adder)

多位數相加時，則必須考慮前級的進位位元，若進位位元為 0，其規則與半加器相同，若進位位元為 1，則其規則如下。這種二進位加法運算，可處理單一位元 (三個輸入) 的二進位運算，所以使用這種運算規則設計的邏輯電路稱為全加器 (Full adder)。

$$
\begin{array}{r} 1B \\ 0B \\ +\ \ 0B \\ \hline 1B \end{array}
\qquad
\begin{array}{r} 1B \\ 0B \\ +\ \ 1B \\ \hline 1\ 0B \\ \text{進位} \end{array}
\qquad
\begin{array}{r} 1B \\ 1B \\ +\ \ 0B \\ \hline 1\ 0B \\ \text{進位} \end{array}
\qquad
\begin{array}{r} 1B \\ 1B \\ +\ \ 1B \\ \hline 1\ 1B \\ \text{進位} \end{array}
$$

由全加器的基本規則得知，全加器有三個輸入 (加數、被加數、與前級加法器的進位) 與二個輸出 (總和與進位)。圖 6.3 為全加器的邏輯符號，表 6.2 是將全加器的基本運算規則，轉換成全加器的基本運算真值表。

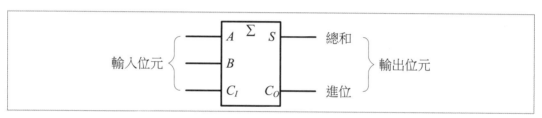

圖 6.3 全加器邏輯符號 (ANSI/IEEE Std. 91-1984)

▶表 6.2 全加器真值表

輸入			輸出	
CI	A	B	CO (進位)	S (總和)
0	0	0	0	0
0	0	1	0	1
0	1	0	0	1
0	1	1	1	0
1	0	0	0	1
1	0	1	1	0
1	1	0	1	0
1	1	1	1	1

將全加器真值表的 C_O (進位) 與 S (總和) 寫成布林函數，再利用布林定理化簡如下。

$$Co = \overline{C_I}AB + C_I\overline{A}B + C_I A\overline{B} + C_I AB$$
$$= C_I(\overline{A}B + A\overline{B}) + (C_I + \overline{C_I})AB$$
$$= C_I(\overline{A}B + A\overline{B}) + AB$$
$$= C_I(A \oplus B) + AB$$

$$S = \overline{C_I}\,\overline{A}B + \overline{C_I}A\overline{B} + C_I\overline{A}\,\overline{B} + C_I AB$$
$$= \overline{C_I}(\overline{A}B + A\overline{B}) + C_I(\overline{A}\,\overline{B} + AB)$$
$$= \overline{C_I}(A \oplus B) + C_I(\overline{A \oplus B})$$
$$= C_I \oplus A \oplus B$$

圖 6.4 (a) 是將化簡後的布林函數轉換成組合邏輯電路，其中陰影部份代表一個半加器。圖 6.4 (b) 則是以半加器邏輯符號取代 (a) 中的陰影部份。

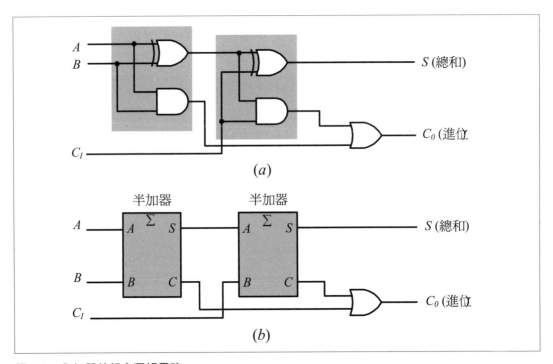

圖 6.4　全加器的組合邏輯電路

例 6.1 試用卡諾圖法設計全加器。

真值表 如表 6.2 所示。

卡諾圖

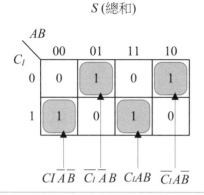

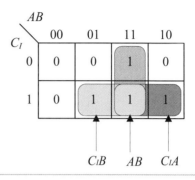

函數

$$S = \overline{C_I}\,\overline{A}\,B + \overline{C_I}\,A\,\overline{B} + C_I\,\overline{A}\,\overline{B} + C_I\,A\,B$$

$$= \overline{C_I}(\overline{A}B + A\overline{B}) + C_I(\overline{A}\,\overline{B} + AB)$$

$$= \overline{C_I}(A \oplus B) + C_I(\overline{A \oplus B})$$

$$= C_I \oplus A \oplus B$$

$$C_O = C_I A + C_I B + AB$$

電路

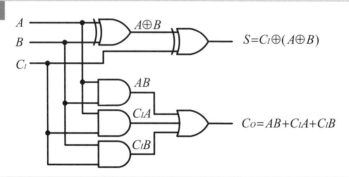

6-1-3 二進位加法器

2 位元平行加法器

一個全加器只能處理二個單一位元與進位的相加,而要處理二筆多位元資料的相加,則必須串聯多個全加器來運算。例如,下列 2 位元二進位的加法運算:

$$\begin{array}{r} 10B \\ + \quad 11B \\ \hline 100B \end{array}$$

　　圖 6.5 是串聯二個全加器而成的 2 位元二進位平行的加法器電路方塊圖與邏輯符號。圖 (a) 是串聯二個全加器而成 2 位元二進位平行加法器，其串聯原理是將個位數相加後的進位值 (C_1)，串接到十位數的進位位元，再與十位數 $(A_1$、$B_1)$ 相加。圖 (b) 是 2 位元二進位平行加法器的邏輯符號。

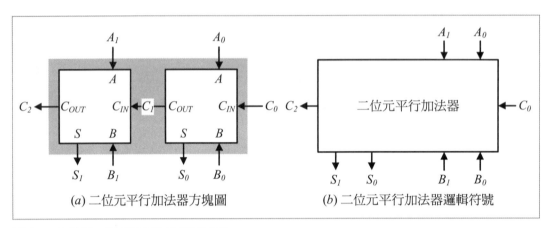

(a) 二位元平行加法器方塊圖　　　　　(b) 二位元平行加法器邏輯符號

圖 6.5　2 位元二進位平行加法邏輯電路

　　圖 6.6 為 2 位元二進位平行加法器 IC 7482 的接腳圖與運算方式。若只有二位數運算則 $C_0=0$；若要串接為 4 位元二進位平行加法器則將第一級的 C_2 接到第二級的 C_0。

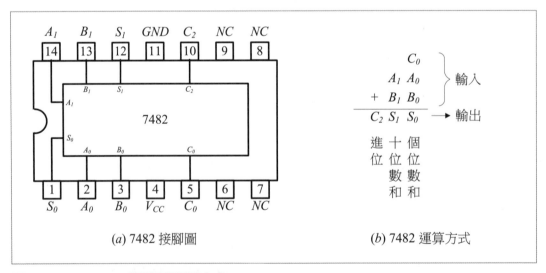

(a) 7482 接腳圖　　　　　(b) 7482 運算方式

圖 6.6　TTL IC 7482 接腳圖與運算方式

例 6.2　利用 7482 執行 10B+11B 的加法運算，並分析 7482 的運算方式。

分析

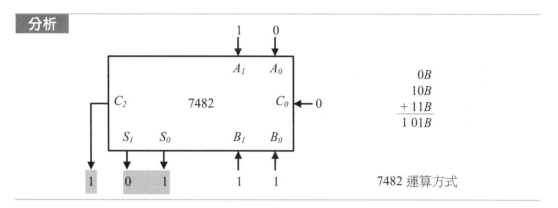

7482 運算方式

四位元平行加法器

　　串聯四個全加器而成 4 位元二進位平行加法器，其串聯原理與 2 位元二進位平行加法器相同。下列 4 位元二進位的加法運算。

	十六進位運算	二進位運算		十六進位運算	二進位運算
(a)	3H + 5H 8H	0011B + 0101B 1000B	(b)	8H + AH 12H	1000B + 1010B 10010B
(c)	8H + 5H DH	1000B + 0101B 1101B	(d)	AH + BH 15H	1010B + 1011B 10101B

　　圖 6.7 是 4 位元二進位平行的加法器電路方塊圖與邏輯符號。圖 (a) 是串聯四個全加器而成 4 位元二進位平行加法器，其串聯原理是：將個位數相加後的進位值 (C_1)，串接到十位數的進位位元並與十位數 (A_1、B_1) 相加，十位數相加後的進位值 (C_2)，串接到百位數的進位位元並與百位數 (A_2、B_2) 相加，百位數相加後的進位值 (C_3)，串接到千位數的進位位元並與千位數 (A_3、B_3) 相加。圖 (b) 是 4 位元二進位平行加法器的邏輯符號。

　　圖 6.8 為 4 位元二進位平行加法器 IC 7483 的接腳圖與運算方式。若只有四位數運算則 C_0=0，若串接為 8 位元二進位平行加法器則將第一級的 C_4 接到第二級的 C_0。

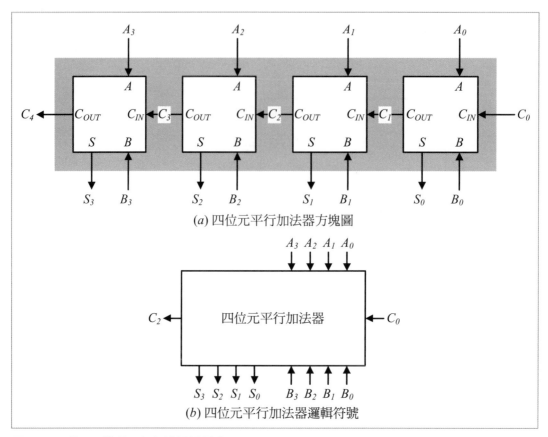

(a) 四位元平行加法器方塊圖

(b) 四位元平行加法器邏輯符號

圖 6.7 4 位元二進位平行加法邏輯電路

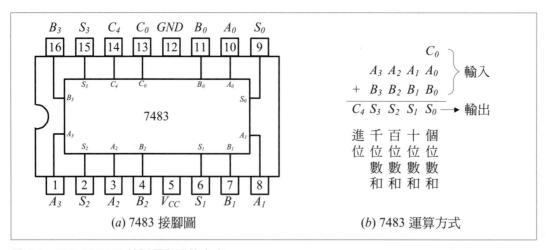

(a) 7483 接腳圖

(b) 7483 運算方式

圖 6.8 TTL IC 7483 接腳圖與運算方式

例 6.3 利用 7483 執行 5H+0CH 的加法運算，並分析 7483 的運算方式。

分析

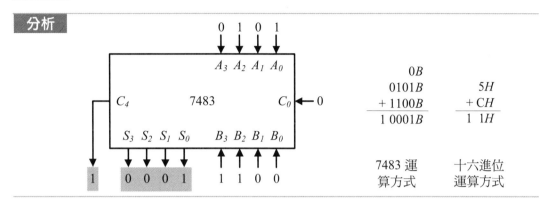

$$
\begin{array}{r}
0B \\
0101B \\
+\ 1100B \\
\hline
1\ 0001B
\end{array}
\qquad
\begin{array}{r}
5H \\
+\ CH \\
\hline
1\ 1H
\end{array}
$$

7483 運　　十六進位
算方式　　運算方式

八位元平行加法器

使用 7483 執行加法運算時，若當作 4 位元平行加法器則 C_0=0。若串接二個 7483 成為二進位 8 位元平行加法器，則將第一級的 C_4 輸出接到第二級的 C_0 輸入。圖 6.9 (a) 為串聯二個 7483 而成 8 位元二進位平行加法器，且各接腳的輸入與輸出的運算值如下面運算值。圖 6.9 (b) 則列出二進位 8 位元平行加法器的運算方式。

	十六進位運算	二進位運算		十六進位運算	二進位運算
(a)	$92H$	$10010010B$	(b)	$1BH$	$00011011B$
	$+\ A6H$	$+\ 10100110B$		$+\ 52H$	$+\ 01010010B$
	$138H$	$100111000B$		$6DH$	$01101101B$
(c)	$59H$	$01011001B$	(d)	$04H$	$00000100B$
	$+\ 36H$	$+\ 00110110B$		$+\ 96H$	$+\ 10010110B$
	$8FH$	$10001111B$		$9FH$	$10011111B$

高四位元　　　　　　　　　　　　　低四位元

$$
\begin{array}{c}
C_0 \leftarrow \\
A_3\ A_2\ A_1\ A_0 \\
+\ B_3\ B_2\ B_1\ B_0 \\
\hline
C_4\ S_3\ S_2\ S_1\ S_0
\end{array}
\qquad
\begin{array}{c}
C_0 \\
A_3\ A_2\ A_1\ A_0 \\
+\ B_3\ B_2\ B_1\ B_0 \\
\hline
C_4\ S_3\ S_2\ S_1\ S_0
\end{array}
$$

進 千 百 十 個　　　　　進 千 百 十 個
位 位 位 位 位　　　　　位 位 位 位 位

(a) 8 位元平行加法器運算方式

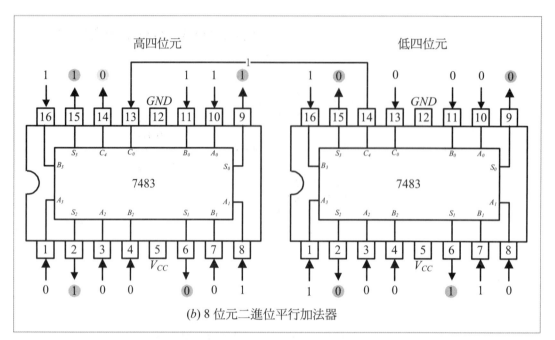

圖 6.9　串聯二個 7483 成為 8 位元平行加法器

例 6.4　串接二個 4 位元加法器執行 92H+A6H 的加法運算，並分析其運算方式

分析

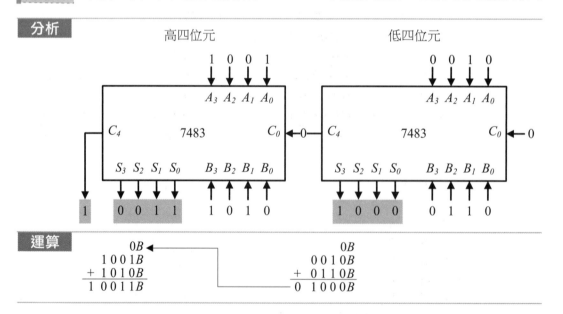

運算

$$\begin{array}{r} 0B \\ 1001B \\ +\ 1010B \\ \hline 1\ 0011B \end{array} \qquad \begin{array}{r} 0B \\ 0010B \\ +\ 0110B \\ \hline 0\ 1000B \end{array}$$

6-1-4　BCD 加法器

如 2-7-3 節所述，BCD 加法運算四個基本規則如下：

1. 將二個 BCD 碼以 4 位元為一組做二進位數的加法運算。

2. 若四位元的和小於或等於 9 (1001B)，且無進位產生，其和為有效 BCD 數。

3. 若 4 位元的和大於 9 (1001B) 或有進位產生，則此 BCD 數無效，必須再將和加上 6 (0110B)，使其成為有效的 BCD 數。

4. 若加上 6 (0110B) 造成進位，則將此進位加至下一位數。

▶表 6.3　BCD 碼、二進位碼與十進位碼對應表

BCD 碼					二進位碼				十進位碼
C4	B3	B2	B1	B0	B3	B2	B1	B0	D0
0	0	0	0	0	0	0	0	0	0
0	0	0	0	1	0	0	0	1	1
0	0	0	1	0	0	0	1	0	2
0	0	0	1	1	0	0	1	1	3
0	0	1	0	0	0	1	0	0	4
0	0	1	0	1	0	1	0	1	5
0	0	1	1	0	0	1	1	0	6
0	0	1	1	1	0	1	1	1	7
0	1	0	0	0	1	0	0	0	8
0	1	0	0	1	1	0	0	1	9
1	0	0	0	0	1	0	1	0	10
1	0	0	0	1	1	0	1	1	11
1	0	0	1	0	1	1	0	0	12
1	0	0	1	1	1	1	0	1	13
1	0	1	0	0	1	1	1	0	14
1	0	1	0	1	1	1	1	1	15

由表 6.3 歸納得，當二個 BCD 碼以二進位相加後，其運算值為二進位，此二進位運算值的 $B_3(B_2+B_1)=1$ 時 (如表 6.3 二進位碼網底部份所示) 或進位位元 $C_4=1$，表示該二進位運算值大於 9 (1001B)，則該二進位運算值必須再加 6 (0110B) 調整成 BCD 碼。**調整公式簡化為 C4+(B3(B2+B1))=1 則加 6**。

4 位元 BCD 加法器

下面是十進位加法與 BCD 加法的對應運算，圖 6.10 是利用 7483 與基本邏輯閘連接而成的 4 位元 BCD 加法邏輯電路，例 6.5 則是該電路的運算方式。

<table>
<tr><td></td><td>十進位加法</td><td>BCD 加法</td><td></td></tr>
<tr><td>(a)</td><td>6
+ 8
—
14</td><td>0110B
+ 1000B
—
1110B
+ 0110B
—
10100B</td><td>

;非 BCD 碼
;+6 調整成 BCD 碼
;10100B = 14</td></tr>
<tr><td>(b)</td><td>9
+ 8
—
17</td><td>1001B
+ 1000B
—
10001B
+ 0110B
—
10111B</td><td>

;因進位 C = 1
;+6 調整成 BCD 碼
;10111B = 17</td></tr>
</table>

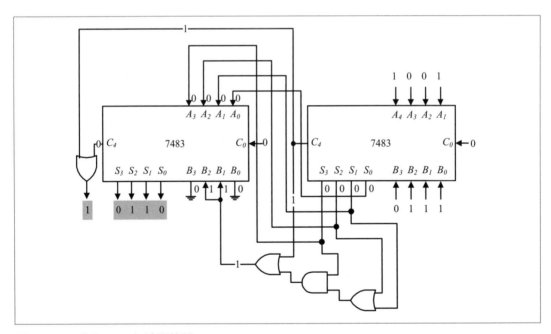

圖 6.10　4 位元 BCD 加法運算器

例 6.5 分析圖 6.10 4 位元 BCD 加法器處理 9H+7H 運算的過程。

分析

$$
\begin{array}{rr}
0B & 0B \\
0000B \leftarrow & 1001B \\
+\ 0110B & +\ 0111B \\
\hline
1\ 0110B & 1\ 0000B
\end{array}
$$

8 位元 BCD 加法器

　　下面是十進位加法與 BCD 加法的對應運算，圖 6.11 是串接二級 BCD 加法器而成的 8 位元 BCD 加法邏輯電路。

	十進位加法	BCD 加法	
(a)	67	$01100111B$	
	$+\ \ 18$	$+\ \ 00011000B$	
	$\overline{\quad 85\quad}$	$\overline{01111111B}$	;個位非 BCD 碼
		$+\ \ 00000110B$	;+06 調整成 BCD 碼
		$\overline{10000101B}$	;$10000101B = 85$
(b)	91	$10010001B$	
	$+\ \ 83$	$+\ \ 10000011B$	
	$\overline{\quad 174\quad}$	$\overline{100010100B}$	;$C_8 = 1$
		$+\ \ 01100000B$	;+60 調整成 BCD 碼
		$\overline{101110100B}$	;$101110100B = 174$
(c)	53	$01010011B$	
	$+\ \ 89$	$+\ \ 10001001B$	
	$\overline{\quad 142\quad}$	$\overline{11011100B}$	;十位與個位皆非 BCD 碼
		$+\ \ 01100110B$	;+66 調整成 BCD 碼
		$\overline{101000010B}$	;$101000010B = 142$
(d)	98	$10011000B$	
	$+\ \ 89$	$+\ \ 10001001B$	
	$\overline{\quad 187\quad}$	$\overline{100100001B}$	;$C_8 = 1$ 與 $C_4 = 1$
		$+\ \ 01100110B$	;+66 調整成 BCD 碼
		$\overline{110000111B}$	;$110000111B = 187$

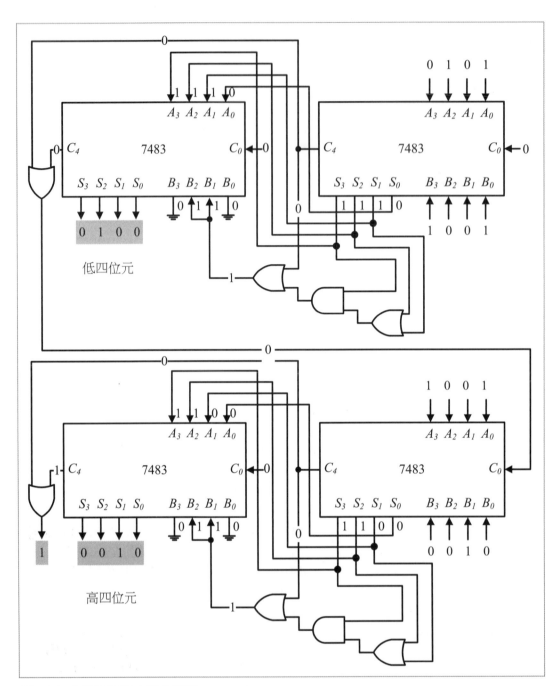

圖 6.11　8 位元 BCD 加法運算器

例 6.6　分析圖 6.11 8 位元 BCD 加法器處理 95D+29D 運算的過程。

分析

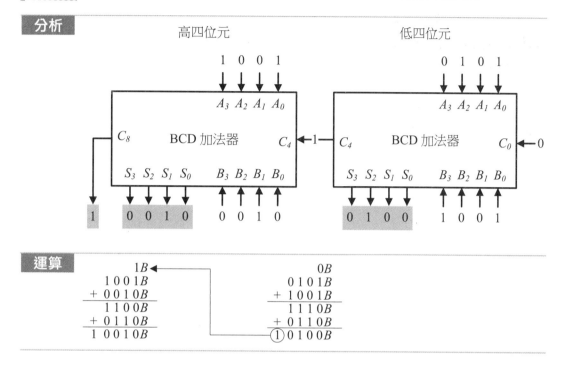

運算

1B	0B
$1001B$	$0101B$
$+\ 0010B$	$+\ 1001B$
$1100B$	$1110B$
$+\ 0110B$	$+\ 0110B$
$1\ 0010B$	①$0100B$

6-2 減法邏輯電路

6-2-1　二進位減法器

2's 補數減法運算

　　二進位減法器是利用二進位加法器來執行 2's 補數的減法運算。運算原則是將被減數加上減數的 2's 補數，再『捨棄』進位 (end-round carry, 端迴進位) 即得到差。

> 運算值＝被減數＋減數的 2's 補數
> 差　值＝運算值"捨棄"端迴進位

4 位元 2's 補數減法器

因為 4 位元減法運算的最高位元被當作正負號位元 (0 表示正數，1 表示負數)，所以輸入值與運算值範圍是 0000B 至 0111B (0H 至 7H) 則表示正數，而輸入值與運算值的範圍在 1000B 至 1111B (8H 至 FH) 則表示負數。

	十六進位減法	2's 補數的減法	
(a)	$\begin{array}{r} 7H \\ -\ 3H \\ \hline 4H \end{array}$	$\begin{array}{r} 0111B \\ +\ 1101B \\ \hline (1)0100B \end{array}$	;為 0011 的 2's 補數 ;捨棄進位 ;差 = 0100B = +4H
(b)	$\begin{array}{r} 6H \\ -\ 1H \\ \hline 5H \end{array}$	$\begin{array}{r} 0110B \\ +\ 1111B \\ \hline (1)0101B \end{array}$	;為 0001 的 2's 補數 ;捨棄進位 ;差 = 0101B = +5H
(c)	$\begin{array}{r} 1H \\ -\ 4H \\ \hline -\ 3H \end{array}$	$\begin{array}{r} 0001B \\ +\ 1100B \\ \hline 1101B \end{array}$	;為 0100 的 2's 補數 ;差 = 1101B = −3H
(d)	$\begin{array}{r} 5H \\ -\ EH \\ \hline 7H \end{array}$	$\begin{array}{r} 0101B \\ +\ 0010B \\ \hline 0111B \end{array}$	;為 1110 的 2's 補數 ;差 = 0111B = +7H

上面是十六進位減法與二進位 2's 補數減法的對應運算，其中 (d) 項的減數 EH=-2H 所以 5H-EH=5H-(-2H)=+7H。

圖 6.12 (a) 是利用二進位加法器 7483 來製作一個二進位減法器的邏輯電路圖，圖 6.12 (b) 則是減法器電路執行 (3H-6H) 的運算方式，圖 6.12 (c) 是 1's 補數產生器電路，圖 6.12 (d) 是 1's 補數產生器符號。

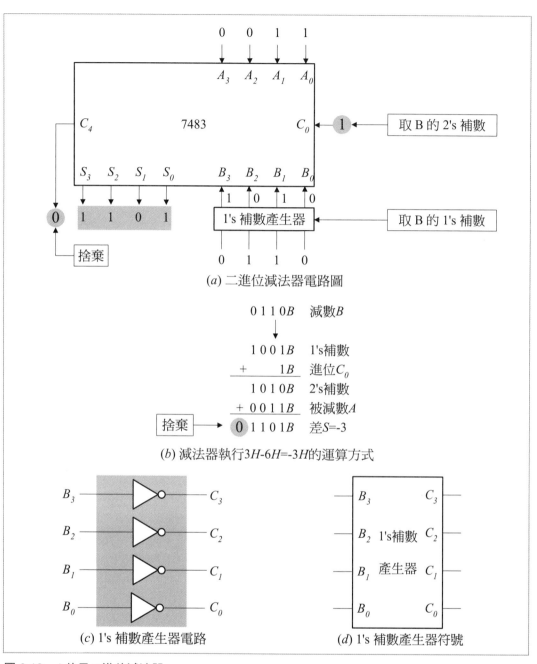

(a) 二進位減法器電路圖

(b) 減法器執行 3H-6H=-3H 的運算方式

(c) 1's 補數產生器電路

(d) 1's 補數產生器符號

圖 6.12　4 位元二進位減法器

例 6.7 利用圖 6.11 的 4 位元減法電路，執行與分析 FH-7H 的運算。

分析

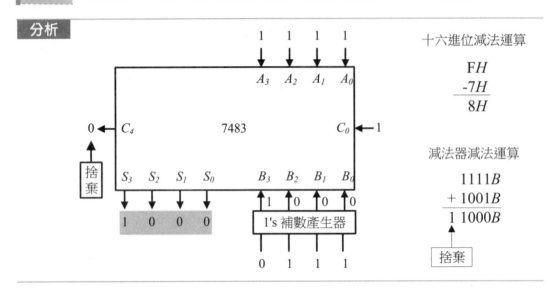

十六進位減法運算

$$FH$$
$$-7H$$
$$\overline{8H}$$

減法器減法運算

$$1111B$$
$$+\,1001B$$
$$\overline{1\,1000B}$$

捨棄

8 位元 2's 補數減法器

　　因為 8 位元減法運算的最高位元被當作正負號位元 (即 0 表示正數，1 表示負數)，所以其輸入值與運算值的範圍在 $00000000B$ 至 $01111111B$ ($00H$ 至 $7FH$) 則表示正數，而輸入值與運算值的範圍在 $10000000B$ 至 $11111111B$ ($80H$ 至 FFH) 則表示負數。

	十六進位減法	2's 補數的減法	
(a)	$35H$ $-\ 28H$ $\overline{0DH}$	$00110101B$ $+\ 11011000B$ $\overline{(1)00001101B}$	;為 00101000 的 2's 補數 ;捨棄進位 ;差 $= 00001101B = +0DH$
(b)	$7FH$ $-\ 27H$ $\overline{58H}$	$01111111B$ $+\ 11011001B$ $\overline{(1)01011000B}$	;為 00100111 的 2's 補數 ;捨棄進位 ;差 $= 01011000B = +58H$
(c)	$27H$ $-\ 7FH$ $\overline{-\ 58H}$	$00100111B$ $+\ 10000001B$ $\overline{10101000B}$	;為 01111111 的 2's 補數 ;差 $= 10101000B = -58H$
(d)	$28H$ $-\ F5H$ $\overline{2EH}$	$00101000B$ $+\ 00000110B$ $\overline{00101110B}$	;為 11110101 的 2's 補數 ;差 $= 00101110B = +2EH$

　　上面是十六進位減法與 8 位元二進位 2's 補數減法的對應運算，其中 (d) 項的減數 F5*H*=-06*H* 所以 28*H*-F5*H*=28*H*-(-06*H*)=2E*H*。圖 6.13 是串接二進位加法器 7483 來製作一個 8 位元二進位減法器的邏輯電路圖與電路執行 (6E*H*-19*H*) 的運算方式。

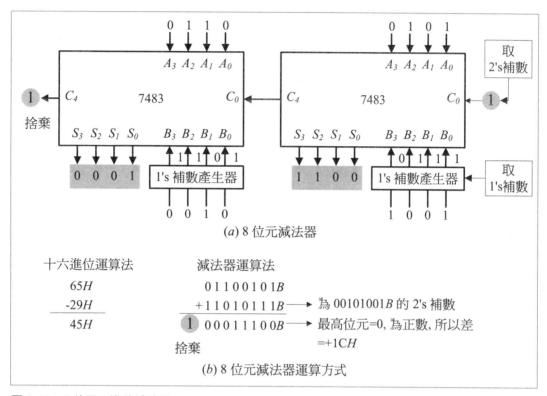

(*a*) 8 位元減法器

十六進位運算法	減法器運算法
65*H*	01100101*B*
-29*H*	+11010111*B* → 為 00101001*B* 的 2's 補數
45*H*	① 00011100*B* → 最高位元=0, 為正數, 所以差
	捨棄　　　　　　=+1C*H*

(*b*) 8 位元減法器運算方式

圖 6.13　8 位元二進位減法器

例 6.8　利用圖 6.12 的 8 位元減法電路，執行與分析 92H-81H 的運算。

分析

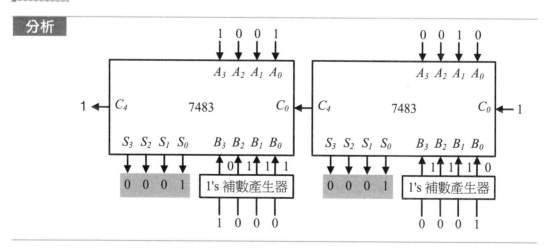

運算	十六進位運算法	二進位運算法

$$92H$$
$$-81H$$
$$\overline{\quad 11H \quad}$$

$$10010010B$$
$$+01111111B \longrightarrow 為 10000001B 的 2's 補數$$
$$①00010001B \longrightarrow 最高位元=0, 表示正數$$
差$=00010001B=+11H$

捨棄

6-2-2 BCD 減法器

10's 補數減法運算

BCD 減法器是利用二進位加法器來執行 10's 補數的減法運算，因為 4 位元的二進位值對應一位元的 BCD 值，所以利用 4 位元二進位加法器來執行 10's 補數減法運算時，最高位元不能被當作正負號位元，否則剩餘的 3 位元無法表示一個完整的 BCD 值。

或許有些讀者認為可以用 5 位元來執行 10's 補數減法運算，如此最高位元便可用來當作正負號位元。這是一個很好的構想，也有些參考書利用這種構想來介紹 BCD 減法器，但這種構想只適用於實驗室中實驗，而在商品化上絕對行不通，因為它將增加線路的複雜度與成本。

筆者建議是利用進位位元 C 當作正負號位元，若進位 C=1 則差值為正數，若進位 C=0 則差值為負數。所以運算原則是被減數加上減數的 10's 補數，並調整成 BCD 碼即得到差值，再由進位來判斷差值為正或負，若進位 C=1 則差值為正數，若進位 C=0 則差值為負數。

> 運算值＝被減數＋減數的 10's 補數
> 差 值＝運算值調整成 BCD 碼

4 位元 10's 補數減法器

因為 4 位元 BCD 減法運算的進位位元 C 被當作正負號位元 (1 表示正數，0 表示負數)，且輸入值與運算值範圍是 $0000B$ 至 $1001B$ ($0D$ 至 $9D$)。

	十進位減法	10's 補數的減法	
(a)	$\begin{array}{r} 7D \\ -\ \ 3D \\ \hline 4D \end{array}$	$\begin{array}{r} 0111B \\ +\ \ 0111B \\ \hline 1110B \\ +\ \ 0110B \\ \hline (1)0100B \end{array}$	;為 0011 的 10's 補數 ;非 BCD 碼 ;+6 調整成 BCD 碼 ;進位 =1,表示正數 ;差 = 0100B = +4D
(b)	$\begin{array}{r} 2D \\ -\ \ 1D \\ \hline 1D \end{array}$	$\begin{array}{r} 0010B \\ +\ \ 1001B \\ \hline 1011B \\ +\ \ 0110B \\ \hline (1)0001B \end{array}$	;為 0001 的 10's 補數 ;非 BCD 碼 ;+6 調整成 BCD 碼 ;進位 =1,表示正數 ;差 = 0001B = +1D
(c)	$\begin{array}{r} 3D \\ -\ \ 7D \\ \hline -\ \ 4D \end{array}$	$\begin{array}{r} 0011B \\ +\ \ 0011B \\ \hline (0)0110B \end{array}$	;為 0111 的 10's 補數 ;進位 = 0,表示負數 ;差 = 0110B = −4D
(d)	$\begin{array}{r} 1D \\ -\ \ 2D \\ \hline -\ \ 1D \end{array}$	$\begin{array}{r} 0001B \\ +\ \ 1000B \\ \hline (0)1001B \end{array}$	;為 0010 的 10's 補數 ;進位 = 0,表示負數 ;差 = 1001B = −1D

上面是十進位減法與二進位 10's 補數減法的對應運算，其中 (c) 與 (d) 項的差值為負數型式，而取 10's 補數即可得該數的對應正數型式。例如：

$0110B = -(1010B - 0110B) = -(0100B) = -4D$

$1001B = -(1010B - 1001B) = -(0001B) = -1D$

▶表 6.4　十進位、BCD 碼、與 9's 補數對應表

十進位	BCD 碼				BCD 碼的 9's 補數			
D0	B3	B2	B1	B0	C3	C2	C1	C0
0	0	0	0	0	1	0	0	1
1	0	0	0	1	1	0	0	0
2	0	0	1	0	0	1	1	1
3	0	0	1	1	0	1	1	0
4	0	1	0	0	0	1	0	1
5	0	1	0	1	0	1	0	0
6	0	1	1	0	0	0	1	1
7	0	1	1	1	0	0	1	0

十進位	BCD 碼				BCD 碼的 9's 補數			
D0	B3	B2	B1	B0	C3	C2	C1	C0
8	1	0	0	0	0	0	0	1
9	1	0	0	1	0	0	0	0

簡法，分別求出輸出 C_3、C_2、C_1、C_0 與輸入 B_3、B_2、B_1、B_0 的布林函數如下，化簡過程請參考 4-3-3 節。BCD 的 9's 補數產生器電路如圖 6.14。

$$C_3 = \overline{B_3} \cdot \overline{B_2} \cdot \overline{B_1} = \overline{B_3 + B_2 + B_1}$$

$$C_2 = B_2 \cdot \overline{B_1} + \overline{B_2} \cdot B_1 = B_2 \oplus B_1$$

$$C_1 = B_1$$

$$C_0 = \overline{B_0}$$

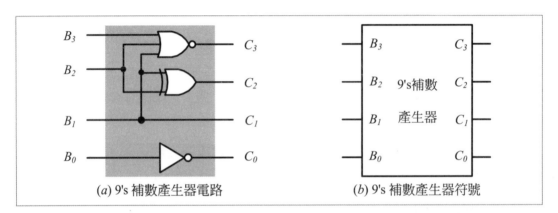

(a) 9's 補數產生器電路　　(b) 9's 補數產生器符號

圖 6.14　BCD 的 9's 補數產生器

圖 6.15 是利用二進位加法器 7483 來製作一個二進位 10's 減法器的邏輯電路圖與電路執行 (5D-2D) 的運算方式。

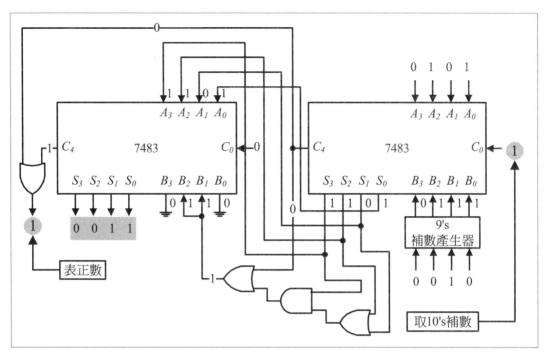

圖 6.15　4 位元 BCD 減法器

例 6.9　分析圖 6.15 的 4 位元 BCD 減法電路，分析 5D-2D 的運算。

分析

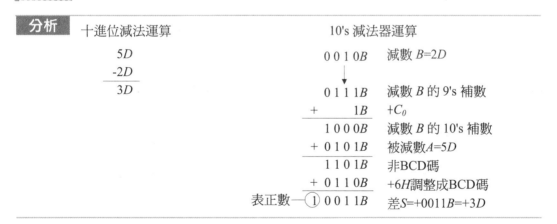

十進位減法運算	10's 減法器運算
5D	0010B　減數 B=2D
-2D	↓
3D	0111B　減數 B 的 9's 補數
	+　　1B　+C₀
	1000B　減數 B 的 10's 補數
	+ 0101B　被減數 A=5D
	1101B　非BCD碼
	+ 0110B　+6H調整成BCD碼
	表正數—①0011B　差S=+0011B=+3D

8 位元 10's 補數減法器

　　因為 8 位元 BCD 減法運算的進位位元 *C* 被當作正負號位元 (1 表示正數，0 表示負數)，且輸入值與運算值範圍是 00000000*B* 至 10011001*B* (00*D* 至 99*D*)。下面是十進位減法與 8 位元 BCD 10's 補數減法的對應運算，其中 (c) 項 79*D*-21*D*，在未調整前進位 *C*=0，而調整後進位 *C*=1，所以其運算結果仍為正數。

	十進位減法	10's 補數的減法	
(a)	35D − 28D 07D	00110101B + 01110010B 10100111B + 01100000B (1)00000111B	;為 00101000 的 10's 補數 ;非 BCD 碼 ;+60 調整成 BCD 碼 ;進位 =1, 表示正數 ;差 = 00000111B = +7H
(b)	95D − 19D 76D	10010101B + 10000001B (1)00010110B + 01100000B (1)01110110B	;為 00011001的 10's 補數 ;進位 =1 ;+60 調整成 BCD 碼 ;進位 =1, 表示正數 ;差 = 01110110B = +76H
(c)	79D − 21D 58D	01111001B + 01111001B (0)11110010B + 01100000B (1)01011000B	;為 00100001的 10's 補數 ;非 BCD 碼 ;+60 調整成 BCD 碼 ;進位 =1, 表示正數 ;差 = 01011000B = +58H
(d)	29D − 51D − 22D	00101001B + 01001001B (0)01110010B + 00000110B (0)01111000B	;為 01010001的 10's 補數 ;C_4 = 1 ;+06 調整成 BCD 碼 ;進位 =0, 表示負數 ;差 = 01111000B = −22H

例 6.10 分析圖 6.16 的 8 位元 BCD 減法電路，分析 41D-03D 的運算。

分析

十進位減法運算	10's 減法器運算		
41D -03D 38D	0B ◄ 0 1 0 0 B + 1 0 0 1 B 1 1 0 1 B + 0 1 1 0 B ① 0 0 1 1 B 捨棄	1B 0 0 0 1 B + 0 1 1 0 B 1 0 0 0 B + 0 0 0 0 B ⓪ 1 0 0 0 B	+C_0 被減數A=41H 減數B的9's補數=96H 非BCD碼=D8H +60H調整=38H 差S=+00111000B=+38H

6-3 比較邏輯電路

6-3-1 大小比較器

　　大小比較器 (Magnitude comparator) 可用來比較二個量的大小，以決定下一步驟要執行的功能。簡單的說，大小比較器可作為執行某功能前的判斷條件。例如，執行除法運算前，先判斷除數是否為 0。又如，執行 BCD 數的算術運算前，先判斷二個輸入值是否為 BCD 碼。

單一位元比較器

　　多位元比較器電路都是由單一位元比較電路發展而來，所以表 6.5 列出單一位元比較器輸入與輸出的關係。其中當 $A=0$、$B=0$ 或 $A=1$、$B=1$ 表示 $A=B$，當 $A=0$、$B=1$ 表示 $A<B$，當 $A=1$、$B=0$ 表示 $A>B$。

▶表 6.5　單一位元比較器真值表

輸入		輸出		
A	B	OA<B	OA=B	OA>B
0	0	0	1	0
0	1	1	0	0
1	0	0	0	1
1	1	0	1	0

　　由表 6.5 比較器真值表得知，$O_{A<B}$、$O_{A=B}$、$O_{A>B}$的運算式如下，圖 6.16 是比較器器的組合邏輯電路。

$$O_{A<B} = \overline{A} \cdot B$$
$$O_{A=B} = \overline{A \oplus B}$$
$$O_{A>B} = A \cdot \overline{B}$$

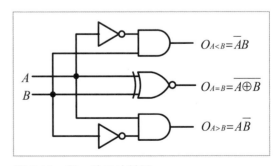

圖 6.16　單一位元比較器

4 位元比較器

4 位元比較器的原理與單一位元比較器的原理相同,只是它必須由高而低依次比較。例如比較 $A_3A_2A_1A_0$ 與 $B_3B_2B_1B_0$ 二個 4 位元數值,則先比較 A_3 與 B_3、若相等再比較 A_2 與 B_2、若相等再比較 A_1 與 B_1、若相等再比較 A_0 與 B_0。下面將詳細分析比較大小的各種情況。

A=B 的條件:

只有發生在每個位元都相等的情況,與轉換成布林函數如下。

$$A_3=B_3, A_2=B_2, A_1=B_1, A_0=B_0 \quad O_{EQ} = (\overline{A_3 \oplus B_3})(\overline{A_2 \oplus B_2})(\overline{A_1 \oplus B_1})(\overline{A_0 \oplus B_0})$$

由單一位元比較器真值表得 $A_3=B_3$ 的函數為 $\overline{A_3 \oplus B_3}$、$A_2=B_2$ 的函數為 $\overline{A_2 \oplus B_2}$、$A_1=B_1$ 的函數為 $\overline{A_1 \oplus B_1}$、$A_0=B_0$ 的函數為 $\overline{A_0 \oplus B_0}$。而上述四種條件必須同時成立則 $A=B$ 的條件才成立,所以 $A=B$ 條件成立的布林函數是上述四種條件的 AND 運算,其邏輯電路如圖 6.17 所示。

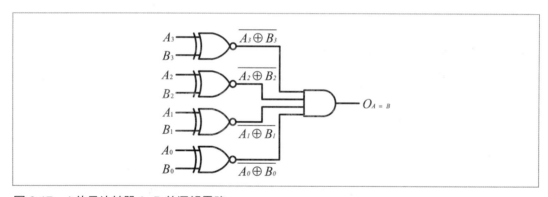

圖 6.17　4 位元比較器 A=B 的邏輯電路

A<B 的條件:

- 第一種是最高位元 $A_3<B_3$ 的情況,與轉換成布林函數如下。
  $$A_3<B_3 \qquad O_{LT1} = \overline{A_3} \cdot B_3$$

- 第二種是次高位元 $A_2<B_2$ 的情況,與轉換成布林函數如下。
  $$A_3=B_3, A_2<B_2 \qquad O_{LT2} = (\overline{A_3 \oplus B_3})(\overline{A_2}B_2)$$

- 第三種是次低位元 $A_1<B_1$ 的情況,與轉換成布林函數如下。
  $$A_3=B_3, A_2=B_2, A_1<B_1 \qquad O_{LT3} = (\overline{A_3 \oplus B_3})(\overline{A_2 \oplus B_2})(\overline{A_1}B_1)$$

- 第四種是最低位元 $A_0<B_0$ 的情況,與轉換成布林函數如下。
  $$A_3=B_3, A_2=B_2, A_1=B_1, A_0<B_0 \qquad O_{LT4} = (\overline{A_3 \oplus B_3})(\overline{A_2 \oplus B_2})(\overline{A_1 \oplus B_1})(\overline{A_0}B_0)$$

上述四種情況皆為 $A<B$ 的可能情況之一，所以將上述四種布林函數取邏輯 OR 運算後，即為 $A<B$ 完整的條件與布林函數，邏輯電路如圖 6.18 所示。

A>B 的條件：

- 第一種是最高位元 $A_3>B_3$ 的情況，與轉換成布林函數如下。

  $A_3>B_3$　　　　$O_{GT1} = A_3\overline{B_3}$

- 第二種是次高位元 $A_2>B_2$ 的情況，與轉換成布林函數如下。

  $A_3=B_3, A_2>B_2$　　　　$O_{GT2} = (\overline{A_3 \oplus B_3})(A_2\overline{B_2})$

- 第三種是次低位元 $A_1>B_1$ 的情況，與轉換成布林函數如下。

  $A_3=B_3, A_2=B_2, A_1>B_1$　　　　$O_{LT3} = (\overline{A_3 \oplus B_3})(\overline{A_2 \oplus B_2})(A_1\overline{B_1})$

- 第四種是最低位元 $A_0>B_0$ 的情況，與轉換成布林函數如下。

  $A_3=B_3, A_2=B_2, A_1=B_1, A_0>B_0$　　　　$O_{GT4} = (\overline{A_3 \oplus B_3})(\overline{A_2 \oplus B_2})(\overline{A_1 \oplus B_1})(A_0\overline{B_0})$

上述四種情況皆為 $A>B$ 的可能情況之一，所以將上述四種布林函數取邏輯 OR 運算後，即為 $A>B$ 完整的條件與布林函數，邏輯電路如圖 6.19 所示。

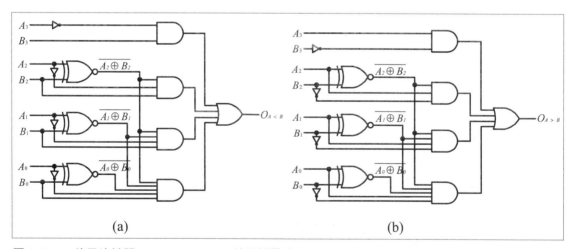

圖 6.18　4 位元比較器 (a) A<B (b) A>B 的邏輯電路

7485 四位元比較器

7485 是四位元積體電路 (IC) 比較器，邏輯符號如圖 6.19 所示。此比較器與圖 6.21 四位元比較器相似，只是增加三個串級輸入 (Cascading input)。

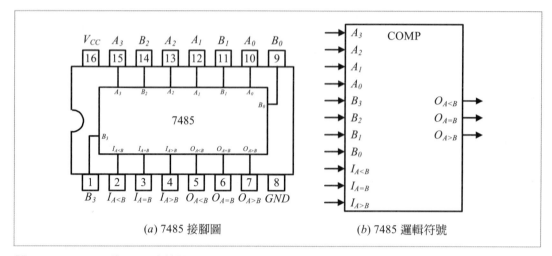

圖 6.19　7485 四位元 IC 比較器

　　串級輸入的用途是讓使用者可以串接多個 4 位元比較器，作為更多位元的比較器。在串接時，最低一級 $I_{A=B}=1$，而 $I_{A<B}=0$、$I_{A>B}=0$，然後每一級的 $O_{A<B}$、$O_{A=B}$、$O_{A>B}$ 輸出接腳分別接到次一級的 $I_{A<B}$、$I_{A=B}$、$I_{A>B}$ 輸入接腳，而最高一級的 $O_{A<B}$、$O_{A=B}$、$O_{A>B}$ 則為真正的輸出端。

　　串接二個 4 位元比較器，而成 8 位元比較器後，其比較方式與 4 位元元比較器的比較方式相同，仍由最高位元 (MSB) 依次向下比較，若較高位元已分出大小則不再比較低位元。所以只有較高的 4 位元相等時，才比較較低的 4 位元，然後將較低級的比較結果借由 $O_{A<B}$、$O_{A=B}$、$O_{A>B}$ 輸出至較高級的 $I_{A<B}$、$I_{A=B}$、$I_{A>B}$ 輸入接腳，最後再由較高級的 $O_{A<B}$、$O_{A=B}$、$O_{A>B}$ 接腳輸出比較結果。

例 6.11　畫出二個 7485 串接成為 8 位元比較器的連接方式。

電路圖

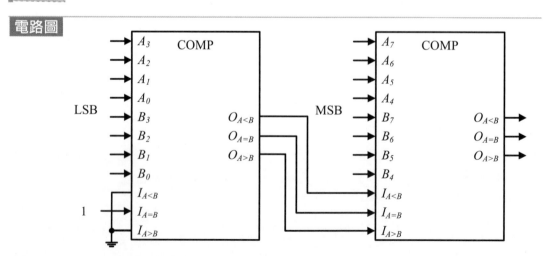

6-3-2　同位產生器

如 2-8-2 節所述，同位位元(parity bit)偵錯法是一種能夠辨識傳送碼有無錯誤的方法，做法上是在傳送碼後面附加一個同位位元。如果附加同位位元後整個傳送碼保持偶數個 1，則該附加位元稱為**偶同位位元**(even parity bit)。反之，如果附加同位位元後整個傳送碼保持奇數個 1，則該附加位元稱為**奇同位位元**(odd parity bit)。

二位元同位產生器

表 6.6 顯示二位元的偶同位/奇同位產生器的真值表。其中偶同位位元產生器的真值表等效於一個互斥或閘的真值表，所以互斥或閘(XOR)即可當作二位元的偶同位產生器。而奇同位位元產生器的真值表等效於一個互斥反或閘(XNOR)的真值表，所以互斥反或閘即可當作二位元的奇同位產生器。

▶表 6.6　二位元同位產生器真值表

輸入		輸出	
A	B	Peven	Podd
0	0	0	1
0	1	1	0
1	0	1	0
1	1	0	1

下面就是偶同位產生器和奇同位產生器的布林代數。圖 6.20(a)顯示利用互斥或閘作為偶同位產生器，圖 6.20(b)顯示利用互斥反或閘作為奇同位產生器。

$$P_{even} = A \oplus B$$
$$P_{odd} = \overline{A \oplus B}$$

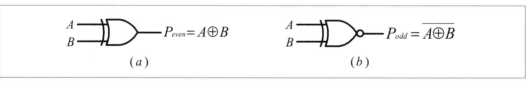

圖 6.20　二位元同位產生器

四位元同位產生器

至於 4 位元的偶同位產生器，則是先利用二個互斥或閘(XOR)分別對二個 2 位元產生偶同位位元，再利用互斥或閘(XOR)對二個偶同位位元產生最後的偶同位位元，如圖 4.21(a)所示。而對於 4 位元的奇同位產生器，則是先利用二個互斥或閘(XOR)分別對二個 2 位元產生偶同位位元，再利用互斥反或閘(XNOR)對二個偶同位位元產生最後的奇同位位元，如圖 4.21(b)所示。

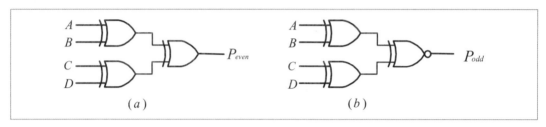

圖 6.21　四位元同位產生器

74280 九位元同位產生器/檢查器

74LS280 是萬用 9 位元同位產生器/檢查器。它具有奇/偶輸出，可產生奇/偶同位位元和做為奇/偶同位檢查器。圖 6.22 是 74LS280 的接腳圖和邏輯符號，用於同位產生器時，A~F 為資料位元，而 I 腳接地即可；用於同位檢查時，A~F 為資料位元，而 I 腳接同位位元即可。關於 74LS280 的應用可參考 11-4-1 節鍵盤介面電路，電路中有使用 74LS280 作為同位位元產生器。

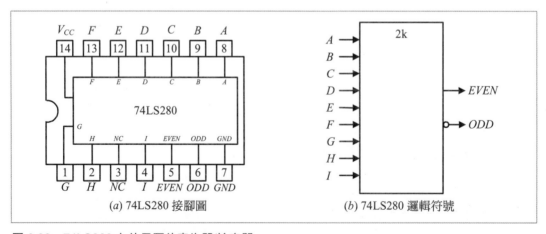

圖 6.22　74LS280 九位元同位產生器/檢查器

6-4 VHDL 程式設計

6-4-1　加法器

輸入訊號：a 和 b 為加數、被加數。程式中 a 和 b 資料位元寬度設定為 4 位元。

輸出訊號：result 是加法器執行後的結果。其中將 result 更進一步細分兩部分，

加法器的【進位】：result 的最左邊的最高位元是進位—carry；

加法器的【和】：result 扣除最高位元後剩下的位元資料就是--sum。

加法器的 VHDL 程式設計

VHDL 是一種硬體描述語言，也就是說設計者可以藉由輸入訊號和輸出訊號之間的關係，或是透過行為描述就可以將電路實現。

在本程式中我們利用 generic 語法來宣告加數和被加數的訊號位元寬度，之後如果想要變更加法器的位元寬度，只需要修改【generic(n: natural :=4);】中的數值便可輕鬆完成。

程式 6-01：加法器的 VHDL 程式設計

```
1:  --LIBRARY DECLARATION
2:  library ieee;
3:  use ieee.std_logic_1164.all;
4:  use ieee.std_logic_arith.all;
5:  use ieee.std_logic_unsigned.all;
6:
7:  --ENTITY DECLARATION
8:  entity adder_generic is
9:     generic(n: natural :=4);
10:    port(
11:        a : in std_logic_vector(n-1 downto 0);
12:        b : in std_logic_vector(n-1 downto 0);
13:        result : out std_logic_vector(n downto 0);
14:        carry : out std_logic;
15:        sum : out std_logic_vector(n-1 downto 0)
16:        );
17: end adder_generic;
18:
19: architecture a of adder_generic is
```

```
20:    signal temp: std_logic_vector(n downto 0);
21: begin
22:    temp <= ('0' & a)+('0' & b);
23:    result <= temp;
24:    sum <= temp(n-1 downto 0);
25:    carry <= temp(n);
26: end a;
```

模擬結果

為了方便檢視加法器運算的結果，模擬圖中的數字均以十進位(Decimal)表示。

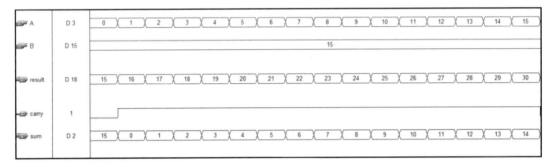

6-4-2 一位元比較器 VHDL 程式設計

程式 6-02：一位元比較器 VHDL 程式設計

```
1:   --LIBRARY DECLARATION
2:  library ieee;
3:  use ieee.std_logic_1164.all;
4:  use ieee.std_logic_arith.all;
5:  use ieee.std_logic_unsigned.all;
6:
7:  --ENTITY DECLARATION
8:  entity comparator is
9:  port(
10:     a      : in std_logic;
11:     b      : in std_logic;
12:     less   : out std_logic;
13:     equal  : out std_logic;
14:     Larger : out std_logic
15:     );
16: end comparator;
17:
18: --ARCHITECTURE BODY DESCRIPTION
19: architecture a of comparator is
20: begin
```

```
21:     process(a,b)
22:     begin
23:     if (a<b) then
24:         less   <= '1';
25:         equal  <= '0';
26:         larger <= '0';
27:     elsif (a=b) then
28:         less   <= '0';
29:         equal  <= '1';
30:         larger <= '0';
31:     else
32:         less   <= '0';
33:         equal  <= '0';
34:         larger <= '1';
35:     end if;
36:     end process;
37: end a;
```

模擬結果

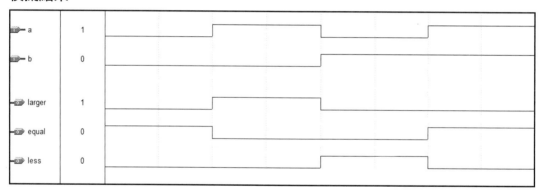

　　使用 VHDL 來設計電路的另一個好處是，當電路從一位元擴增至多個位元時，只需要在宣告區將訊號的位元寬度調整即可。下面的範例將從一位元擴增至 8 位元，只需要將 a, b 兩個訊號的宣告調整為 std_logic_vector(7 downto 0);即可，非常地簡便。

程式 6-03：八位元比較器 VHDL 程式設計

```
1:   --LIBRARY DECLARATION
2: library ieee;
3: use ieee.std_logic_1164.all;
4: use ieee.std_logic_arith.all;
5: use ieee.std_logic_unsigned.all;
6:
7: --ENTITY DECLARATION
```

```
8:  entity comparator_8bits is
9:  port(
10:     a    : in std_logic_vector(7 downto 0);
11:     b    : in std_logic_vector(7 downto 0);
12:     less : out std_logic;
13:     equal  : out std_logic;
14:     Larger : out std_logic
15: );
16: end comparator_8bits;
17:
18: --ARCHITECTURE BODY DESCRIPTION
19: architecture a of comparator_8bits is
20: begin
21:     process(a,b)
22:     begin
23:       if (a<b) then
24:         less   <= '1';
25:         equal <= '0';
26:         larger <= '0';
27:       elsif (a=b) then
28:         less   <= '0';
29:         equal <= '1';
30:         larger <= '0';
31:       else
32:         less   <= '0';
33:         equal <= '0';
34:         larger <= '1';
35:       end if;
36:     end process;
37: end a;
```

模擬結果

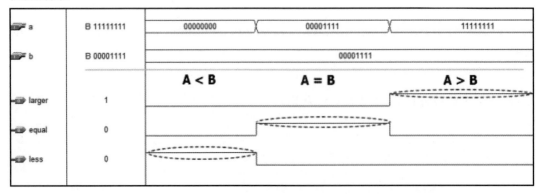

6-5 習題

1. 每一個晶片中包含_____個邏輯閘的電路稱為中型積體 (Medium-scale integration；縮寫 MSI) 電路。

   (*a*) 1 到 10   (*b*) 10 到 100

   (*c*) 100 到 1000   (*d*) 1000 到 10000

2. 每一個晶片中包含_____個邏輯閘的電路稱為大型積體 (Large-scale integration；縮寫 LSI) 電路。

   (*a*) 1 到 10   (*b*) 10 到 100

   (*c*) 100 到 1000   (*d*) 1000 到 10000

3. 只能處理單一位元 (二個輸入) 的二進位運算的邏輯電路稱為_____。

   (*a*) 半加器   (*b*) 全加器

   (*c*) BCD 加法器   (*d*) 四位元加法器

4. 可處理單一位元 (三個輸入) 的二進位運算的邏輯電路稱為_____。

   (*a*) 半加器   (*b*) 全加器

   (*c*) BCD 加法器   (*d*) 四位元加法器

5. 4 位元二進位平行加法器必須串聯_____單一位元全加器。

   (*a*) 一個   (*b*) 二個

   (*c*) 三個   (*d*) 四個

6. 一位數的 BCD 碼需使用_____位元表示。

   (*a*) 一個   (*b*) 二個

   (*c*) 三個   (*d*) 四個

7. 二進位減法器是利用二進位加法器來執行_____補數的減法運算。

   (*a*) 1's   (*b*) 2's

   (*c*) 9's   (*d*) 10's

8. BCD 減法器是利用二進位加法器來執行_____補數的減法運算。

(a) 1's

(b) 2's

(c) 9's

(d) 10's

7 常用組合邏輯電路設計

7-1 解碼器

比較器 (Comparator) 是用於判斷輸入數值的範圍 (>、=、<)，例如要判斷輸入數值是否為 BCD 碼時，可利用比較器來比較輸入數值是否大於等於 0000B 且小於等於 1001B。而解碼器 (Decoder) 則是將輸入數值翻譯為特定物件，例如存取記憶體資料前，先對位址解碼，以決定存取資料的正確位址。

1 線對 2 線解碼器

1 線對 2 線解碼器是對單一輸入位元的判斷，如表 7.1 真值表的提示，當 A=0 則 Y_0=1，而 A=1 時 Y_1=1。換句話說，當 Y_0=1 時表示輸入碼 A=0，而 Y_1=1 時表示輸入碼 A=1。圖 7.1 為 1 對 2 解碼器電路與符號。

▶表 7.1　1 線對 2 線解碼器真值表

輸入	函數	輸出	
A	最小項	Y0	Y1
0	$\overline{A}$	1	0
1	A	0	1

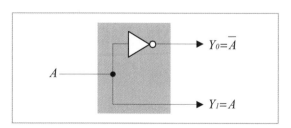

圖 7.1　1 線對 2 線解碼器

2 線對 4 線解碼器

2 線對 4 線解碼器是對二個輸入位元的判斷,二個輸入被解碼成四個輸出,如表 7.2 真值表的提示,當 Y_0=1 時表示輸入碼 B=0、A=0,Y_1=1 時表示輸入碼 B=0、A=1,Y_2=1 時表示輸入碼 B=1、A=0,Y_3=1 時表示輸入碼 B=1、A=1。

▶表 7.2　2 線對 4 線解碼器真值表

輸入		函數	輸出			
B	A	最小項	Y_0	Y_1	Y_2	Y_3
0	0	$\overline{B}\,\overline{A}$	1	0	0	0
0	1	$\overline{B}\,A$	0	1	0	0
1	0	$B\,\overline{A}$	0	0	1	0
1	1	$B\,A$	0	0	0	1

圖 7.2 為 2 線對 4 線解碼器電路與符號。電路的主體是由 4 個 AND 閘組成,所以這是一個高電位動作的解碼器。其中輸入端 B、A 分別接到一個 1 線對 2 線的解碼器、再輸入到 AND 閘的輸入端,輸出端分別為 Y_0、Y_1、Y_2、Y_3。

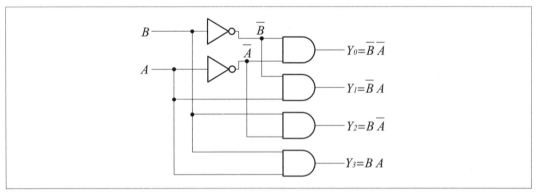

圖 7.2　2 線對 4 線解碼器

7-1-1　二進位對八進位解碼器

3 線對 8 線解碼器

3 線對 8 線解碼器是對三個輸入位元的判斷,三個輸入被解成八個輸出,如表 7.3 真值表的提示,當輸入碼 C、B、A 等於 000 時 Y_0=1,等於 001 時 Y_1=1,等於 010 時 Y_2=1,等於 011 時 Y_3=1,等於 100 時 Y_4=1,等於 101 時 Y_5=1,等於 110 時 Y_6=1,等於 111 時 Y_7=1。所以 3 線對 8 線解碼器可視為二進位對八進位的解碼器。

　　圖 7.3 為 3 線對 8 線解碼器電路與符號。解碼器電路主體是由 8 個 AND 閘組成，所以這是一個高電位動作的解碼器。其中輸入端 C、B、A 分別接到一個 1 線對 2 線的解碼器上，再輸入到 AND 閘的輸入端。且 8 個 AND 閘的輸出分別為 Y_0、Y_1、Y_2、Y_3、Y_4、Y_5、Y_6、Y_7。右邊為 3 線對 8 線的解碼器符號，其中 BIN/OCT 表示這是一個二進位對八進位的解碼器。

▶表 7.3　3 to 8 解碼器真值表

數值	輸入			函數	輸出							
八進位	C	B	A	最小項	Y_0	Y_1	Y_2	Y_3	Y_4	Y_5	Y_6	Y_7
0	0	0	0	$\bar{C}\bar{B}\bar{A}$	1	0	0	0	0	0	0	0
1	0	0	1	$\bar{C}\bar{B}A$	0	1	0	0	0	0	0	0
2	0	1	0	$\bar{C}B\bar{A}$	0	0	1	0	0	0	0	0
3	0	1	1	$\bar{C}BA$	0	0	0	1	0	0	0	0
4	1	0	0	$C\bar{B}\bar{A}$	0	0	0	0	1	0	0	0
5	1	0	1	$C\bar{B}A$	0	0	0	0	0	1	0	0
6	1	1	0	$CB\bar{A}$	0	0	0	0	0	0	1	0
7	1	1	1	CBA	0	0	0	0	0	0	0	1

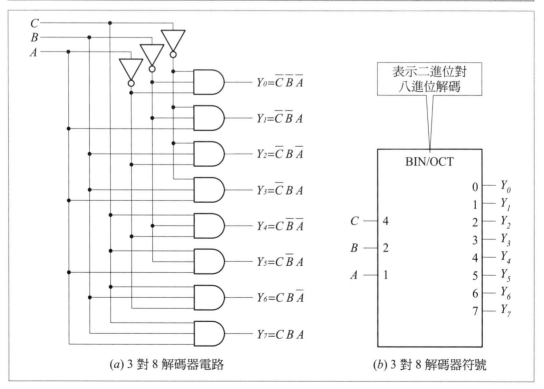

(a) 3 對 8 解碼器電路　　　　(b) 3 對 8 解碼器符號

圖 7.3　3 to 8 解碼器

TTL IC 74138 是一個低電位動作的 3 對 8 解碼器，且它多了三個致能輸入 G_1、$\overline{G_2A}$、$\overline{G_2B}$。如表 7.4 所示，當 $G_1=1$、$\overline{G_2A}=0$、$\overline{G_2B}=0$ 時，74138 是一個低電位輸出的 3 線對 8 線解碼器，當 G_1、$\overline{G_2A}$、$\overline{G_2B}$ 的輸入為其它狀態時，它的輸出全部為高電位。

圖 7.4 為 74138 解碼器電路與符號。它與圖 7.3 的解碼器電路的不同在於電路的主體是由個 8 個 NAND 閘組成，所以這是一個低電位動作的解碼器。另外，三個致能輸入 G_1、$\overline{G_2A}$、$\overline{G_2B}$ 接到一個低電位動作的 NOR 閘，所以僅當 NOR 閘的輸出 (EN) 為 1 時，8 個 NAND 閘才被致能 (Enable)，而當 NOR 閘的輸出 (EN) 為 0 時，8 個 NAND 閘則被禁止 (Disable)。圖 7.4 (b)為 74138 解碼器符號。

▶表 7.4　74138 解碼器真值表

致能輸入 EN			數碼輸入			函數	輸出							
G1	$\overline{G_2A}$	$\overline{G_2B}$	C	B	A	最小項	$\overline{Y_0}$	$\overline{Y_1}$	$\overline{Y_2}$	$\overline{Y_3}$	$\overline{Y_4}$	$\overline{Y_5}$	$\overline{Y_6}$	$\overline{Y_7}$
1	0	0	0	0	0	$\overline{EN \cdot \overline{C} \cdot \overline{B} \cdot \overline{A}}$	0	1	1	1	1	1	1	1
1	0	0	0	0	1	$\overline{EN \cdot \overline{C} \cdot \overline{B} \cdot A}$	1	0	1	1	1	1	1	1
1	0	0	0	1	0	$\overline{EN \cdot \overline{C} \cdot B \cdot \overline{A}}$	1	1	0	1	1	1	1	1
1	0	0	0	1	1	$\overline{EN \cdot \overline{C} \cdot B \cdot A}$	1	1	1	0	1	1	1	1
1	0	0	1	0	0	$\overline{EN \cdot C \cdot \overline{B} \cdot \overline{A}}$	1	1	1	1	0	1	1	1
1	0	0	1	0	1	$\overline{EN \cdot C \cdot \overline{B} \cdot A}$	1	1	1	1	1	0	1	1
1	0	0	1	1	0	$\overline{EN \cdot C \cdot B \cdot \overline{A}}$	1	1	1	1	1	1	0	1
1	0	0	1	1	1	$\overline{EN \cdot C \cdot B \cdot A}$	1	1	1	1	1	1	1	0
0	X	X	X	X	X	禁止	1	1	1	1	1	1	1	1
X	1	X	X	X	X	禁止	1	1	1	1	1	1	1	1
X	X	1	X	X	X	禁止	1	1	1	1	1	1	1	1

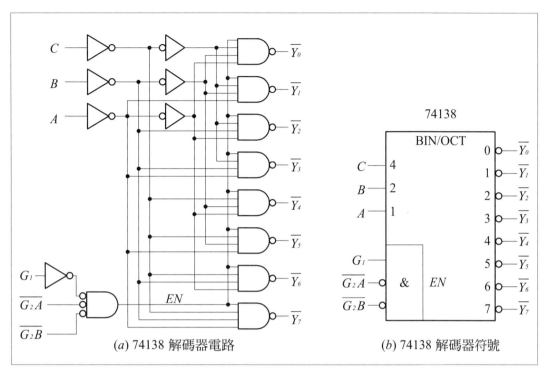

圖 7.4　74138 二進位對八進位解碼器

　　TTL IC 74138 也可當作解多工器 (Demultiplexer)，令 G_1=1、$\overline{G_2A}=0$，$\overline{G_2B}$ 當作資料輸入，而 C、B、A 則當作資料輸出選擇線。例如，C、B、A 為 000 時 $\overline{Y_0}=\overline{G_2B}$，為 001 時 $\overline{Y_1}=\overline{G_2B}$，為 010 時 $\overline{Y_2}=\overline{G_2B}$，為 011 時 $\overline{Y_3}=\overline{G_2B}$，為 100 時 $\overline{Y_4}=\overline{G_2B}$，為 101 時 $\overline{Y_5}=\overline{G_2B}$，為 110 時 $\overline{Y_6}=\overline{G_2B}$，為 111 時 $\overline{Y_7}=\overline{G_2B}$。解多工器的介紹請參考 7-3-2 節。

7-1-2　二進位對十六進位解碼器

　　圖 7.5 是 74154 的邏輯符號，74154 是二進位對十六進位的低電位動作解碼器。當致能閘輸入端 $\overline{G_1}=\overline{G_2}=0$ 時，它將致能 D、C、B、A 輸入的二進位數，被解碼成 $\overline{Y_0}$ 至 $\overline{Y_{15}}$ 的十六進位輸出，且解碼輸出的接腳為低電位 (0) 其餘接腳為高電位 (1)。例如，$\overline{G_1}=\overline{G_2}=0$ 且 $DCBA$=1001 時，$\overline{Y_9}=0$ 其餘 $\overline{Y_0}$ 至 $\overline{Y_8}$ 與 $\overline{Y_{10}}$ 至 $\overline{Y_{15}}$ 皆為 1。

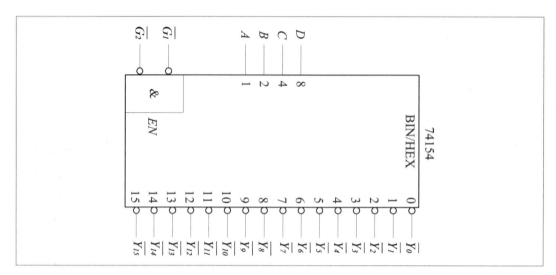

圖 7.5　74154 二進位對十六進位解碼器

7-1-3　BCD 對十進位解碼器

▶表 7.5　BCD 對十進位解碼真值表

十進位	輸入				函數	輸出									
數字	D	C	B	A	最小項	$\overline{Y_0}$	$\overline{Y_1}$	$\overline{Y_2}$	$\overline{Y_3}$	$\overline{Y_4}$	$\overline{Y_5}$	$\overline{Y_6}$	$\overline{Y_7}$	$\overline{Y_8}$	$\overline{Y_9}$
0	0	0	0	0	$\overline{\overline{D}\cdot\overline{C}\cdot\overline{B}\cdot\overline{A}}$	0	1	1	1	1	1	1	1	1	1
1	0	0	0	1	$\overline{\overline{D}\cdot\overline{C}\cdot\overline{B}\cdot A}$	1	0	1	1	1	1	1	1	1	1
2	0	0	1	0	$\overline{\overline{D}\cdot\overline{C}\cdot B\cdot\overline{A}}$	1	1	0	1	1	1	1	1	1	1
3	0	0	1	1	$\overline{\overline{D}\cdot\overline{C}\cdot B\cdot A}$	1	1	1	0	1	1	1	1	1	1
4	0	1	0	0	$\overline{\overline{D}\cdot C\cdot\overline{B}\cdot\overline{A}}$	1	1	1	1	0	1	1	1	1	1
5	0	1	0	1	$\overline{\overline{D}\cdot C\cdot\overline{B}\cdot A}$	1	1	1	1	1	0	1	1	1	1
6	0	1	1	0	$\overline{\overline{D}\cdot C\cdot B\cdot\overline{A}}$	1	1	1	1	1	1	0	1	1	1
7	0	1	1	1	$\overline{\overline{D}\cdot C\cdot B\cdot A}$	1	1	1	1	1	1	1	0	1	1
8	1	0	0	0	$\overline{D\cdot\overline{C}\cdot\overline{B}\cdot\overline{A}}$	1	1	1	1	1	1	1	1	0	1
9	1	0	0	1	$\overline{D\cdot\overline{C}\cdot\overline{B}\cdot A}$	1	1	1	1	1	1	1	1	1	0
無效	1	0	1	0	無效	1	1	1	1	1	1	1	1	1	1
無效	1	0	1	1	無效	1	1	1	1	1	1	1	1	1	1
無效	1	1	0	0	無效	1	1	1	1	1	1	1	1	1	1
無效	1	1	0	1	無效	1	1	1	1	1	1	1	1	1	1
無效	1	1	1	0	無效	1	1	1	1	1	1	1	1	1	1
無效	1	1	1	1	無效	1	1	1	1	1	1	1	1	1	1

　　BCD 對十進位 (Decimal) 解碼器是省略二進位對十六進位解碼器中輸出 $\overline{Y_{10}}$ 至 $\overline{Y_{15}}$ 的 NAND 閘。使得當 *DCBA* 的輸入為 1010 至 1111 時，沒有 $\overline{Y_{10}}$ 至 $\overline{Y_{15}}$ 的解碼與輸出，而且 $\overline{Y_0}$ 至 $\overline{Y_9}$ 的輸出也都為 1 (高電位)。

　　圖 7.6 是 BCD 對十進位解碼器 IC　7442 與 7445 的邏輯符號，其中 7445 為 7442 的開路集極緩衝型，它的輸出最大電流為 80mA，輸出最大耐壓為 30V，所以它適合用來驅動 LED、燈泡、繼電器、與直流馬達。

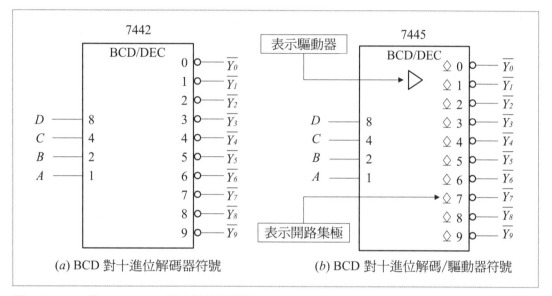

圖 7.6　7442 與 7445　BCD 對十進位解碼器

7-1-4　BCD 對七段顯示碼解碼器

七段顯示器

　　七段顯示器 (Seven-segment display device) 的的基本原理如圖 7.7 所示。圖 (a) 為七段顯示器的排列型式，它是由 *a*、*b*、*c*、*d*、*e*、*f*、*g* 七段排列成 8 字。圖 (b) 是利用七段顯示器來顯示數字 0 到 9 時，各節段的亮暗情形。例如，要顯示數字 5，須令 *a*、*f*、*g*、*c*、*d* 節段發亮，而其餘各節段不亮。

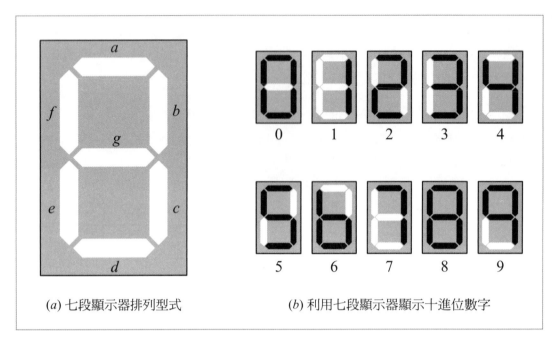

(a) 七段顯示器排列型式   (b) 利用七段顯示器顯示十進位數字

圖 7.7   七段顯示器的排列方式

　　可用來製作七段顯示器的材料，包括發光二極體 (Light Emitting Diode; LED) 、液晶顯示器 (Liquid Crystal Display; LCD)、螢光數字管 (Fluorescent Display)、白熱燈泡顯示器 (Incandescent Readout)、冷陰極顯示器等等，而各種顯示器的發光原理不同，因此所需的介面電路亦不相同。

七段 LED 顯示解碼/驅動器

　　圖 7.8 是以發光二極體 (LED) 來製作七段顯示器，如圖將發光二極體置入顯示器的每一節段之中，如此可以獨立控制每一節段的發光與否，以拼出 0~9 不同的數字型式。圖 (a) 為共陽極七段 LED 顯示器，也就是將全部節段中 LED 的陽極連接至電壓源 (+V_{cc})，因此當 a~g 為低電位輸入的節段將發光。圖 (b) 為共陰極七段 LED 顯示器，也就是將全部節段中 LED 的陰極接地 (0V)，因此當 a~g 為高電位輸入的節段將發光。

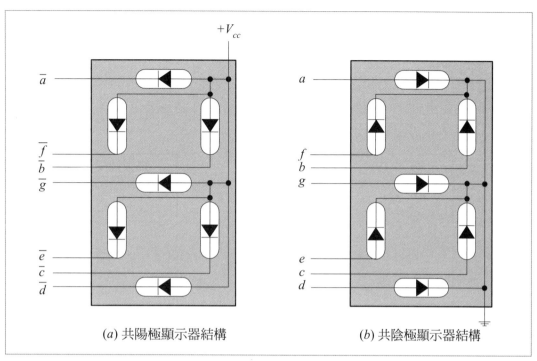

圖 7.8 七段 LED 顯示器原理

共陰極七段顯示解碼/驅動器是利用表 7.6 BCD 對共陰極七段顯示器解碼真值表化簡而得，圖 7.9 是七段顯示解碼/驅動器邏輯符號。圖 (a) 為 IC 7446 或 7447，其解碼後為低電位輸出，所以可用於驅動共陽極七段 LED 顯示器，而 7446 與 7447 的不同在於 7446 的耐壓較 7447 高。圖 (b) 為 IC 7448，其解碼後為高電位輸出，所以可用於驅動共陰極七段 LED 顯示器。

▶表 7.6 BCD 對共陰極七段顯示器解碼真值表

顯示	輸入				輸出						
數字	D	C	B	A	a	b	c	d	e	f	g
0	0	0	0	0	1	1	1	1	1	1	0
1	0	0	0	1	0	1	1	0	0	0	0
2	0	0	1	0	1	1	0	1	1	0	1
3	0	0	1	1	1	1	1	1	0	0	1
4	0	1	0	0	0	1	1	0	0	1	1
5	0	1	0	1	1	0	1	1	0	1	1
6	0	1	1	0	0	0	1	1	1	1	1
7	0	1	1	1	1	1	1	0	0	0	0

顯示	輸入				輸出						
數字	D	C	B	A	a	b	c	d	e	f	g
8	1	0	0	0	1	1	1	1	1	1	1
9	1	0	0	1	1	1	1	0	0	1	1

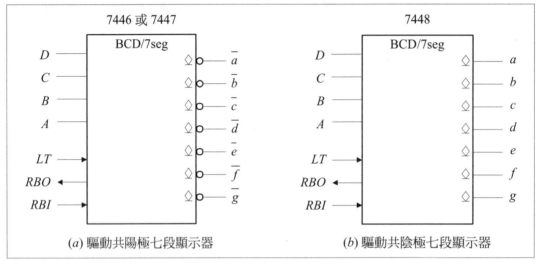

圖 7.9　七段顯示解碼/驅動器邏輯符號

　　TTL IC 7446/7447/7448 的控制信號 *LT* (Lamp Test) 顯示器測試、*BI/RBO* (Blanking Input/Ripple Blanking Output) 遮罩輸入/預先遮罩輸出、*RBI* (Ripple Blanking Input) 預先遮罩輸入的功能如表 7.7。

▶表 7.7　7446/7447/7448 控制信號

輸入						輸出	
LT	RBI	D	C	B	A	BI/RBO	a 至 f
0	X	X	X	X	X	1	LED 全亮 (測試用)
1	0	0	0	0	0	0	LED 不亮 (被遮罩)
1	1	0	0	0	0	1	顯示 0
1	X	X	X	X	X	1	解碼輸出 (如表 7.6)

例 7.1 設計一電路，驅動二個七段 LED 顯示器來顯示 2 位十進位數。

電路

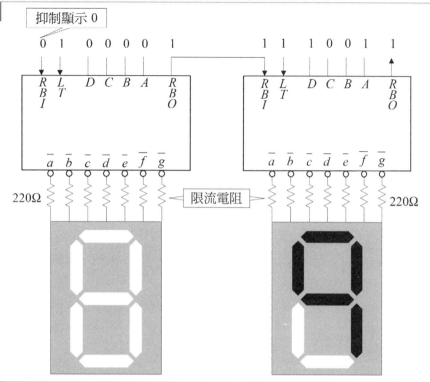

說明 因為十位數的 RBI=0，所以當 DCBA=0000 時，$\overline{a} \sim \overline{g}$ 皆等於 1 而不顯示 0。

若改為十位數的 RBI=1，且當 DCBA=0000 時，$\overline{a} \sim \overline{f}$ 皆等於 0 使得 LED 顯示數字 0。

限流電阻值 $R = \dfrac{V_{CC} - V_D}{I_D}$，其中 VCC 是電源電壓+5V、VD 是每一節段 LED 的電壓約 2.7V~3.0V、ID 是每一節段 LED 的電流約 10mA~40mA (視 IC 的最大輸出電流而定)。所以 $R = 220\Omega$ 只是一個參考值，並非固定值。

七段 LCD 顯示解碼/驅動器

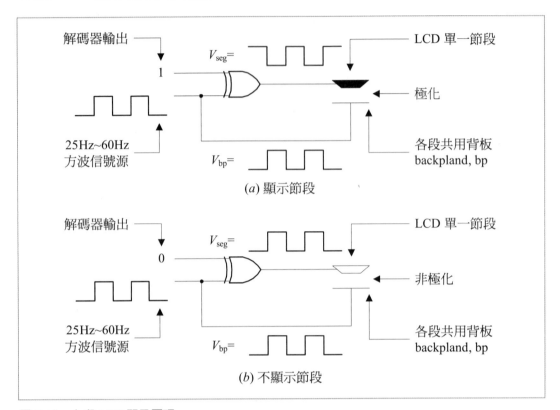

圖 7.10　七段 LCD 顯示原理

　　液晶顯示器 (Liquid Crystal Display; 縮寫 LCD) 也是常用的七段顯示器裝置。液晶是長圓柱體結構的固液態材料，被驅動的節段其液晶形成整齊排列，使入射光穿透而顯示底色 (黑色)，而未被驅動的節段其液晶為雜亂排列，使入射光反射而顯示反射光顏色 (透明色)。

　　LCD 是工作在 3V~15V 電壓，與 25Hz~60Hz 的交流信號下，所以 LCD 的驅動方法，是執行解碼器輸出信號與 25Hz~60Hz 交流信號的互斥或運算 (XOR)。如圖 7.10 所示，圖 (a) 當解碼器輸出為 1 時，XOR 閘的輸出與信號源的輸出反向，LCD 節段與背板信號反向而產生極化，使入射光透射而顯示該節段。圖 (b) 當解碼器輸出為 0 時，XOR 閘的輸出與信號源的輸出同向，LCD 節段與背板信號同向而不產生極化，因此入射光反射而不顯示該節段。

例 7.2 設計一電路，驅動一個七段 LCD 顯示器來顯示 1 位十進位數。

電路

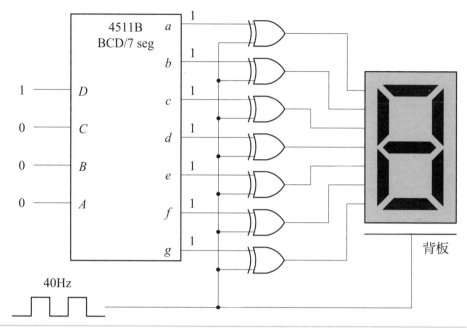

說明 上圖輸入 $DCBA$=1000 則輸出 $abcdefg$=1111111，因此 7 個 XOR 閘的輸出皆與背板信號反相，所以 LCD 顯示數字 8。

通常不使用 TTL 來驅動 LCD，而使用 CMOS 邏輯來驅動 LCD。原因一是 TTL 邏輯 0 的低電位電壓最大值 $V_{IL(max)}$=+0.4V，而不是正好等於 0V，這個低電位電壓會在 LCD 上產生直流位準，因而降低 LCD 的性能。二是 CMOS 邏輯消耗功率低，可使用電池電源來提供電路與 LCD 的電力，因此適合製作成可攜帶式的產品，例如電子錶、計算器、可提式電腦等。

IC 4511B 是 CMOS 七段顯示解碼/驅動器，它也是利用表 7.6 BCD 對七段顯示器解碼真值表化簡而得，所以結構與 7446/7447/7448 相似。4511B 解碼後為高電位輸出來驅動要顯示的節段。例 7.2 提供驅動一位數七段 LCD 顯示器的範例。

7-2 編碼器

前節介紹的解碼器 (Decoder) 除了可以處理數系間的轉換，也可以將電路運算後的結果解碼成人所能讀取的數字，例如將 BCD 碼解碼並驅動七段顯示器。本節介紹的編碼器 (Encoder) 同樣可以處理數系間的轉換，另外則可以反過來將人輸入的按鍵編碼轉換成電路的運算碼。

十進位轉換 BCD 編碼器

▶表 7.8　十進位轉換 BCD 編碼真值表

十進	十進位碼										BCD 碼			
位數	I_0	I_1	I_2	I_3	I_4	I_5	I_6	I_7	I_8	I_9	D	C	B	A
0	X	0	0	0	0	0	0	0	0	0	0	0	0	0
1	X	1	0	0	0	0	0	0	0	0	0	0	0	1
2	X	0	1	0	0	0	0	0	0	0	0	0	1	0
3	X	0	0	1	0	0	0	0	0	0	0	0	1	1
4	X	0	0	0	1	0	0	0	0	0	0	1	0	0
5	X	0	0	0	0	1	0	0	0	0	0	1	0	1
6	X	0	0	0	0	0	1	0	0	0	0	1	1	0
7	X	0	0	0	0	0	0	1	0	0	0	1	1	1
8	X	0	0	0	0	0	0	0	1	0	1	0	0	0
9	X	0	0	0	0	0	0	0	0	1	1	0	0	1

表 7.8 列出十進位轉換 BCD 碼的真值表，由真值表化簡得輸出 D、C、B、A 與代表 I_9、I_8、I_7、I_6、I_5、I_4、I_3、I_2、I_1、I_0 的輸入之間的關係如下列函數式。

- $D = I_9 + I_8$

- $C = I_7 + I_6 + I_5 + I_4$

- $B = I_7 + I_6 + I_3 + I_2$

- $A = I_9 + I_7 + I_5 + I_3 + I_1$

再利用此函數式畫成邏輯電路即為十進位對 BCD 編碼器的電路，圖 7.11 是十進位對 BCD 編碼器的電路與符號。由表 7.8 得知這種編碼器一次只能對單一輸入值編碼，也就是輸入 I_0~I_9 不能同時有二個 1 (高電位)，否則編碼輸出為錯誤編碼值。例如，若 I_9 與 I_6 同時為 1 (高電位輸入)，則編碼器輸出 $DCBA$=1001 OR 0110=1111，此輸出值不等於 9 的 BCD 碼，也不等於 6 的 BCD 碼。

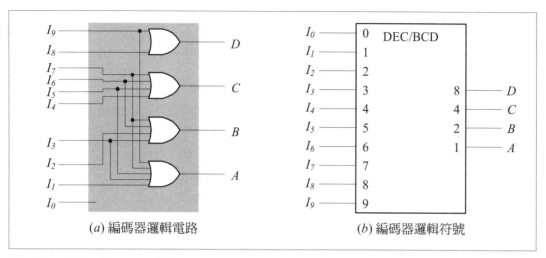

圖 7.11　十進位轉換 BCD 編碼器

例 7.3　設計一電路，將十個按鍵編成 BCD 碼。

電路

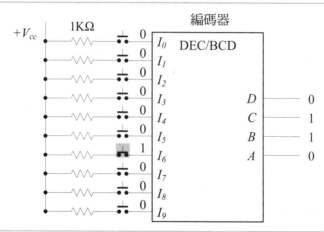

說明　上圖是利用圖 7.11 的十進位對 BCD 編碼器符號圖，再在輸入端 $I_0 \sim I_9$ 之前，加上按鍵與限流電組並接至 $+V_{CC}$。

當 $I_0 \sim I_9$ 之前對應的按鍵被按下時，代表該輸入為 1，經過 DEC/BCD 編碼器後，產生對應的 BCD 碼輸出。例如，當 I_6 的按鍵被按下時，輸出 $DCBA = 0110$。

7-2-1　十進位對 BCD 優先次序編碼器

例 7.3 利用代表 $I_0 \sim I_9$ 的按鍵輸入並轉換 BCD 碼的過程中，若有二個按鍵同時被按下時，則會產生錯誤的 BCD 碼。例如，同時按下 I_3 與 I_6 時，輸出 $DCBA = 0011$ OR

0110=0111 為錯誤編碼。為了避免此種錯誤的產生，必須利用抑制閘 (Inhibit gate) 來防止低階輸入破壞高階輸入的編碼，此種編碼方式稱為優先次序編碼器。

表 7.9 是十進位對 BCD 碼的優先次序編碼 IC 74147 的真值表。表 7.9 是 0 (低電位) 動作，而表 7.8 是 1 (高電位) 動作。當 I_9 輸入為 0 時，I_8 以下的輸入不論為 0 或 1，其輸出 $\overline{D}\,\overline{C}\,\overline{B}\,\overline{A}$ = 0110 (1001 的 1's 補數)。當 I_8 輸入為 0 時，I_7 以下的輸入不論為 0 或 1，其輸出 $\overline{D}\,\overline{C}\,\overline{B}\,\overline{A}$ = 0111 (1000 的 1's 補數)。當 I_7 輸入為 0 時，I_6 以下的輸入不論為 0 或 1，其輸出 $\overline{D}\,\overline{C}\,\overline{B}\,\overline{A}$ = 1000 (0111 的 1's 補數)，以此類推・・・。所以此編碼器對高階輸入有優先編碼功能。

▶表 7.9　十進位對 BCD 優先次序編碼真值表

十進	十進位碼										BCD 碼			
位數	$\overline{I_0}$	$\overline{I_1}$	$\overline{I_2}$	$\overline{I_3}$	$\overline{I_4}$	$\overline{I_5}$	$\overline{I_6}$	$\overline{I_7}$	$\overline{I_8}$	$\overline{I_9}$	$\overline{D}$	$\overline{C}$	$\overline{B}$	$\overline{A}$
0	1	1	1	1	1	1	1	1	1	1	1	1	1	1
1	X	0	1	1	1	1	1	1	1	1	1	1	1	0
2	X	X	0	1	1	1	1	1	1	1	1	1	0	1
3	X	X	X	0	1	1	1	1	1	1	1	1	0	0
4	X	X	X	X	0	1	1	1	1	1	1	0	1	1
5	X	X	X	X	X	0	1	1	1	1	1	0	1	0
6	X	X	X	X	X	X	0	1	1	1	1	0	0	1
7	X	X	X	X	X	X	X	0	1	1	1	0	0	0
8	X	X	X	X	X	X	X	X	0	1	0	1	1	1
9	X	X	X	X	X	X	X	X	X	0	0	1	1	0

由表 7.9 真值表化簡得輸出 $\overline{D}$、$\overline{C}$、$\overline{B}$、$\overline{A}$ 與 $\overline{I_0}$、$\overline{I_1}$、$\overline{I_2}$、$\overline{I_3}$、$\overline{I_4}$、$\overline{I_5}$、$\overline{I_6}$、$\overline{I_7}$、$\overline{I_8}$、$\overline{I_9}$ 的輸入之間的關係如下列函數式。化簡時必須考慮優先次序，例如 $\overline{A}$ =0 的條件是 $\overline{I_9}$ =0 或 $\overline{I_7}$ =0 或 $\overline{I_5}$ =0 或 $\overline{I_3}$ =0 或 $\overline{I_1}$ =0，但依優先次序觀念，$\overline{I_7}$ =0 時必須先確定 $\overline{I_8}$ =1，$\overline{I_5}$ =0 時必須先確定 $\overline{I_6}$ =1 且 $\overline{I_8}$ =1，$\overline{I_3}$ =0 時必須先確定 $\overline{I_4}$ =1 且 $\overline{I_6}$ =1 且 $\overline{I_8}$ =1，$\overline{I_1}$ =0 時必須先確定 $\overline{I_2}$ =1 且 $\overline{I_4}$ =1 且 $\overline{I_6}$ =1 且 $\overline{I_8}$ =1。

- $\overline{D} = \overline{I_9} + \overline{I_8}$

- $\overline{C} = (\overline{I_7} \cdot I_8 \cdot I_9) + (\overline{I_6} \cdot I_8 \cdot I_9) + (\overline{I_5} \cdot I_8 \cdot I_9) + (\overline{I_4} \cdot I_8 \cdot I_9)$

- $\overline{B} = (\overline{I_7} \cdot I_8 \cdot I_9) + (\overline{I_6} \cdot I_8 \cdot I_9) + (\overline{I_3} \cdot I_4 \cdot I_5 \cdot I_8 \cdot I_9) + (\overline{I_2} \cdot I_4 \cdot I_5 \cdot I_8 \cdot I_9)$

- $\overline{A} = \overline{I_9} + (\overline{I_7} \cdot I_8) + (\overline{I_5} \cdot I_6 \cdot I_8) + (\overline{I_3} \cdot I_4 \cdot I_6 \cdot I_8) + (\overline{I_1} \cdot I_2 \cdot I_4 \cdot I_6 \cdot I_8)$

圖 7.12 是 IC 74147 十進位對 BCD 碼優先次序編碼器符號，由圖中顯示當 $\overline{I_3}=\overline{I_5}=\overline{I_9}=0$ 且 $\overline{I_0}=\overline{I_1}=\overline{I_2}=\overline{I_4}=\overline{I_6}=\overline{I_7}=\overline{I_8}=1$ 時，依優先編碼次序只對最高階輸入為 0 者 (也就是 $\overline{I_9}$) 編碼，所以輸出 $\overline{D}\,\overline{C}\,\overline{B}\,\overline{A}$=0110。

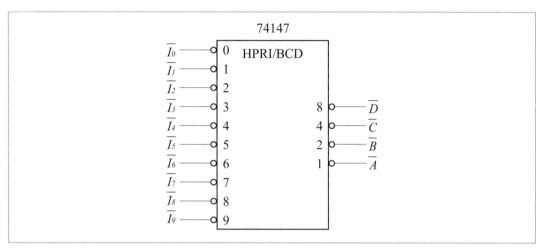

圖 7.12　74147 十進位轉換 BCD 優先次序編碼器邏輯符號 (HPRI 表示最高優先權)

例 7.4　設計一電路，將十個按鍵依據由大而小優先次序編成 BCD 碼。

電路

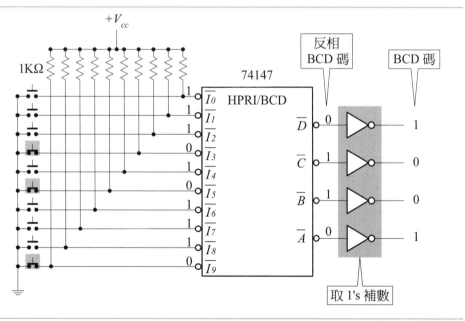

說明　上圖是利用圖 7.12 的十進位對 BCD 優先次序編碼器符號圖，再在輸入端 $\overline{I_0} \sim \overline{I_9}$ 之前，加上+V_{CC} 與限流電組，限流電組輸出分別接至對應輸入端與按鍵。當輸入端對應的按鍵被按下時，該輸入端被接地 (0V)，當輸入端對應的按鍵未被按下，則該輸入端電壓為+V_{CC}。

74147 為低電位動作優先編碼器，所以當 $\overline{I_0} \sim \overline{I_9}$ 之前對應的按鍵被按下時，代表該輸入為 0 (低電位)，經過 HPRI/BCD 編碼後，產生對應的反相 BCD 碼輸出，所以在輸出端加上反相器，將反相 BCD 碼轉換為正確 BCD 碼。例如，當 $\overline{I_3}$、$\overline{I_5}$、$\overline{I_9}$ 的按鍵被按下時，優先對 $\overline{I_9}$ 編碼，則 $\overline{D}\,\overline{C}\,\overline{B}\,\overline{A}$=0110 再經反相器輸出為 1001。

7-2-2　BCD 與二進位轉換器

BCD 碼轉換為二進位

BCD 碼的權數 (Weighted number) 如下，最右邊四個位元 $A_3\,A_2\,A_1\,A_0$ 對應十進位的個位數，所以權數依次為 8 4 2 1。左邊四個位元 $B_3\,B_2\,B_1\,B_0$ 對應十進位的十位數，所以權數依次為 80 40 20 10。以此類推···。表 7.10 是將下列 BCD 碼與十進位權數重新整理，再加入對應的二進位權數而成的 BCD 轉換二進位的真值表。

BCD 位元	B_3	B_2	B_1	B_0	A_3	A_2	A_1	A_0
BCD 權數	80	40	20	10	8	4	2	1

▶表 7.10　BCD 與二進位轉換真值表

BCD 位元	BCD 權數	BCD 權數二進位值						
		Y6=64	Y5=32	Y4=16	Y3=8	Y2=4	Y1=2	Y0=1
B_3	80	1	0	1	0	0	0	0
B_2	40	0	1	0	1	0	0	0
B_1	20	0	0	1	0	1	0	0
B_0	10	0	0	0	1	0	1	0
A_3	8	0	0	0	1	0	0	0
A_2	4	0	0	0	0	1	0	0
A_1	2	0	0	0	0	0	1	0
A_0	1	0	0	0	0	0	0	1

BCD 數轉換二進位的方法是 BCD 數的各個位元乘上對應的權數 (二進位權數) 之和。

例 7.5　求 BCD 數 (a) 10000101B (b) 00110111B 的二進位數。

解答

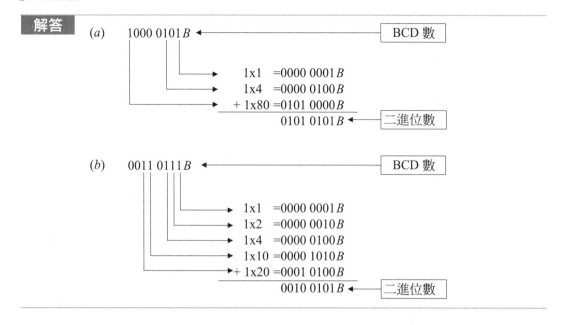

　　由表 7.10 BCD 與二進位轉換真值表，可以化簡出下列運算式：

$Y_6 = B_3$

$Y_5 = B_2$

$Y_4 = B_3 + B_1$

$Y_3 = B_2 + B_0 + A_3$

$Y_2 = B_1 + A_2$

$Y_1 = B_0 + A_1$

$Y_0 = A_0$

　　但由例 7.5 得知，BCD 轉換二進位的方法是 BCD 數的各個位元乘上對應的權數 (二進位權數) 之和。所以上述運算式的 (+) 是算術加法運算，而不是邏輯 OR 運算，因此利用此運算式設計電路時，是使用加法器來取代 OR 閘。圖 7.13 是利用 7483 加法器設計的 8 位元 BCD 轉換二進位邏輯電路。

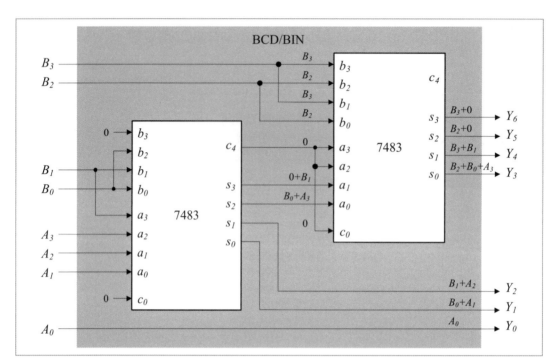

圖 7.13　8 位元 BCD 轉換二進位邏輯電路

　　IC 74184 是 6 位元 BCD 對二進位轉換器，IC　74185 則是 6 位元二進位對 BCD 轉換器。圖 7.14 是利用 74184 製作 BCD 轉換二進位邏輯電路，使用 74184 時必須再外加 A_0 到 Y_0 才是完整的電路。另外，圖中 Y_8、Y_7、Y_6 是用於取 9's 補數與取 10's 補數時，在 BCD 對二進位轉換時則不用。圖 7.15 是 74184 資料手冊上提供串聯二個 74184，製做 8 位元 BCD 轉換二進位的邏輯電路。

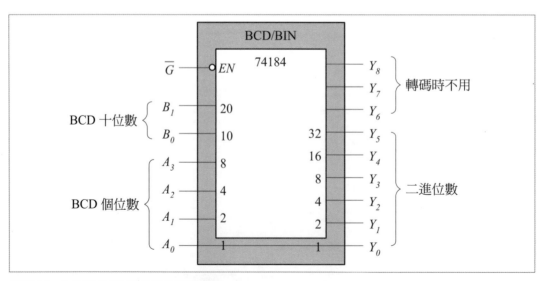

圖 7.14　6 位元 BCD 對二進位轉換邏輯

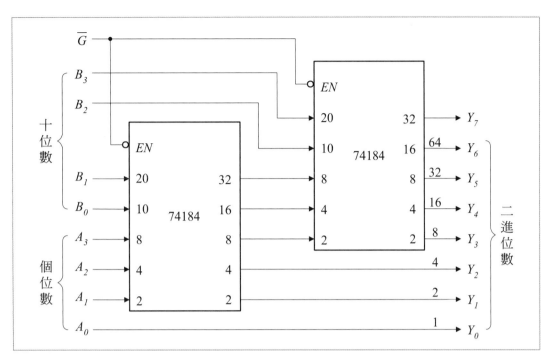

圖 7.15　8 位元 BCD 對二進位轉換邏輯

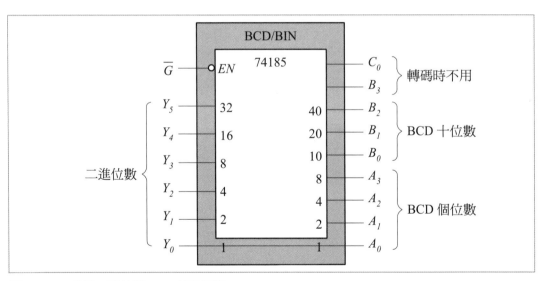

圖 7.16　6 位元二進位對 BCD 轉換邏輯

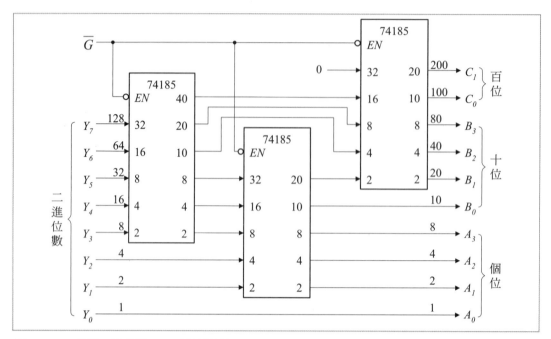

圖 7.17　8 位元二進位對 BCD 轉換邏輯

二進位轉換為 BCD 碼

　　圖 7.16 是利用 74185 製作二進位轉換 BCD 邏輯電路，使用 74185 時必須再外加 A_0 到 Y_0 才是完整的電路。圖 7.17 是 74185 資料手冊上提供串聯三個 74185，製做 8 位元 BCD 轉換二進位的邏輯電路。關於用 74184 與 74185 製作更多位元的轉換電路，請參考資料手冊中 74184 與 74185 的規格。

7-3 多工器

　　多工器 (Multiplexer；縮寫 MUX) 或稱資料選擇器 (Data Selector)，圖 7.18 是多工器功能圖，它顯示多工器 (MUX) 是利用 S_0 至 S_{n-1} 條資料選擇線，來選擇 D_0 至 D_{2^n-1} 共 2^n 條資料輸入線的其中一條資料輸入線，只有被選擇到資料輸入線上的資料才會被送至輸出線 Y 輸出，其餘資料輸入線上的資料則無法被輸出。

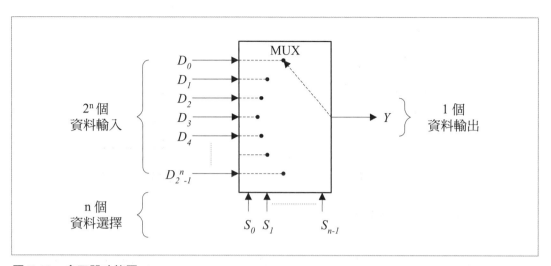

圖 7.18　多工器功能圖

2 對 1 多工器

表 7.11 是 2 對 1 多工器真值表，由表中得知，當 S_0=0 時 $Y=D_0$，當 S_0=1 時 $Y=D_1$，將此表轉換成函數如下。

$$Y = D_0\overline{S_0} + D_1S_0$$

▶表 7.11　2 對 1 多工器真值表

資料選擇	資料輸出
S0	Y
0	D_0
1	D_1

圖 7.19 (a) 是將下列函數畫成邏輯電路，圖 7.19 (b) 則是 2 對 1 多工器的邏輯符號。邏輯符號中的 G^0_1 表示選擇輸入線與資料輸入線 (0 與 1) 間具有 AND 附屬關係。如表 7.11 所示 S_0 共有 2 種組合方式，S_0=0 時資料 D_0 被送至輸出端 Y，S_0=1 時資料 D_1 被送至輸出端 Y。

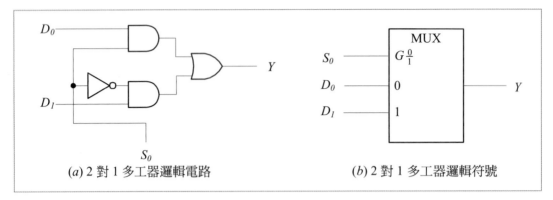

圖 7.19 　2 對 1 多工器邏輯電路與符號

例 7.8 2 對 1 多工器選擇與資料輸入波形如 S0, D0, D1，求輸出波形 Y。

解答

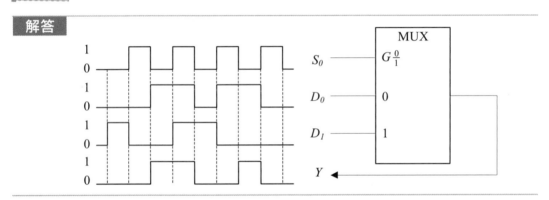

4 對 1 多工器

表 7.12 是 4 對 1 多工器真值表，由表中得知，當 $S_1S_0=00$ 時 $Y=D_0$，$S_1S_0=01$ 時 $Y=D_1$、$S_1S_0=10$ 時 $Y=D_2$、$S_1S_0=11$ 時 $Y=D_3$，再將此表轉換成函數如下。

$$Y = \overline{S_1}\,\overline{S_0}\,D_0 + \overline{S_1}\,S_0\,D_1 + S_1\,\overline{S_0}\,D_2 + S_1\,S_0\,D_3$$

▶表 7.12 　4 對 1 多工器真值表

資料選擇		資料輸出
S1	**S0**	**Y**
0	0	D_0
0	1	D_1
1	0	D_2
1	1	D_3

圖 7.20 (a) 是將上述函數運算式轉換成多工器的邏輯電路，圖 7.20 (b) 則是 4 對 1 多工器的邏輯符號。邏輯符號中的 $G\frac{0}{3}$ 表示選擇輸入線與資料輸入線 (0~3) 間具有 AND 附屬關係。

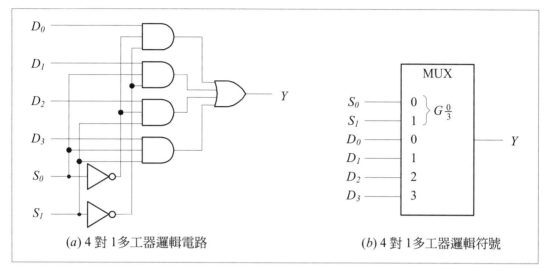

(a) 4 對 1 多工器邏輯電路   (b) 4 對 1 多工器邏輯符號

圖 7.20   4 對 1 多工器邏輯電路與符號

例 7.7 4 對 1 多工器選擇與資料輸入波形如下，求輸出波形 Y。

解答

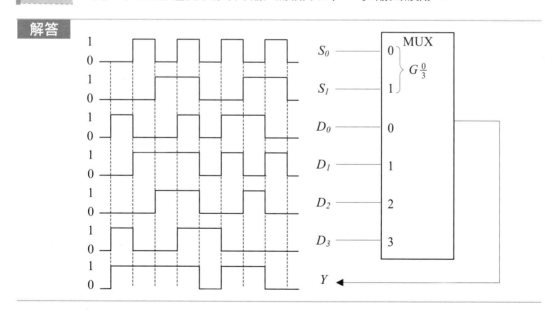

8 對 1 多工器

表 7.13 是 74151 (8 對 1) 多工器真值表，由表中得知，當 $\overline{E}=1$ 表示多工器被禁止 (Disable)，則 $Y=0$ 且 $\overline{Y}=1$。而當 $\overline{E}=0$ 表是多工器被致能 (Enable)，則 $S_2S_1S_0=000$ 時 $Y=D_0$，$S_2S_1S_0=001$ 時 $Y=D_1$、$S_2S_1S_0=010$ 時 $Y=D_2$、$S_2S_1S_0=011$ 時 $Y=D_3$、$S_2S_1S_0=100$ 時 $Y=D_4$、$S_2S_1S_0=101$ 時 $Y=D_5$、$S_2S_1S_0=110$ 時 $Y=D_6$、$S_2S_1S_0=111$ 時 $Y=D_7$，再將此表轉換成函數如下。

$$Y = \overline{E}\,\overline{S_2}\,\overline{S_1}\,\overline{S_0}D_0 + \overline{E}\,\overline{S_2}\,\overline{S_1}\,S_0 D_1 + \overline{E}\,\overline{S_2}\,S_1\overline{S_0}\,D_2 + \overline{E}\,\overline{S_2}\,S_1 S_0 D_3$$

$$+ \overline{E}\,S_2\overline{S_1}\,\overline{S_0}\,D_4 + \overline{E}\,S_2\overline{S_1}\,S_0 D_5 + \overline{E}\,S_2 S_1\overline{S_0}\,D_6 + \overline{E}\,S_2 S_1 S_0 D_7$$

IC 74151 是利用上述函數製成的 8 對 1 多工器，74151 的邏輯電路圖如圖 7.21 (a)，74151 的邏輯符號如圖 7.21 (b)。邏輯符號中的 G_7^0 表示選擇輸入線與資料輸入線 (0~7) 間具有 AND 附屬關係。如表 7.13 所示 S_2、S_1、S_0 共有 8 種組合方式，每一個資料輸入線皆對應一種選擇輸入的組合方式，所以當某一個資料輸入線對應的選擇組合發生時，該輸入資料才會被送至輸出端 Y 輸出。

▶表 7.13　74151 (8 對 1) 多工器真值表

資料致能	資料選擇			資料輸出	
$\overline{E}$	S_2	S_1	S_0	$\overline{Y}$	Y
1	X	X	X	1	0
0	0	0	0	$\overline{D_0}$	D_0
0	0	0	1	$\overline{D_1}$	D_1
0	0	1	0	$\overline{D_2}$	D_2
0	0	1	1	$\overline{D_3}$	D_3
0	1	0	0	$\overline{D_4}$	D_4
0	1	0	1	$\overline{D_5}$	D_5
0	1	1	0	$\overline{D_6}$	D_6
0	1	1	1	$\overline{D_7}$	D_7

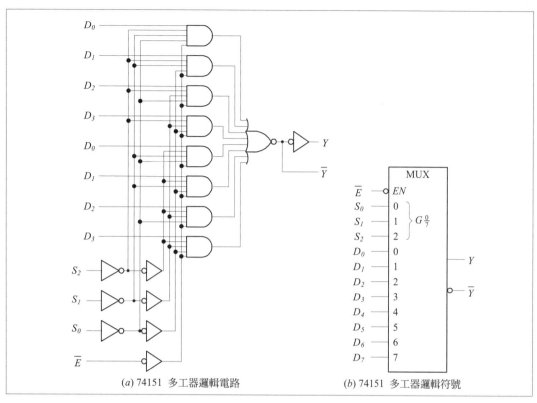

圖 7.21　74151 (8 對 1) 多工器邏輯電路與符號

四組 2 對 1 多工器

表 7.14 是四組 2 對 1 多工器真值表，由表中得知，當 $\overline{E}$ =1 表示多工器被禁止 (Disable)，則 $Y_0=Y_1=Y_2=Y_3=0$。而當 $\overline{E}$ = 0 表示多工器被致能 (Enable)，所以當 S=0 時 $Y_0=A_0$、$Y_1=A_1$、$Y_2=A_2$、$Y_3=A_3$，當 S=1 時 $Y_0=B_0$、$Y_1=B_1$、$Y_2=B_2$、$Y_3=B_3$，布林函數運算式如下：

$$Y_0 = \overline{E}\,\overline{S}\,A_0 + \overline{E}\,S\,B_0$$

$$Y_1 = \overline{E}\,\overline{S}\,A_1 + \overline{E}\,S\,B_1$$

$$Y_2 = \overline{E}\,\overline{S}\,A_2 + \overline{E}\,S\,B_2$$

$$Y_3 = \overline{E}\,\overline{S}\,A_3 + \overline{E}\,S\,B_3$$

而表 7.14 列出 74157 的真值表。

▶表 7.14　74157 (四組 2 對 1) 多工器真值表

資料致能	資料選擇	資料輸出			
$\overline{E}$	S	Y_0	Y_1	Y_2	Y_3
1	X	0	0	0	0
0	0	A_0	A_1	A_2	A_3
0	1	B_0	B_1	B_2	B_3

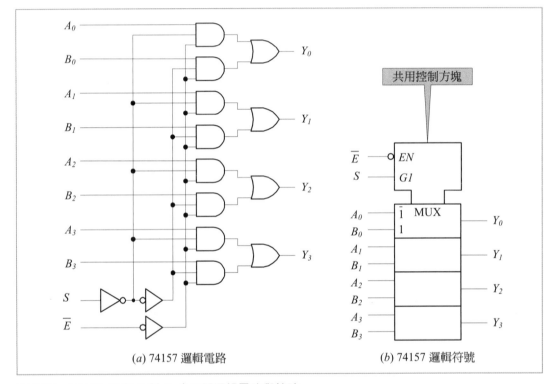

(a) 74157 邏輯電路　　　　(b) 74157 邏輯符號

圖 7.22　74157 (四組 2 對 1) 多工器邏輯電路與符號

　　圖 7.22 是 IC 74157 (四組 2 對 1 多工器) 的邏輯電路與符號，符號圖中最上面是共用控制方塊，它表示四組多工器共用致能 (EN) 與選擇 (G1) 輸入，G 字用於表示選擇輸入與資料輸入間的 AND 附屬關係，G1 表示選擇輸入與 MUX 方塊內的 $\overline{1}$ 與 1 的資料輸入之間，具有 AND 的附屬關係 ($\overline{1}$ 表示適用於 G1=0 的 AND 關係, 1 表示適用於 G1=1 的 AND 關係)。

例 7.8　4 組 2 對 1 多工器選擇與資料輸入波形如下，求 4 個輸出波形。

解答

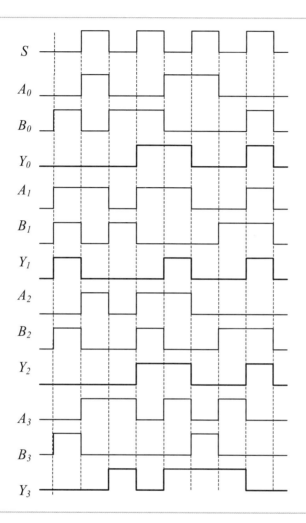

7-4 解多工器

解多工器 (DeMultiplexer；縮寫 DMUX)，圖 7.23 是解多工器功能圖，它顯示解多工器 (DMUX) 是利用 S_0 至 S_{n-1} 條輸出選擇線，來選擇 Y_0 至 Y_{2^n-1} 共 2^n 條輸出線的其中一條輸出線，只有被選擇到輸出線才會將資料輸入線 D 的值輸出，其餘的輸出線無法輸出資料。

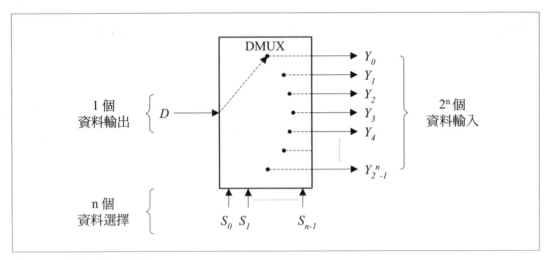

圖 7.23　解多工器功能圖

1 對 4 解多工器

　　表 7.15 是 1 對 4 解多工器真值表，由表中得知，當 S_1S_0=00 時 Y_0=D，S_1S_0=01 時 Y_1=D、S_1S_0=10 時 Y_2=D、S_1S_0=11 時 Y_3=D，再將各項輸出轉換成函數如下。

$$Y_0 = \overline{S_1}\,\overline{S_0}\,D$$

$$Y_1 = \overline{S_1}\,S_0\,D$$

$$Y_2 = S_1\,\overline{S_0}\,D$$

$$Y_3 = S_1\,S_0\,D$$

▶表 7.15　1 對 4 解多工器真值表

資料選擇		資料輸出			
S_1	S_0	Y_0	Y_1	Y_2	Y_3
0	0	D	0	0	0
0	1	0	D	0	0
1	0	0	0	D	0
1	1	0	0	0	D

　　圖 7.24 (a) 是將上述函數運算轉換成解多工器邏輯電路，圖 7.24 (b)　則是 1 對 4 解多工器的邏輯符號。邏輯符號中的 $G\frac{0}{3}$ 表示選擇輸入線與資料輸出線 (0~3) 間具有 AND 附屬關係。

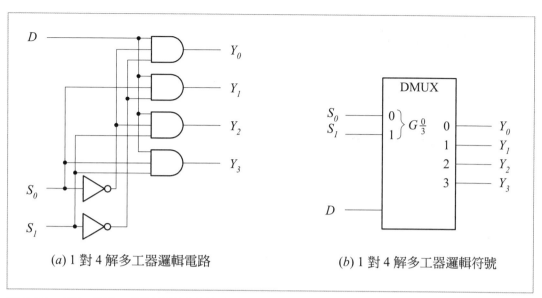

(a) 1 對 4 解多工器邏輯電路　　　　　*(b)* 1 對 4 解多工器邏輯符號

圖 7.24　1 對 4 解多工器邏輯電路與符號

1 對 8 解多工器

　　IC 74138 是 3 對 8 解碼器，但也可當作 1 對 8 解多工器，74138 的邏輯電路圖如圖 7.25 將原解碼器的解碼輸入線 C、B、A 當作解多工器的資料選擇線 S_2、S_1、S_0，而令解碼器的致能輸入 G_1=1、$\overline{G_2A}$=0、且令 $\overline{G_2B}$ 為資料輸入端，如此資料輸入線上的資料 (D) 會由被選擇到的輸出線輸出。例如，$S_2S_1S_0$=011、G_1=1、$\overline{G_2A}$=0、$\overline{G_2B}$=D，當 $\overline{G_2B}$=D=0 則 74138 被致能且 $\overline{Y_3}$=0，當 $\overline{G_2B}$=D=1 則 74138 被禁止且 $\overline{Y_3}$=1。

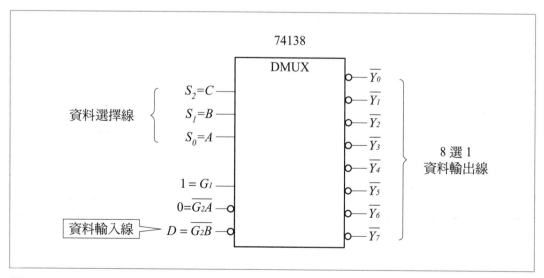

圖 7.25　74138 (1 對 8) 解多工器

7-5 VHDL 程式設計

7-5-1　3 線對 8 線解碼器

程式 7-01：3 線對 8 線解碼器

```
1:  --LIBRARY DECLARATION
2:  library ieee;
3:  use ieee.std_logic_1164.all;
4:  use ieee.std_logic_arith.all;
5:  use ieee.std_logic_unsigned.all;
6:
7:  --ENTITY DECLARATION
8:  entity decoder_3x8 is
9:      port (a : in std_logic_vector( 2 downto 0);
10:           Y : out std_logic_vector( 7 downto 0));
11: end decoder_3x8 ;
12:
13: --ARCHITECTURE BODY DESCRIPTION
14: architecture a of decoder_3x8 is
15: begin
16:    with a select
17:      y <= "00000001" when "000",
18:           "00000010" when "001",
19:           "00000100" when "010",
20:           "00001000" when "011",
21:           "00010000" when "100",
22:           "00100000" when "101",
23:           "01000000" when "110",
24:           "10000000" when "111",
25:           "00000000" when others;
26: end a ;
```

模擬結果

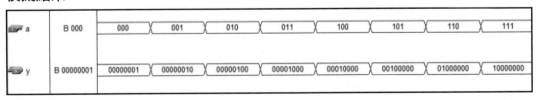

7-5-2 BCD 碼對七段顯示器解碼器

程式 7-02：BCD 碼對七段顯示器解碼器

```
1:  library ieee;
2: use ieee.std_logic_1164.all;
3: use ieee.std_logic_arith.all;
4: use ieee.std_logic_unsigned.all;
5:
6: entity decoder_bcd_to_segment is
7:    port(
8:          bcd_code : in std_logic_vector(3 downto 0);
9:          segment  : out std_logic_vector(6 downto 0));
10: end decoder_bcd_to_segment;
11:
12: architecture a of decoder_bcd_to_segment is
13: begin
14:    segment <= "0111111"   when   bcd_code = "0000"   else
15:               "0000110"   when   bcd_code = "0001"   else
16:               "1011011"   when   bcd_code = "0010"   else
17:               "1001111"   when   bcd_code = "0011"   else
18:               "1100110"   when   bcd_code = "0100"   else
19:               "1101101"   when   bcd_code = "0101"   else
20:               "1111100"   when   bcd_code = "0110"   else
21:               "0000111"   when   bcd_code = "0111"   else
22:               "1111111"   when   bcd_code = "1000"   else
23:               "1101111"   when   bcd_code = "1001"   else
24:               "ZZZZZZZ";
25: end a ;
```

模擬結果

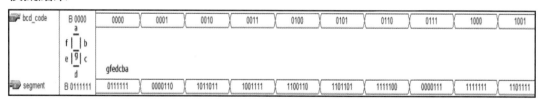

7-5-3　4 對 1 多工器

輸入訊號 din_0、din_1、din_2、din_3，資料位元寬度均為 4 位元

輸出訊號 Dout，資料位元寬度亦為 4 位元，

選擇訊號：SEL，資料位元寬度亦為 2 位元。

程式 7-03：4 對 1 多工器 VHDL 程式設計

```
1:   --LIBRARY DECLARATION
2:  library ieee;
3:  use ieee.std_logic_1164.all;
4:  use ieee.std_logic_arith.all;
5:  use ieee.std_logic_unsigned.all;
6:
7:  --ENTITY DECLARATION
8:  entity mux_4X1 is
9:    port (din1, din2, din3, din4  : in std_logic_vector(3 downto 0);
10:         sel : in std_logic_vector(1 downto 0);
11:         dout: out std_logic_vector(3 downto 0));
12: end mux_4X1 ;
13:
14: --ARCHITECTURE BODY DESCRIPTION
15: architecture a of mux_4X1 is
16: begin
17:     dout <=  din2 when sel = "01" else
18:              din3 when sel = "10" else
19:              din4 when sel = "11" else
20:              din1 ;
21: end a ;
```

模擬結果

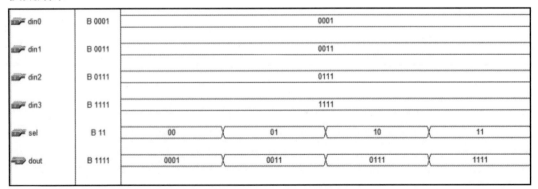

7-5-4　1對4解多工器

輸入訊號 din，資料位元寬度均為 4 位元

輸出訊號 dout_0、dout_1、dout_2、dout_3，資料位元寬度為 4 位元，

選擇訊號：SEL，資料位元寬度亦為 2 位元。

程式 7-04：1對4解多工器的 VHDL 程式設計

```
1:   --LIBRARY DECLARATION
2:   library ieee ;
3:   use ieee.std_logic_1164.all ;
4:   use ieee.std_logic_arith.all;
5:   use ieee.std_logic_unsigned.all;
6:
7:   --ENTITY DECLARATION
8:   entity demux_1x4 is
9:     port (din  : in std_logic_vector(3 downto 0) ;
10:         sel : in std_logic_vector(1 downto 0) ;
11:         dout1,dout2, dout3, dout4 : out std_logic_vector(3
12:         downto 0)) ;
13: end demux_1x4 ;
14:
15: --ARCHITECTURE BODY DESCRIPTION
16: architecture a of demux_1x4 is
17: begin
18: process (sel )
19: begin
20:    case sel is
21:    when "01" =>
22:       dout1 <= "ZZZZ";
23:       dout2 <= din;
24:       dout3 <= "ZZZZ";
25:       dout4 <= "ZZZZ";
26:    when "10" =>
27:       dout1 <= "ZZZZ";
28:       dout2 <= "ZZZZ";
29:       dout3 <= din;
30:       dout4 <= "ZZZZ";
31:    when "11" =>
32:       dout1 <= "ZZZZ";
33:       dout2 <= din;
34:       dout3 <= "ZZZZ";
35:       dout4 <= din;
36:    when others =>
37:       dout1 <= din;
```

```
38:        dout2 <= din;
39:        dout3 <= "ZZZZ";
40:        dout4 <= "ZZZZ";
41:    end case;
42: end process;
43: end a ;
```

模擬結果

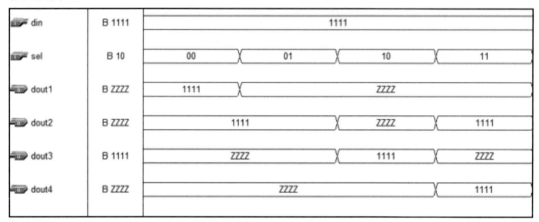

7-6 習題

1. 要判斷輸入數值是否為 BCD 碼時，可利用_____來判斷輸入數值。

   (a) 加法器　　　　　　　　　　(b) 比較器

   (c) 多工器　　　　　　　　　　(d) 解多工器

2. 在存取記憶體資料時，可使用_____決定存取資料的正確位址。

   (a) 編碼器　　　　　　　　　　(b) 解碼器

   (c) 多工器　　　　　　　　　　(d) 解多工器

3. 七段顯示器主要用來顯示_____等字元。

   (a) a~f　　　　　　　　　　　　(b) A~F

   (c) 0~9　　　　　　　　　　　　(d) +, -, *, /

4. 可用來製作七段顯示器的材料，包括_____。

   (a) 發光二極體　　　　　　　　(b) 液晶顯示器

   (c) 螢光數字管　　　　　　　　(d) 以上皆可

5. ＿＿＿＿＿用來將人輸入的按鍵編碼轉換成電路的運算碼。

   (*a*) 編碼器   (*b*) 解碼器

   (*c*) 多工器   (*d*) 解多工器

6. 利用 S_0 至 S_{n-1} 條資料選擇線，來選擇 D_0 至 D_{2^n-1} 共 2^n 條資料輸入線的其中一條資料輸入線的稱為＿＿＿＿＿。

   (*a*) 編碼器   (*b*) 解碼器

   (*c*) 多工器   (*d*) 解多工器

7. 利用 S_0 至 S_{n-1} 條輸出選擇線，選擇 Y_0 至 Y_{2^n-1} 共 2^n 條輸出線的其中一條輸出線，輸出資料輸入線 D 值的稱為＿＿＿＿＿。

   (*a*) 編碼器   (*b*) 解碼器

   (*c*) 多工器   (*d*) 解多工器

8. 七段顯示器解碼驅動器主要是將＿＿＿＿＿解碼成七段顯示器可顯示的符號。

   (*a*) 二進位碼   (*b*) 八進位碼

   (*c*) BCD 碼   (*d*) 十六進位碼

正反器電路

8-1 正反器

8-1-1 基本型正反器

序向邏輯中的記憶電路是由正反器 (Flip-Flop；縮寫 FF) 所組成，而基本型正反器 (Basic Flip-Flop) 則是由二個 NOR 閘組成的高電位動作正反器，或二個 NAND 閘組成的低電位動作正反器，其邏輯電路與符號如圖 8.1 與圖 8.2 所示。

基本型 NOR 閘正反器

基本型 NOR 閘正反器是由二個交互耦合的 NOR 閘構成，如圖 8.1 (a) 所示此正反器有二個輸入端 (R、S) 與二個輸出端 (Q、$\overline{Q}$)。其中輸入 S 稱為設定 (Set)，輸入 R 稱為重置 (Reset) 或清除 (Clear)，而輸出 Q 與 $\overline{Q}$ 則相互反相。此正反器的工作真值表如表 8.1 (a)。

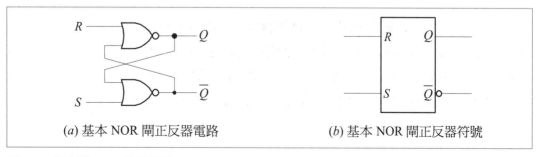

(a) 基本 NOR 閘正反器電路　　　　(b) 基本 NOR 閘正反器符號

圖 8.1　基本型 NOR 閘正反器

基本型 NAND 閘正反器

基本型 NAND 閘正反器是由二個交互藕合的 NAND 閘構成,如圖 8.2 (a) 所示此正反器有二個輸入端 ($\overline{S}$、$\overline{R}$) 與二個輸出端 (Q、$\overline{Q}$)。其中輸入 $\overline{S}$ 稱為設定 (Set),$\overline{R}$ 稱為重置 (Reset) 或清除 (Clear),而輸出 Q 與 $\overline{Q}$ 則相互反相。此正反器的工作真值表如表 8.1 (b)。

圖 8.1 (a) 與圖 8.2 (a) 的每一個閘輸出端都接回到相對閘的輸入端形成回饋 (Feed back),所以正反器每一次的輸入都與前一次的輸出有關,這就是序向邏輯的特色。圖 8.1 (b) 與圖 8.2 (b) 是基本型 NOR 閘正反器與基本型 NAND 閘正反器的邏輯符號。

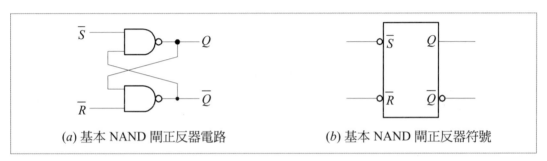

(a) 基本 NAND 閘正反器電路   (b) 基本 NAND 閘正反器符號

圖 8.2 基本型 NAND 閘正反器

▶表 8.1 基本正反器真值表

(a) NOR 閘正反器真值表

輸入		輸出	說明
R	S	Qn+1	
0	0	Qn	記憶
0	1	1	設定
1	0	0	清除
1	1	X	無效

(b) NAND 閘正反器真值表

輸入		輸出	說明
$\overline{S}$	$\overline{R}$	Qn+1	
1	1	Q_n	記憶
1	0	0	清除
0	1	1	設定
0	0	X	無效

表 8.1 (a) 是基本型 NOR 閘正反器真值表,由表中可看出 NOR 閘正反器是高電位動作的正反器。當 $R=0$、S (設定) $=1$ 時輸出 Q_{n+1} 被設定為 1。當 R (清除) $=1$、$S=0$ 時輸出 Q_{n+1} 被清除為 0。當 $R=0$、$S=0$ 時不設定也不清除,所以輸出 $Q_{n+1}=Q_n$ 為保留前次輸出狀態。$R=1$、$S=1$ 時輸出既設定也清除,所以 $Q_{n+1}=\overline{Q_n}$ 為無效的狀態。

表 8.1 (b) 是基本型 NAND 閘正反器真值表，由表中可看出 NAND 閘正反器是低電位動作的正反器，當 $\overline{S}$=1、$\overline{R}$ (清除)=0 時輸出 Q_{n+1} 被清除為 0，當 $\overline{S}$ (設定)=0、$\overline{R}$=1 時輸出 Q_{n+1} 被設定為 1，當 $\overline{S}$=1、$\overline{R}$=1 時不設定也不清除，所以輸出 $Q_{n+1}=Q_n$ 為保留前次輸出狀態，$\overline{S}$=0、$\overline{R}$=0 時輸出既設定也清除，所以 $Q_{n+1}=\overline{Q_n}$ 為無效的狀態。

例 8.1　分析圖 8.1 (a) NOR 閘正反器的動作，並證明表 8.1 (a) 成立。

證明

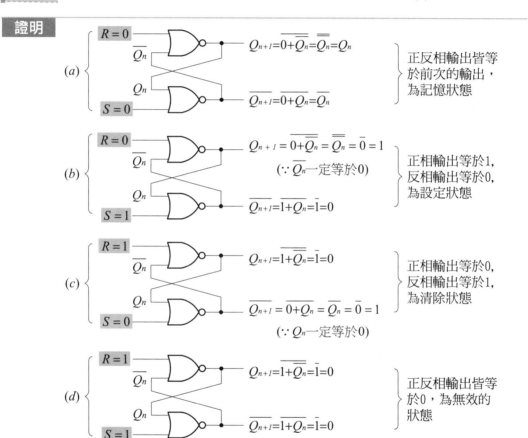

說明

1. 上述 (b) 項，雖然因為 R=0 則 $Q_1=\overline{0+\overline{Q_0}}=Q_0$，但因為 S=1 則 $\overline{Q_1}=\overline{1+Q_0}=1$，所以 $Q_2=\overline{0+\overline{Q_1}}=\overline{0+1}=0$，且此輸出狀態將一直保持到輸入狀態改變為止。

2. 上述 (c) 項，雖然因為 S=0 則 $\overline{Q_1}=\overline{0+Q_0}=\overline{Q_0}$，但因為 R=1 則 $Q_1=\overline{1+\overline{Q_0}}=1$，所以 $\overline{Q_2}=\overline{0+Q_1}=\overline{0+1}=0$，且此輸出狀態將一直保持到輸入狀態改變為止。

例 8.2　分析圖 8.2 (a) NAND 閘正反器的動作，證明表 8.1 (b) 成立。

證明

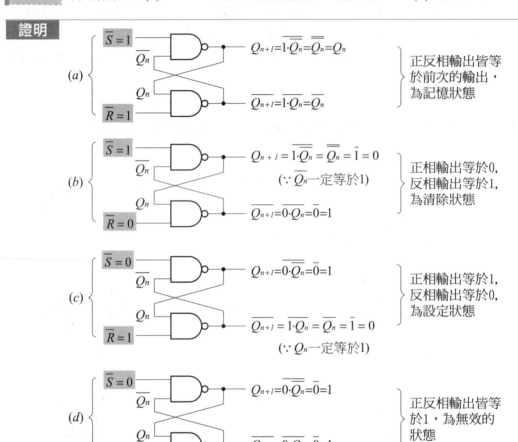

(a) 正反相輸出皆等於前次的輸出，為記憶狀態

(b) 正相輸出等於0，反相輸出等於1，為清除狀態

(c) 正相輸出等於1，反相輸出等於0，為設定狀態

(d) 正反相輸出皆等於1，為無效的狀態

說明

1. 上述 (b) 項，雖然因為 $\bar{S}=1$ 則 $Q_1 = \overline{1 \cdot \bar{Q_0}} = Q_0$，但因為 $\bar{R}=0$ 則 $\overline{Q_1} = \overline{0 \cdot Q_0} = 1$，所以 $Q_2 = \overline{1 \cdot \overline{Q_1}} = \overline{1 \cdot 1} = 0$，且此輸出狀態將一直保持到輸入狀態改變為止。

2. 上述 (c) 項，雖然因為 $\bar{R}=1$ 則 $\overline{Q_1} = \overline{1 \cdot Q_0} = \overline{Q_0}$，但因為 $\bar{S}=0$ 則 $Q_1 = \overline{0 \cdot \overline{Q_0}} = 1$，所以 $\overline{Q_2} = \overline{1 \cdot Q_1} = \overline{1 \cdot 1} = 0$，且此輸出狀態將一直保持到輸入狀態改變為止。

8-1-2　閘控型正反器

基本型正反器可作為記憶元件，例如，利用基本型 NOR 閘正反器記憶一個 0：先輸入 $R=1$、$S=0$ 則輸出 $Q=0$，再更改輸入 $R=0$、$S=0$ 則輸出 Q 將記憶前次的輸出狀態 0。同理，利用基本型 NOR 閘正反器記憶一個 1：先輸入 $R=0$、$S=1$ 則輸出 $Q=1$，再更改輸入 $R=0$、$S=0$ 則輸出 Q 將記憶前次的輸出狀態 1。

基本型正反器只能作個獨立的記憶元件，但若要與電路中其它元件配合，則正反器必須能夠接收控制信號，所以外加控制閘至基本正反器上，形成閘控型正反器 (Gate Flip-Flop)。如此便可在寫入資料至正反器的同時，由其它元件送出致能信號 EN 至正反器，以配合電路的整體運作。

閘控 S-R 正反器

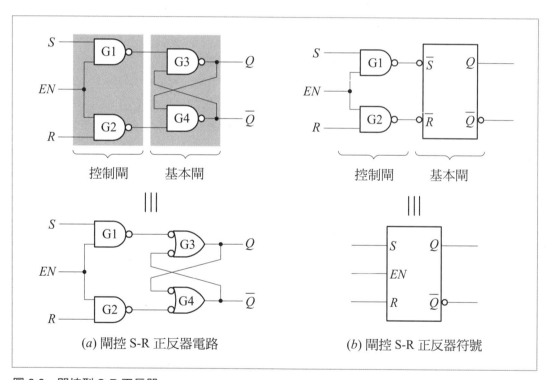

(a) 閘控 S-R 正反器電路　　(b) 閘控 S-R 正反器符號

圖 8.3　閘控型 S-R 正反器

圖 8.3 是閘控型 S-R 正反器的電路與符號，其中上圖的基本閘是基本型 NAND 閘正反器，在基本閘 (G3 與 G4) 的二個輸入端前，加上控制閘 (G1 與 G2) 而成閘控型 S-R 正反器，因為控制閘是由二個 NAND 閘組成，所以原本低電位動作的 NAND 閘正反器，再加上 NAND 控制閘而成為高電位動作的閘控型 S-R 正反器。下圖只是使用低電位動作 NAND 閘 (G3 與 G4) 來取代上圖高電位動作 NAND 閘 (G3 與 G4)。

表 8.2 是閘控型 S-R 正反器真值表，由表中得知當致能輸入 $EN=0$ 時，基本閘處於記憶狀態，而當致能輸入 $EN=1$ 時，控制閘與基本閘則成為高電位動作的 S-R 正反器。

▶表 8.2　閘控型 S-R 正反器真值表

輸入		致能	輸出		說明
S	R	EN	Q_{n+1}	$\overline{Q_{n+1}}$	
X	X	0	Q_n	$\overline{Q_n}$	記憶
0	0	1	Q_n	$\overline{Q_n}$	記憶
0	1	1	0	1	清除
1	0	1	1	0	設定
1	1	1	X	X	無效

閘控 J-K 正反器

圖 8.4 是閘控型 J-K 正反器的電路與符號，它是由閘控型 S-R 正反器改良而得，如圖將閘控型 S-R 正反器的輸出分別回饋到相對的控制閘上，Q 回饋到 G1 上，$\overline{Q}$ 回饋到 G2 上，而成為閘控型 J-K 正反器。

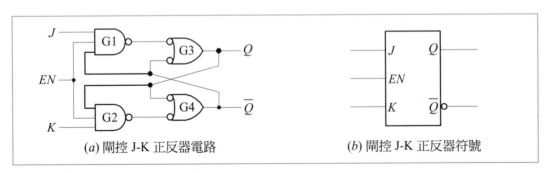

(a) 閘控 J-K 正反器電路　　　　　(b) 閘控 J-K 正反器符號

圖 8.4　閘控型 J-K 正反器

　　表 8.3 是閘控型 J-K 正反器真值表，由表中得知當致能輸入 EN=0 時，基本閘處於記憶狀態，而當致能輸入 EN=1 時，控制閘與基本閘則成為高電位動作的 J-K 正反器。改良後的 J-K 正反器使得 S=1、R=1 不再是無效的輸入，而是切換 (Toggle) 狀態 (Q_n=1 則 Q_{n+1}=0，或 Q_n=0 則 Q_{n+1}=1)。

▶表 8.3　閘控型 J-K 正反器真值表

輸入		致能	輸出		説明
J	K	EN	Qn+1	$\overline{Q_{n+1}}$	
X	X	0	Q_n	$\overline{Q_n}$	記憶
0	0	1	Q_n	$\overline{Q_n}$	記憶
0	1	1	0	1	清除
1	0	1	1	0	設定
1	1	1	$\overline{Q_n}$	Q_n	切換

閘控 D 型正反器

　　圖 8.5 是閘控 D 型正反器的電路與符號，它也是由閘控型 S-R 正反器改良而得，如圖將閘控型 S-R 正反器的 S 輸入經過反向器後接到 R 輸入上，而成為閘控 D 型正反器。

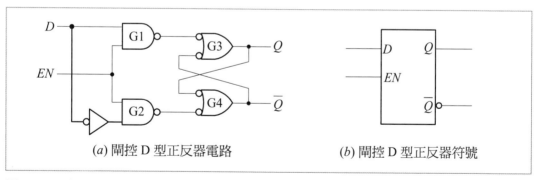

(a) 閘控 D 型正反器電路　　　　　(b) 閘控 D 型正反器符號

圖 8.5　閘控 D 型正反器

　　表 8.4 是閘控型 D 型正反器真值表，由表中得知當致能輸入 EN=0 時，基本閘處於記憶狀態，而當致能輸入 EN=1 時，D 型正反器的輸出等於輸入。例如，EN=1、D=0 則 Q_{n+1}=0，EN=1、D=1 則 Q_{n+1}=1。所以 D 型正反器相當於延遲 (Delay) 緩衝器。

▶表 8.4 閘控 D 型正反器真值表

輸入	致能	輸出		說明
D	**EN**	**Qn+1**	$\overline{Q_{n+1}}$	
X	0	Q_n	$\overline{Q_n}$	記憶
0	1	0	1	清除
1	1	1	0	設定

閘控 T 型正反器

圖 8.6 是閘控 T 型正反器的電路與符號，它也是由閘控型 J-K 正反器改良而得，如圖將閘控型 J-K 正反器的 J 輸入與 K 輸入接在一起，而成為閘控 T 型正反器，所以閘控 T 型正反器可視為單一輸入的閘控 J-K 正反器。

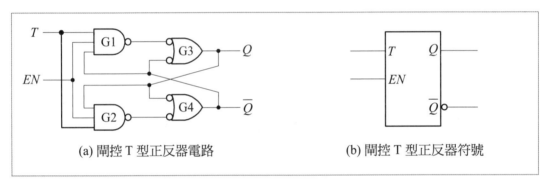

(a) 閘控 T 型正反器電路　　　　(b) 閘控 T 型正反器符號

圖 8.6　閘控 T 型正反器

表 8.5 是閘控型 T 型正反器真值表，由表中得知當致能輸入 $EN=0$ 時，基本閘處於記憶狀態，而當致能輸入 $EN=1$ 時，$T=0$ 則 $Q_{n+1}=Q_n$ 也是記憶狀態，$T=1$ 則 $Q_{n+1}=\overline{Q_n}$ 則是切換 (Toggle) 狀態。

▶表 8.5　閘控 T 型正反器真值表

輸入	致能	輸出		說明
T	**EN**	**Qn+1**	$\overline{Q_{n+1}}$	
X	0	Q_n	$\overline{Q_n}$	記憶
0	1	Q_n	$\overline{Q_n}$	記憶
1	1	$\overline{Q_n}$	Q_n	切換

　　由於 T 型正反器是令 J-K 正反器的二個輸入端 J=K，所以以下的討論，僅以 S-R、J-K、D 型三種正反器為主，不再單獨討論 T 型正反器。

8-1-3 　預設/清除型正反器

　　雖然閘控型正反器已經提供致能輸入 EN，可以配合電路中其它元件的工作，但卻無法在電源開啟時，設定或清除正反器的值。也就是閘控型正反器無法在電源開啟同時設定正反器的初值，而必須等電路工作後在依次對各個正反器寫入儲存值。

　　預設與清除型正反器 (PRE/CLR FF) 正可解決上述問題，在電源開啟的同時設定正反器的初值。圖 8.7 是預設與清除型 J-K 正反器為例，其它三種正反器皆可以相同原理，增加預設與清除輸入端，而成為預設與清除型正反器。而且 8-2 節邊緣觸發正反器與 8-3 節主僕正反器，也都可以相同的原理增加預設與清除輸入端，而成為預設與清除型正反器。

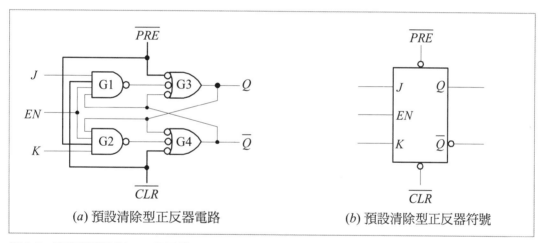

(a) 預設清除型正反器電路　　　　　　(b) 預設清除型正反器符號

圖 8.7　預設與清除型 J-K 正反器

　　如圖 8.7 (a) 電路圖所示，在 J-K 正反器 G1 與 G3 上增加輸入端 $\overline{PRE}$ (Preset)，而在 G2 與 G4 上增加輸入端 $\overline{CLR}$ (Clear)，如此便可達到預設與清除正反器的效果。

　　表 8.6 是預設與清除型正反器真值表，由表中得知當 $\overline{CLR}$=0、$\overline{PRE}$=0 或 $\overline{CLR}$=0、$\overline{PRE}$=1 時，可清除輸出為 0。當 $\overline{CLR}$=1、$\overline{PRE}$=0 時，可預設輸出為 1。當 $\overline{CLR}$=1、$\overline{PRE}$=1 時，則正反器可正常工作。

▶表 8.6　預置與清除型 J-K 正反器真值表

預設與清除		輸入		致能	輸出		說明
$\overline{CLR}$	$\overline{PRE}$	J	K	EN	Qn+1	$\overline{Q_{n+1}}$	
0	0	X	X	X	0	1	清除輸出為 0
0	1	X	X	X	0	1	清除輸出為 0
1	0	X	X	X	1	0	預設輸出為 1
1	1	0	0	1	Q_n	$\overline{Q_n}$	正反器正常工作
1	1	0	1	1	0	1	正反器正常工作
1	1	1	0	1	1	0	正反器正常工作
1	1	1	1	1	$\overline{Q_n}$	Q_n	正反器正常工作

表 8.6 中 $\overline{CLR}$ =1、 $\overline{PRE}$ =1 時正反器正常工作，所以將此部份改為 S-R、D 型、T 型正反器的真值表，則成為預設與清除型 S-R、D 型、T 型正反器。

8-2 正反器的觸發

8-2-1 正反器觸發原理

數位系統可分同步 (Synchronously) 與非同步 (Asynchronously) 工作模式。在同步模式下，邏輯電路必須配合時脈 (Clock) 信號的觸發，且只有在時脈信號觸發時改變輸出狀態，所以輸出狀態將由每次觸發後持續到下一次觸發前。

在非同步工作模式下，邏輯電路可以在任何時間改變輸出信號，例如 8-1-4 節討論的預設與清除型正反器，它可在電源開啟時即啟始正反器的初值，也可在任意時間改變正反器的輸出值。

時脈 (Clock) 是由固定週期的方波或脈波所形成，而時脈信號產生位準改變時稱為轉換 (Transition) 或邊緣 (Edge)。如圖 8.8 所示，位準由 0 變 1 稱為正向轉換 (Positive-going transition) 或正緣 (Positive Edge)，位準由 1 變 0 稱為負向轉換 (Negative-going transition) 或負緣 (Negative Edge)。

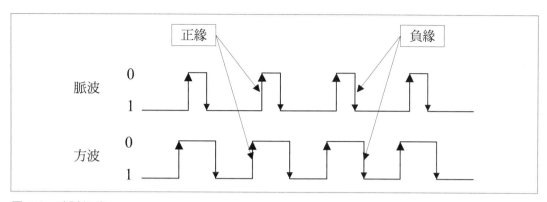

圖 8.8 時脈信號

正緣觸發 (Positive Edge Trigger) 表示在時脈信號正向轉換時 (信號正緣) 對輸入信號取樣，而負緣觸發 (Negative Edge Trigger) 表示在時脈信號負向轉換時 (信號負緣) 對輸入信號取樣。

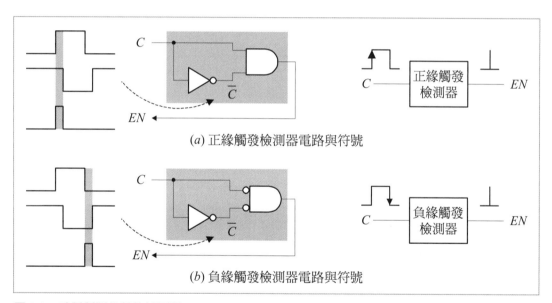

圖 8.9 時脈對脈衝轉換檢測器

時脈轉換脈衝檢測器 (Clock to Pulse Detector) 是將脈波或方波轉換成幾個 ns (毫微秒) 的脈衝波，例如在時脈正向轉換 (正緣) 時轉換成脈衝波，或在時脈負向轉換 (負緣) 時轉換成脈衝波，如圖 8.9 輸入與輸出波形所示。

8-2-2　邊緣觸發正反器

　　邊緣觸發是在時脈信號正緣 (正向轉換) 或負緣 (負向轉換) 時，對輸入信號取樣來決定整個週期的輸出狀態。邊緣觸發正反器則是將時脈信號經邊緣觸發檢測器轉換成脈衝波，再輸入到閘控正反器的致能 (EN) 輸入端，所以只有在脈衝波產生時才產生正反器致能，也只有在輸入致能時才對輸入信號取樣，並決定整個週期的輸出狀態。

　　由於脈衝波只有幾個 ns (毫微秒)，所以脈衝波對正反器致能時，輸入信號的取樣只是瞬間而已，因此輸入信號必須在有效的觸發產生前保持在正確的位準，且輸入信號必須在有效的觸發產生時仍保持在正確的位準直到觸發完成。換句話說，**輸入信號不能在觸發過程中改變位準，否則取樣的位準不確定，將造成輸出狀態不確定。**

邊緣觸發 S-R 正反器

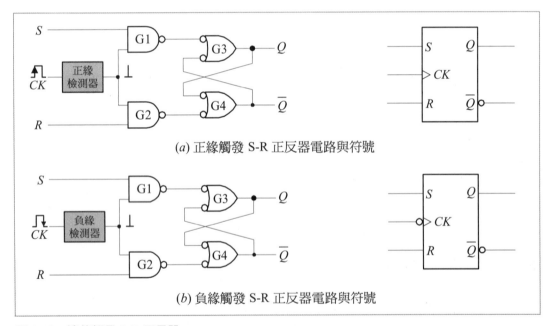

(a) 正緣觸發 S-R 正反器電路與符號

(b) 負緣觸發 S-R 正反器電路與符號

圖 8.10　邊緣觸發 S-R 正反器

　　邊緣觸發 S-R 正反器如圖 8.10 左圖，是在閘控 S-R 正反器的 EN 輸入端前，加上正緣觸發檢測器或負緣觸發檢測器。而邊緣觸發 S-R 正反器符號則如圖 8.10 右圖，其中三角形 (▷) 符號表示時脈邊緣觸發，若為負緣觸發則在輸入端前再加上小圓圈 (○)，而變數 CK 表示時脈 (Clock) 輸入。

例 8.3 正緣觸發 S-R 型正反器的輸入波形如下，求輸出波形 Q。

波形

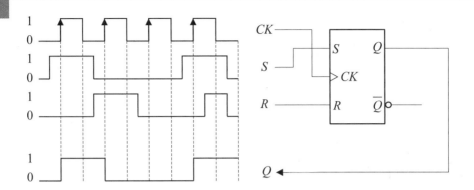

說明 1. 由上右圖得知，這是一個正緣觸發 S-R 正反器，所以當時脈 (Clock) 輸入端 *CK* 由 0 變 1 時，所取得的 *S*、*R* 輸入值並配合表 8.2 S-R 正反器真值表，來決定整個週期 *Q* 的輸出。

2. 由時序圖得知，第一個時脈正緣時 $S=1$、$R=0$ 則設定整個週期的 $Q=1$。第二個時脈正緣時 $S=0$、$R=1$ 則清除整個週期的 $Q=0$。第三個時脈正緣時 $S=0$、$R=0$ 則記憶整個週期的 *Q* 保持原來狀態 0。第四個時脈正緣時 $S=1$、$R=0$ 則設定整個週期的 $Q=1$。

邊緣觸發 J-K 正反器

邊緣觸發 J-K 正反器如圖 8.11 左圖，是在閘控 J-K 正反器的 *EN* 輸入端前，加上正緣觸發檢測器或負緣觸發檢測器。而邊緣觸發 J-K 正反器符號則如圖 8.11 右圖，其中三角形 (▷) 符號表示時脈邊緣觸發，若為負緣觸發則在輸入端前再加上小圓圈 (○)，而變數 *CK* 表示時脈 (Clock) 輸入。

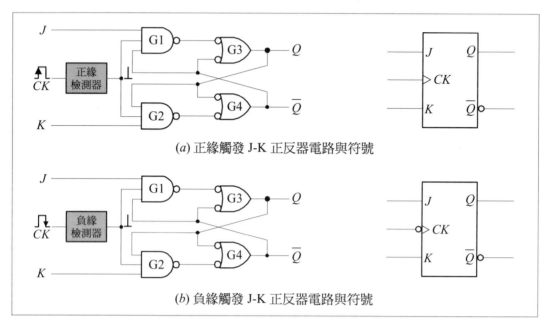

(a) 正緣觸發 J-K 正反器電路與符號

(b) 負緣觸發 J-K 正反器電路與符號

圖 8.11　邊緣觸發 J-K 正反器

例 8.4　負緣觸發 J-K 型正反器的輸入波形如下，求輸出波形 Q。

波形

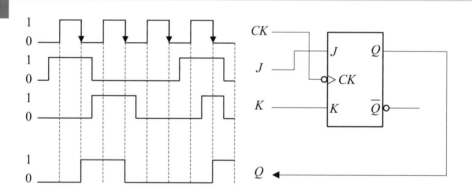

說明

1. 由上右圖得知，這是一個負緣觸發 J-K 正反器，所以當時脈 (Clock) 輸入端 CK 由 1 變 0 時，所取得的 J、K 輸入值並配合表 8.3　J-K 正反器真值表，來決定整個週期 Q 的輸出。

2. 由時序圖得知，第一個時脈負緣時 J=1、K=0 則設定整個週期的 Q=1。第二個時脈負緣時 J=0、K=1 則清除整個週期的 Q=0。第三個時脈負緣時 J=0、K=0 則記憶整個週期的 Q 保持原來狀態 0。第四個時脈負緣時 J=1、K=1 則設切換整個週期的 Q=1。

邊緣觸發 D 型正反器

　　邊緣觸發 D 型正反器符號則如圖 8.12，其中三角形 (▷) 符號表示時脈邊緣觸發，若為負緣觸發則在輸入端前再加上小圓圈 (○)，而變數 *CK* 表示時脈 (Clock) 輸入。

　　　　　　(*a*) 正緣觸發 D 型正反器符號　　　　　　　　(*b*) 負緣觸發 D 型正反器符號

圖 8.12　邊緣觸發 D 型正反器

例 8.4　正緣觸發 D 型正反器的輸入波形如下，求輸出波形 Q。

波形

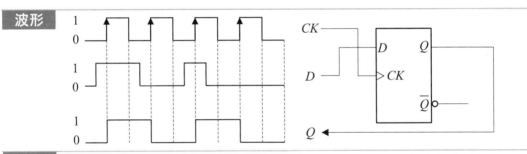

說明
1. 由上右圖得知，這是一個正緣觸發 D 型正反器，所以當時脈 (Clock) 輸入端 *CK* 由 0 變 1 時，取得的 *D* 輸入值並配合表 8.4 D 型正反器真值表，來決定整個週期 *Q* 的輸出。

2. 由時序圖得知，第一個時脈正緣時 *D*=1 則整個週期的 *Q*=1。第二個時脈正緣時 *D*=0 則整個週期的 *Q*=0。第三個時脈正緣時 *D*=1 則整個週期的 *Q*=1。第四個時脈正緣時 *D*=0 則整個週期的 *Q*=0。

預設清除型正反器

在邊緣觸發正反器加上預設 ($\overline{PRE}$) 與清除 ($\overline{CLR}$) 輸入端，使得邊緣觸發正反器成為同步 (邊緣觸發) 與非同步 (預設/清除) 共用的正反器。圖 8.13 是具有預設與清除的邊緣觸發正反器符號，其中圖上半部是正緣觸發正反器符號，圖下半部是負緣觸發正反器符號。

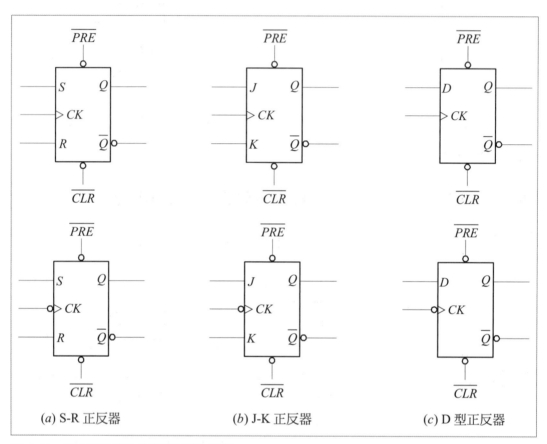

圖 8.13　具有預設清除的邊緣觸發正反器

邊緣觸發正反器 IC

IC 7474 與 IC4013B 是二組具有預設與清除的正緣觸發 D 型正反器。IC 74LS76 與 IC 74112 是二組具有預設與清除的負緣觸發 J-K 正反器。

8-2-3 脈衝觸發主僕正反器

脈衝觸發是在時脈信號等於 1 (正脈衝) 或 0 (負脈衝) 時，對輸入信號取樣來決定整個週期的輸出狀態。正脈衝觸發主僕正反器是在正脈衝時觸發主正反器，並對主正反器輸入信號取樣以決定主正反器的輸出狀態，而在負脈衝時觸發僕正反器，並對僕正反器輸入信號取樣以決定僕正反器的輸出狀態。負脈衝觸發主僕正反器是在負脈衝時觸發主正反器，並對主正反器輸入信號取樣以決定主正反器的輸出狀態，而在正脈衝時觸發僕正反器，並對僕正反器輸入信號取樣以決定僕正反器的輸出狀態。

由於主僕正反器的取樣時間太長，所以發展出邊緣觸發正反器後，主僕正反器已漸漸的喪失其重要性。

S-R 主僕正反器

S-R 主僕正反器電路與符號如圖 8.14，主正反器與僕正反器皆為 S-R 正反器，但主正反器與僕正反器有二點不同：(1) 主正反器與僕正反器是由相反的時脈脈衝來觸發，(2) 主正反器的輸出 (Q、$\overline{Q}$) 接到僕正反器的 (S、R) 所以僕正反器只是 D 型正反器。時脈輸入端 (CK) 前面若加上小圓圈 (O)，表示主正反器在時脈脈衝反相時觸發，僕正反器在時脈脈衝正相時觸發。

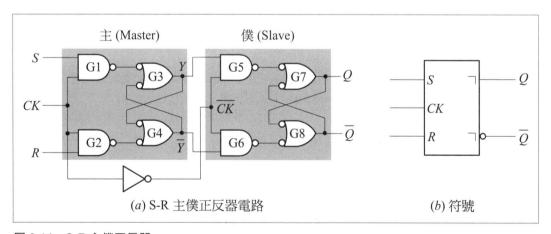

(a) S-R 主僕正反器電路　　　　　　(b) 符號

圖 8.14　S-R 主僕正反器

假設主僕正反器在時脈脈衝為正相時，主正反器對輸入 S、R 取樣並由 G3 與 G4 輸出 Y、$\overline{Y}$，而在時脈脈衝為反相時，僕正反器對輸入 Y、$\overline{Y}$ 取樣並由 G7 與 G8 輸出 Q、$\overline{Q}$，且因為僕正反器等於 D 型正反器所以 $Q=Y$、$\overline{Q}=\overline{Y}$。

例 8.6 S-R 主僕正反器的輸入波形如下，求主與僕的輸出波形 Y 與 Q。

波形

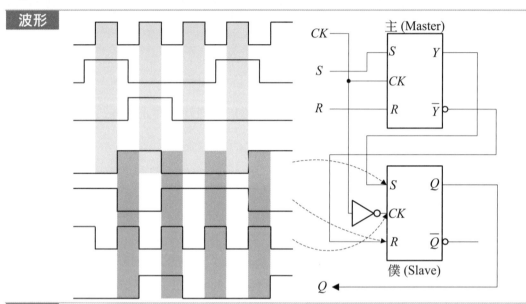

說明
1. 右上邏輯圖顯示，這是一個高位準觸發 S-R 主僕正反器，所以當時脈 (Clock) 輸入端 CK 等於 1 時，取得的主正反器 S、R 輸入值並決定 Y 的輸出。而當時脈 (Clock) 輸入端 CK 等於 0 時，取得的僕正反器 S、R 輸入值並決定 Q 的輸出。

2. 左上時序圖顯示，上半部為主正反器的輸入與輸出時序圖，而下半部則是僕正反器的輸入與輸出時序圖。僕正反器的輸入 S 與 R 就是主正反器的輸出 Y 與 $\overline{Y}$，僕正反器的 CK 則是主正反器的 CK 反相，但僕正反器仍是高位準觸發。

J-K 主僕正反器

J-K 主僕正反器電路與符號如圖 8.15，主正反器為 J-K 正反器，僕正反器為 D 型正反器。時脈輸入端 (CK) 前面若加上小圓圈 (O)，表示主正反器在時脈脈衝反相時觸發，僕正反器在時脈脈衝正相時觸發。

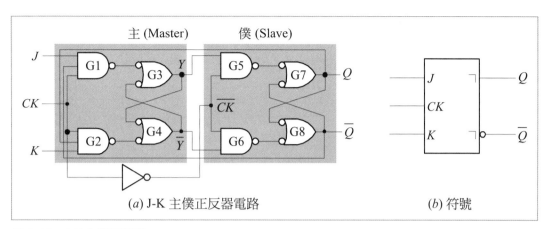

(a) J-K 主僕正反器電路　　　　(b) 符號

圖 8.15　J-K 主僕正反器

例 8.7　J-K 主僕正反器的輸入波形如下，求主與僕的輸出波形 Y 與 Q。

波形

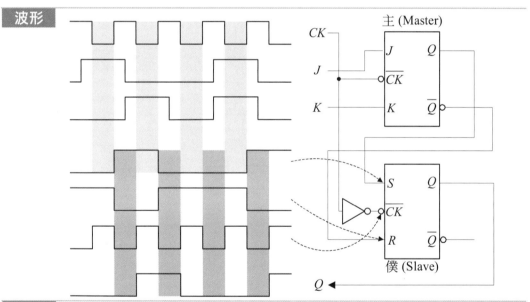

說明

1. 右上邏輯圖顯示，這是一個低位準觸發 J-K 主僕正反器，所以當時脈 (Clock) 輸入端 CK 等於 0 時，取得的主正反器 J、K 輸入值並決定 Y 的輸出。而當時脈 (Clock) 輸入端 CK 等於 1 時，取得的僕正反器 S、R 輸入值並決定 Q 的輸出。

2. 左上時序圖顯示，上半部為主正反器的輸入與輸出時序圖，而下半部則是僕正反器的輸入與輸出時序圖。僕正反器的輸入 S 與 R 就是主正反器的輸出 Y 與 Ȳ，僕正反器的 CK 則是主正反器的 CK 反相，但僕正反器仍是低位準觸發。

假設主僕正反器在時脈脈衝為正相時,對輸入 J、K 取樣並由 G3 與 G4 輸出 Y、$\overline{Y}$,而在時脈脈衝為反相時,對輸入 Y、$\overline{Y}$ 取樣並由 G7 與 G8 輸出 Q、$\overline{Q}$,且因為僕正反器等於 D 型正反器所以 $Q=Y$、$\overline{Q}=\overline{Y}$。

D 型主僕正反器

D 型主僕正反器電路與符號如圖 8.16,主正反器為 D 型正反器,僕正反器也是 D 型正反器。時脈輸入端 (CK) 前面若加上小圓圈 (O),表示主正反器在時脈脈衝反相時觸發,僕正反器在時脈脈衝正相時觸發。

假設主僕正反器在時脈脈衝為正相時,對輸入 D 取樣並由 G3 與 G4 輸出 Y、$\overline{Y}$,而在時脈脈衝為反相時,對輸入 Y、$\overline{Y}$ 取樣並由 G7 與 G8 輸出 Q、$\overline{Q}$,且因為僕正反器等於 D 型正反器所以 $Q=Y$、$\overline{Q}=\overline{Y}$。

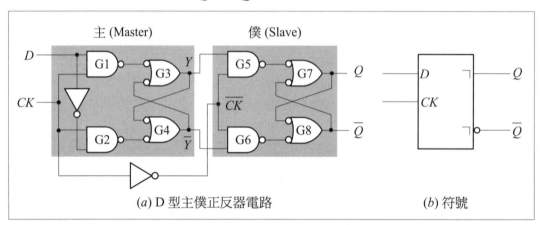

(a) D 型主僕正反器電路　　　　(b) 符號

圖 8.16　D 型主僕正反器

預設清除型正反器

在脈衝觸發主僕正反器加上預設 ($\overline{PRE}$) 與清除 ($\overline{CLR}$) 輸入端,使得脈衝觸發主僕正反器成為同步 (邊緣觸發) 與非同步 (預設/清除) 共用的正反器。圖 8.17 是具有預設與清除的主僕正反器符號,其中圖上半部為高位準觸發主僕正反器符號,下半部為低位準觸發主僕正反器符號。

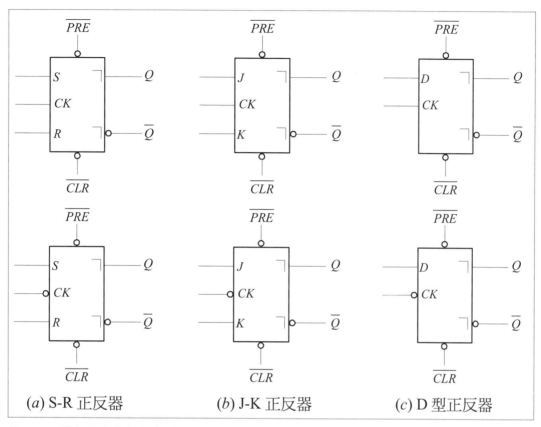

圖 8.17　具有預設清除的脈衝觸發主僕正反器

脈衝觸發主僕正反器 IC

　　IC 7473 與 IC 7476 就是二組具有預設與清除的低位準觸發 J-K 主僕正反器積體電路。

8-2-4　資料鎖定式主僕正反器

　　由於脈衝觸發主僕正反器對於輸入信號的取樣時間太長，在取樣時間內可能出現輸入位準改變，而造成取樣不正確。資料鎖定式主僕正反器是用來改進時脈觸發式主僕正反器的缺點，它是將邊緣觸發的原理應用在主僕正反器中。也就是在主正反器利用邊緣觸發原理縮短輸入信號取樣時間，而僕正反器仍保留時脈觸發方式以產生延遲輸出的功能。圖 8.18 是具有預設與清除的觸發資料鎖定式主僕正反器符號，其中圖上半部是正緣觸發資料鎖定式主僕正反器符號，圖下半部是負緣觸發資料鎖定式主僕正反器符號。

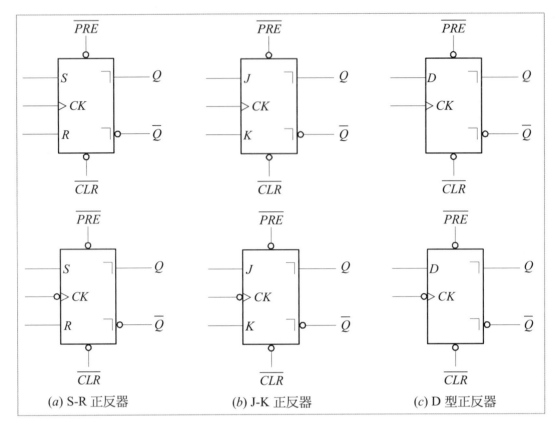

圖 8.18　具有預設與清除的資料鎖定主僕正反器

資料鎖定主僕正反器 IC

IC 74111 就是二組具有資料鎖定功能的 J-K 主僕正反器積體電路。

8-3 正反器工作特性

在正反器的應用上，必須瞭解正反器的基本特性，才可使電路中的正反器正常工作，而 IC 資料手冊上也都會提供這些特性參數。

傳輸延遲時間

傳遞延遲 (Propagation Delay) 是指對輸入信號取樣開始到輸出轉換所需的時間，也可以說是從觸發開始到輸出轉換所需的時間。包含邊緣觸發、時脈觸發、與非同步預設與清除的觸發。

● t_{PHL}：是輸出信號由高位準變成低位準時，輸入信號與輸出信號二個對應的參考點的延遲時間。

- t_{PLH}：是輸出信號由低位準變成高位準時，輸入信號與輸出信號二個對應的參考點的延遲時間。

圖 8.19 是以時脈 (CK) 與輸出信號 (Q) 來說明傳遞延遲時間，其中傳遞延遲的參考點為位準上昇或位準下降的 50% 位置。

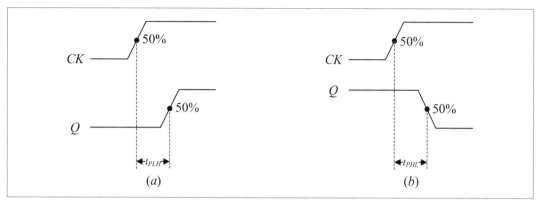

圖 8.19　時脈與輸出信號的傳遞延遲

建立與保持時間

建立時間 (Setup Times) 是指為了在時脈觸發時能正確的取得輸入的狀態，所以輸入信號 (S 與 R、J 與 K、或 D) 在時脈觸發前保持不變的最短時間稱為建立時間。

保持時間 (Hold Times) 是指為了在時脈觸發時輸入狀態能正確進入正反器，所以輸入信號 (S 與 R、J 與 K、或 D) 在時脈觸發後保持不變的最短時間稱為保持時間。

圖 8.20 是以時脈 (CK) 與輸入信號 (D) 來說明建立時間與保持時間，其中建立時間與保持時間的參考點為位準上昇或位準下降的 50% 位置。

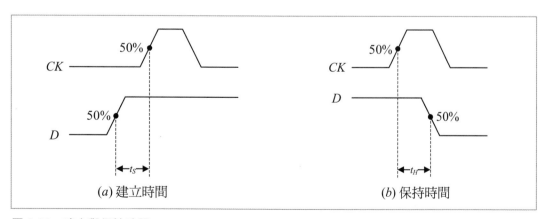

圖 8.20　建立與保持時間

最大時脈頻率

最大時脈頻率 (Maximum Clocking Frequency；f_{MAX}) 是指能使正反器準確觸發的最大頻率。例如，f_{MAX}=20MHz 表示時脈 (CK) 在 20MHz 以下正反器可以正確觸發，而時脈 (CK) 大於 20MHz 以上則無法保證正反器能正確觸發。

脈衝波寬

脈衝波寬 (Pulse Width；t_W) 是為了使正反器能正確的觸發，或為了使正反器的預設與清除能正確的進行，製造商會指明時脈 (CK)、預設 ($\overline{PRE}$)、與清除 ($\overline{CLR}$) 輸入信號所需保持的最短時間。

其它特性

第三章曾經討論過的扇出數、輸入電壓、輸出電壓、雜訊容限等，與邏輯閘有關的特性皆適用於正反器。

正反器特性比較

表 8.7 列出本章提過 TTL 正反器與 CMOS 正反器的其工作參數。

▶表 8.7　正反器工作參數的比較

特性參數	TTL				CMOS	
單位 ns	7473	7474	74LS76	74111	4013B	74HC112
tPHL (CK to Q)	40	40	20	30	200	32
tPLH (CK to Q)	40	25	20	17	200	32
tPHL ($\overline{CLR}$ to Q)	40	40	20	30	225	39
tPHL ($\overline{PRE}$ to Q)	40	25	20	18	225	39
tS (Setup)	0	20	20	0	60	25
tH (Hold)	0	5	0	30	0	0
tW (CK HI)	20	30	20	25	100	20
tW (CK LO)	47	37	-	25	100	-
tW ($\overline{CLR}/\overline{PRE}$)	25	30	25	25	60	20
fMAX (MHz)	15	15	30	20	5	21

8-4 振盪器

8-4-1 單穩態多諧振盪器

單穩態多諧振盪器 (Monostable multivibrator) 又稱單擊器 (one-shot)。因它只有一個穩定的輸出狀態，因此被觸發後由穩態轉變成非穩態，且在非穩態保持一段時間 (隨 R、C 充電時間常數而定) 再自動回到穩態。圖 8.21 是一種簡單的單擊器電路，圖 (a) 顯示觸發後單擊器由穩態轉變為非穩態，圖 (b) 顯示 RC 充電後單擊器由漸漸回復到穩態。圖 8.22 是單擊器輸入與輸出波形對應圖，圖 8.23 則是單擊器邏輯符號。

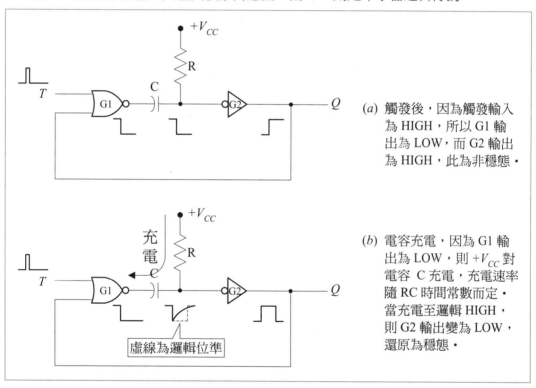

(a) 觸發後，因為觸發輸入為 HIGH，所以 G1 輸出為 LOW，而 G2 輸出為 HIGH，此為非穩態。

(b) 電容充電，因為 G1 輸出為 LOW，則 $+V_{CC}$ 對電容 C 充電，充電速率隨 RC 時間常數而定。當充電至邏輯 HIGH，則 G2 輸出變為 LOW，還原為穩態。

圖 8.21　單擊器電路

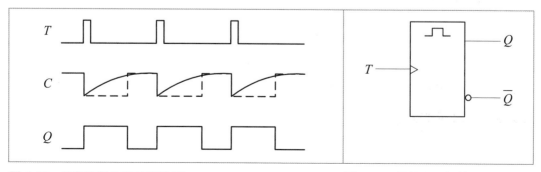

圖 8.22　單擊器輸入與輸出波形　　圖 8.23　單擊器邏輯符號

不可重複觸發單擊器

不可重複觸發單擊器 (non-retriggerable one-shot) 是被觸發轉變成非穩態之後，且在未回復到穩態之前，不會對任何觸發信號有所反應。如圖 8.24 T_1 觸發信號都是在穩態時觸發，而使輸出轉變成非穩態。而 T_2 觸發信號中在穩態時觸發會使輸出轉變成非穩態，而在非穩態時觸發則不影響其輸出。

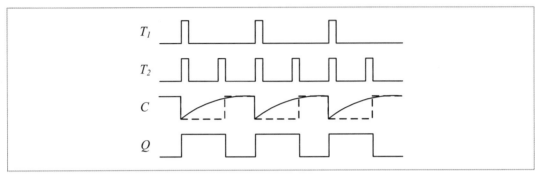

圖 8.24　不可重複觸發單擊器波形

圖 8.25 是 IC 74121 不可觸發單擊器的傳統符號與新型符號。注意！其內部 NAND-AND 邏輯允許 A_1、A_2、B 以不同組合方式來觸發。R_{INT}、R_{EXT}、C_{EXT} 是提供使用外接電阻 (R) 與電容 (C) 來調整輸出脈波寬度。資料手冊提供的 t_W 計算公式如下：

$$t_W = 0.7 \cdot R_{EXT} \cdot C_{EXT}$$

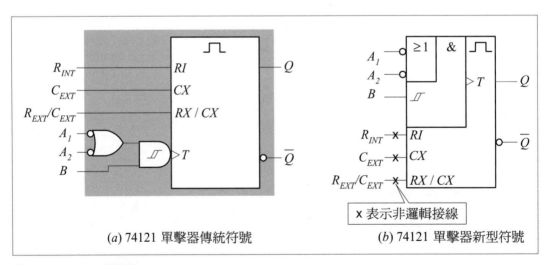

圖 8.25　74121 單擊器

可重複觸發單擊器

可重複觸發單擊器 (retriggerable one-shot) 是被觸發轉變成非穩態之後，且在未回復到穩態之前，可以再被觸發以延長非穩態時間。如圖 8.26 T_1 觸發信號都是在穩態時觸發，而使輸出轉變成非穩態。而 T_2 觸發信號中在穩態或非穩態時觸發都會使輸出轉變成非穩態或延長非穩態時間。

圖 8.27 是 IC 74122 不可觸發單擊器的傳統符號與新型符號。注意！其內部 NAND-AND 邏輯允許 A_1、A_2、B_1、B_2、$\overline{CLR}$ 以不同組合方式來觸發。R_{INT}、R_{EXT}、C_{EXT}是提供使用外接電阻 (R) 與電容 (C) 來調整輸出脈波寬度，資料手冊提供的 t_W計算公式如下：

$$t_W = 0.32 \cdot R_{EXT} \cdot C_{EXT}(1 + \frac{0.7}{R_{EXT}}) \qquad 74122$$

$$t_W = 0.45 \cdot R_{EXT} \cdot C_{EXT} \qquad\qquad 74LS122$$

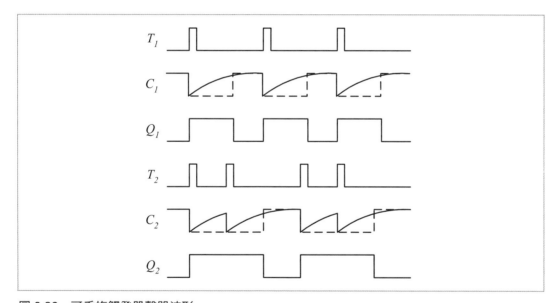

圖 8.26　可重複觸發單擊器波形

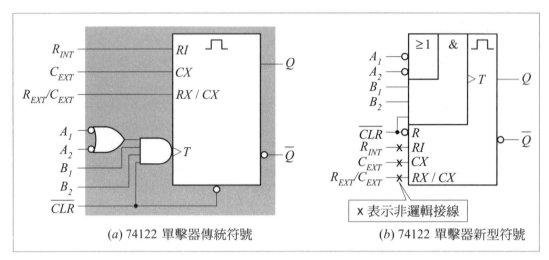

圖 8.27　74122 單擊器

例 8.8 欲使用 74LS122 產生的 tW=1μs，假設 CEXT=470pF 求 REXT=?。

解答

$t_W = 0.45 \cdot R_{EXT} \cdot C_{EXT}$

$1\mu s = 0.45 \times R_{EXT} \times 470pF$

$$R_{EXT} = \frac{1\mu s}{0.45 \times 470pF}$$

$$= \frac{1}{0.45 \times 470} \times \frac{10^{-6}}{10^{-12}}\Omega$$

$$= 0.0047 \times 10^{6}\Omega$$

$$= 4.7K\Omega$$

8-4-2　雙穩態多諧振盪器

正反器 (Flip-Flop；FF) 又稱為閂鎖 (Latch) 或稱為雙穩態多諧振盪器 (Bistable multivibrator)。因正反器具有記憶的功能與資料鎖定功能故稱為閂鎖，因它具有二種穩定狀態的振盪功能而稱為雙穩態多諧振盪器。我們習慣稱它為正反器，但別因此忽略它的記憶、資料鎖定、與振盪器的功能。

8-4-3　無穩態多諧振盪器

無穩態多諧振盪器(Astable multivibrator)為自動運轉振盪器，且其來回振盪在觸發位準與臨界位準之間 (例如，$\frac{1}{3}Vcc$ 到 $\frac{2}{3}Vcc$ 之間)，因此稱為無穩態多諧振盪器。在序向邏輯電路中，可利用此振盪器來產生電路所須的時脈信號。

　　555 計時器可應用在單穩態多諧振盪器與無穩態多諧振盪器的積體電路。圖 8.28(a) 是 555 內部結構圖，圖 8.28(b) 則是利用 555 連接而成的無穩態多諧振盪器電路。

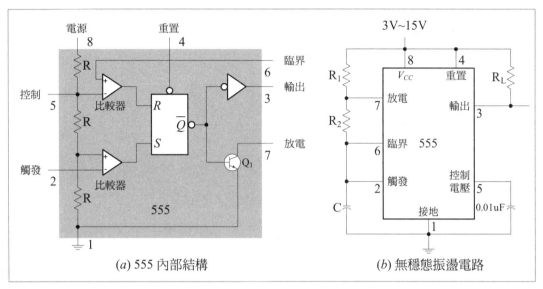

圖 8.28　555 計時器與無穩態振盪電路

圖 8.28 (b) 電路分析如下：

1.　二個比較器的輸入端，第 2 腳 (觸發輸入) 與第 6 腳 (臨界輸入) 被接在一起，且連接在電容 C 上。

2.　剛開啟電源時，第 2 腳以低電位觸發，使第 3 腳輸出高電位。

3.　當電源經電阻 R_1+R_2 對電容 C 充電，經 t_H 時間後電容電壓 $V_C=\frac{2}{3}Vcc$，於是第 6 腳動作，使第 3 腳輸出低電位。

4.　因為 555 內部 FF 輸出 $\overline{Q}$ 為高電位，而使內部電晶體導通，於是電容 C 經 R_2 與第 7 腳的電晶體放電，經過 t_L 時間後電容電壓 $V_C=\frac{1}{3}Vcc$，於是第 2 腳動作，使第 3 腳再輸出高電位。

5.　利用 555 組成無穩態振盪電路的輸入與輸出波形如圖 8.29 顯示。

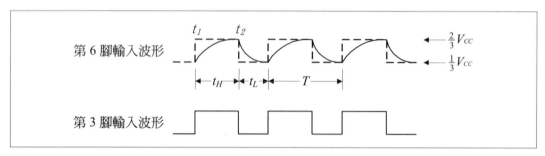

圖 8.29　無穩態波形

計算充電時間 t_H 值

充電是一對數函數圖，所以由 $\frac{1}{3}Vcc$ 充到 $\frac{2}{3}Vcc$ 所需的時間計算如下：

$$t_1 = (R_1 + R_2) \cdot C \cdot \ln \frac{Vcc}{Vcc - \frac{1}{3}Vcc} = (R_1 + R_2) \cdot C \cdot \ln \frac{3}{2}$$

$$t_2 = (R_1 + R_2) \cdot C \cdot \ln \frac{Vcc}{Vcc - \frac{1}{3}Vcc} = (R_1 + R_2) \cdot C \cdot \ln 3$$

$$t_H = t_2 - t_1$$

$$= (R_1 + R_2) \cdot C \cdot \ln \frac{Vcc}{Vcc - \frac{1}{3}Vcc} = (R_1 + R_2) \cdot C \cdot (\ln 3 - \ln \frac{3}{2})$$

$$(R_1 + R_2) \cdot C \cdot \ln 2$$

$$= 0.693 \cdot (R_1 + R_2) \cdot C$$

計算放電時間 t_L 值

放電是一指數函數圖，所以由 $\frac{2}{3}Vcc$ 降至 $\frac{1}{3}Vcc$ 所需的時間計算如下：

$$\frac{1}{3}Vcc = \frac{2}{3}Vcc \cdot e^{-\frac{t_L}{RC}}$$

$$t_L = R_2 \cdot C \cdot \ln 2 = 0.693 \cdot R_2 \cdot C$$

計算週期 T 值

$$T = t_H + t_L = 0.693 \cdot (R_1 + 2 \times R_2) \cdot C$$

計算頻率 f 值

$$f = \frac{1}{T} = \frac{1}{0.693 \cdot (R_1 + 2 \times R_2) \cdot C} = \frac{1.44}{(R_1 + 2 \times R_2) \cdot C}$$

例 8.9 555 為多諧振盪器，假設 $R_1=1K\Omega$, $R_2=100K\Omega$, $C=1pF$，求頻率 $f=?$。

解答

$$f = \frac{1.44}{(R_1 + 2 \times R_2) \cdot C}$$

$$= \frac{1.44}{(1K\Omega + 100K\Omega) \cdot 1pF}$$

$$= \frac{1.44}{(1+100) \times 10^3 \Omega \times 1 \times 10^{-12} F}$$

$$= \frac{1.44}{101 \times 10^{-9}} Hz$$

$$= 14.25MHz$$

8-5 習題

1. 對於閘控 S-R 型反器，在 EN=1 的情況下，若前次輸入 S=0 R=1，而當輸入改變為 S=0 R=0 時，其輸出為_____。

   (*a*) 0 (清除)　　　　　　　　　　(*b*) 1 (設定)

   (*c*) X (未知)　　　　　　　　　　(*d*) 以上皆非

2. 對於閘控 J-K 型反器，在 EN=1 的情況下，若前次輸入 J=0 K=1，而當輸入改變為 J=1 K=1 時，其輸出為_____。

   (*a*) 0 (清除)　　　　　　　　　　(*b*) 1 (設定)

   (*c*) X (未知)　　　　　　　　　　(*d*) 以上皆非

3. 對於閘控 D 型正反器，在 EN=1 的情況下，若前次輸入 D=1，當改變 EN=0 且 D=0 時，其輸出為_____。

   (*a*) 0 (清除)　　　　　　　　　　(*b*) 1 (設定)

   (*c*) X (未知)　　　　　　　　　　(*d*) 以上皆非

4. 對於閘控 J-K 型反器，在 EN=1 的情況下，若前次輸入 T=1，而當輸入改變為 T=0 時，其輸出為_____。

   (*a*) 0 (清除)　　　　　　　　　　(*b*) 1 (設定)

   (*c*) X (未知)　　　　　　　　　　(*d*) 以上皆非

5. ＿＿＿＿＿＿正反器可在電源開啟同時設定正反器的初值。

(*a*) 基本型   (*b*) 閘控型

(*c*) 預設/清除型   (*d*) 邊緣觸發型

6. ＿＿＿＿＿＿正反器是同步型正反器。

(*a*) 正緣觸發   (*b*) 負緣觸發

(*c*) 邊緣觸發   (*d*) 以上皆是

7. ＿＿＿＿＿＿是指對輸入信號取樣開始到輸出轉換所需的時間，也可以說是從觸發開始到輸出轉換所需的時間。

(*a*) 上升時間   (*b*) 下降時間

(*c*) 保持時間   (*d*) 傳遞延遲時間

8. ＿＿＿＿＿＿多諧振盪器只有一個穩定的輸出狀態，因此被觸發後由穩態轉變成非穩態，且在非穩態保持一段時間 (隨 R、C 充電時間常數而定) 再自動回到穩態。

(*a*) 單穩態   (*b*) 雙穩態

(*c*) 三穩態   (*d*) 無穩態

9. 正反器雖具有記憶和資料鎖定的功能，但它也具有振盪器的功能，所以正反器也可稱為＿＿＿＿＿＿多諧振盪器。

(*a*) 單穩態   (*b*) 雙穩態

(*c*) 三穩態   (*d*) 無穩態

10. ＿＿＿＿＿＿多諧振盪器為自動運轉振盪器，且其來回振盪在觸發位準與臨界位準之間。

(*a*) 單穩態   (*b*) 雙穩態

(*c*) 三穩態   (*d*) 無穩態

序向邏輯電路設計

9-1 序向邏輯電路分析

9-1-1 序向邏輯概論

邏輯電路分為組合邏輯電路 (Combinational Logic Circuit) 與序向邏輯電路 (Sequential Logic Circuit)。組合邏輯電路是由基本邏輯閘組成，且輸出是所有輸入的組合形式，如圖 9.1 (a) 所示。序向邏輯電路則是由組合邏輯電路與記憶電路組成，且其輸出是所有輸入與前次輸出的組合形式，如圖 9.1 (b) 所示。

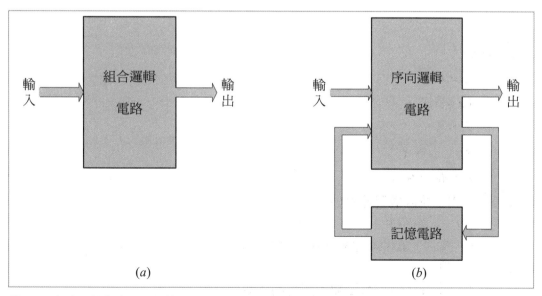

(a)   (b)

圖 9.1 組合邏輯與序向邏輯簡圖

9-1-2　序向邏輯分析

序向邏輯電路中的記憶電路可說是由正反器所組成，因此凡包含正反器的邏輯電路都可稱為序向電路，其中正反器可以是任何型式的正反器，而整個電路可以包括組合邏輯電路，也可以不包括組合邏輯電路。

序向邏輯電路的動作是由輸入、輸出、與記憶電路 (正反器) 的狀態來決定。換句話說，序向電路的下次輸出狀態是下次輸入狀態與目前輸出狀態的函數。所以分析序向邏輯電路是以具有時間次序的狀態表、狀態圖、或布林函數，來描述序向邏輯電路的動作。

例 9.1　分析下列序向邏輯電路。

電路

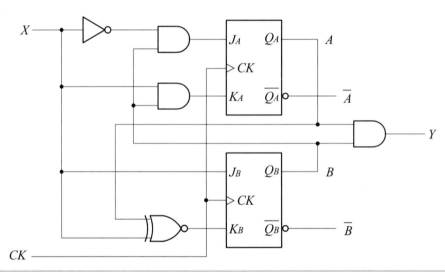

方程式　將上圖中 J_A、K_A、J_B、K_B、Y 寫成 A 與 B 的布林函數如下。

$$J_A = B_n \overline{X}$$

$$K_A = B_n X$$

$$J_B = X$$

$$K_B = \overline{A_n \oplus X}$$

$$Y = A_{n+1} B_{n+1}$$

狀態表　利用上述函數運算式與 X 值，發展出此序向邏輯電路的狀態表 (真值表)，步驟如下。

1. 當 X、A_n、B_n 已知，則可利用函數運算式求出 J_A、K_A、J_B、K_B 之值。

2. 當 J_A、K_A、A_n 已知，則可利用 J-K 真值表求出 A_{n+1} 之值。

3. 當 J_B、K_B、B_n 已知，則可利用 J-K 真值表求出 B_{n+1} 之值。

4. 當 A_{n+1}、B_{n+1} 已知，則可利用函數運算式求出 Y 之值。

輸入			正反器輸入				輸出		
X	An	Bn	JA	KA	JB	KB	An+1	Bn+1	Y
0	0	0	0	0	0	1	0	0	0
0	0	1	1	0	0	1	1	0	0
0	1	0	0	0	0	0	1	0	0
0	1	1	1	0	0	0	1	1	1
1	0	0	0	0	1	0	0	1	0
1	0	1	0	1	1	0	0	1	0
1	1	0	0	0	1	1	1	1	1
1	1	1	0	1	1	1	0	0	0

狀態圖 利用 $X=0$ 與 $X=1$ 所發展出的狀態表，畫出目前輸出 A_n、B_n 與下次輸出 A_{n+1}、B_{n+1} 的關係狀態圖，方法如下。

1. 以圓圈畫出 A_nB_n 的 4 種狀態 00、01、10、11，如下圖灰色網底小圓圈者。

2. 以箭頭畫出 A_nB_n 到 $A_{n+1}B_{n+1}$ 的改變狀態。例如狀態表中第一種狀態 A_nB_n=00、$A_{n+1}B_{n+1}$=00、X=0、Y=0，則畫一箭頭由狀態 00 出發並返回狀態 00，並在箭頭上加註 0/0 表示 X/Y 的狀態。再如狀態表中第八種狀態 A_nB_n=11、$A_{n+1}B_{n+1}$=00、X=1、Y=0，則畫一箭頭由狀態 11 出發到狀態 00，並在箭頭上加註 1/0 表示 X/Y 的狀態。

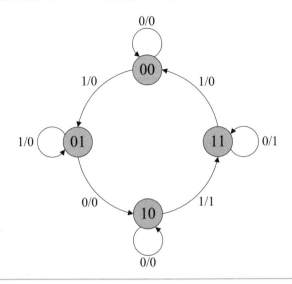

方程式 狀態方程式是表示正反器下一次輸出狀態 A_{n+1}、B_{n+1}，與輸入變數 X 和正反器目前輸出狀態 A_n、B_n 間的布林函數表示式。它可由狀態表推導而得，方法如下。

1. 利用卡諾圖來化簡 A_{n+1} 與 X、A_n、B_n 的關係。

2. 利用卡諾圖來化簡 B_{n+1} 與 X、A_n、B_n 的關係。

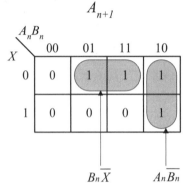

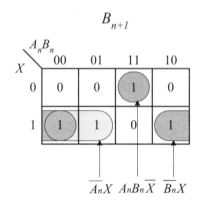

$$A_{n+1} = B_n\overline{X} + A_n\overline{B_n}$$

$$B_{n+1} = \overline{A_n}X + \overline{B_n}X + A_nB_n\overline{X}$$

$$= (\overline{A_n} + \overline{B_n})X + A_nB_n\overline{X}$$

$$= \overline{A_nB_n}X + A_nB_n\overline{X}$$

$$= (A_nB_n) \oplus X$$

$$Y = A_{n+1}B_{n+1}$$

狀態圖 1. 狀態方程式是以代數型式來表示序向電路的資訊，所以狀態方程式更可以完整地說明序向電路的動作。

2. 狀態表是以列表型式表示序向電路的資訊，狀態圖是以圖形方式來表示序向電路的資訊，狀態方程式是以代數型式來表示序向電路的資訊。它們表示的方式雖不同，但表達的資訊卻一樣。

9-2 序向邏輯電路設計

9-2-1　正反器激勵表

真值表 (True table) 是描述正反器特性，它是在已知輸入與目前輸出狀態下，描述下次輸出的狀態，所以真值表在定義與分析正反器的動作時非常有用。激勵表 (Excitation table) 則是在已知目前輸出與下次輸出的狀態下，找出符合輸出轉換的正反器輸入條件，所以激勵表在序向邏輯電路設計時非常重要。

▶表 9.1　S-R 正反器激勵表

Q_n	Q_{n+1}	S	R
0	0	0	X
0	1	1	0
1	0	0	1
1	1	X	0

▶表 9.2　J-K 正反器激勵表

Q_n	Q_{n+1}	J	K
0	0	0	X
0	1	1	X
1	0	X	1
1	1	X	0

▶表 9.3　D 型正反器激勵表

Q_n	Q_{n+1}	D
0	0	0
0	1	1
1	0	0
1	1	1

▶表 9.4　T 型正反器激勵表

Q_n	Q_{n+1}	T
0	0	0
0	1	1
1	0	1
1	1	0

例 9.2　證明 S-R 正反器激勵表。

激勵表

Q_n	Q_{n+1}	S	R	說明
0	0	0	0	SR=00 則 Qn+1=Qn=0
		0	1	SR=01 則 Qn+1=0
0	1	1	0	SR=10 則 Qn+1=1
1	0	0	1	SR=01 則 Qn+1=0
1	1	0	0	SR=00 則 Qn+1=Qn=1
		1	0	SR=10 則 Qn+1=1

說明

1. 使 Q_n=0 且 Q_{n+1}=0 的 SR 可能輸入值為 00 或 01。因 SR=00 則 Q_{n+1}=Q_n=0 (表示記憶)，SR=01 則 Q_{n+1}=0 (表示清除)，所以 Q_n=0 且 SR=0X 時 (X 表 Don't care)，Q_{n+1} 必定等於 0。

2. 使 Q_n=0 且 Q_{n+1}=1 的 SR 輸入值一定是 10。因 SR=10 則 Q_{n+1}=1 (表示設定)，所以不論 Q_n=? 只要 SR=10 時，Q_{n+1} 必定等於 1。

3. 使 Q_n=1 且 Q_{n+1}=0 的 SR 輸入值一定是 01。因 SR=01 則 Q_{n+1}=0 (表示清除)，所以不論 Q_n=? 只要 SR=01 時，Q_{n+1} 必定等於 0。

4. 使 Q_n=1 且 Q_{n+1}=1 的 SR 可能輸入值為 00 或 10。因 SR=00 則 Q_{n+1}=Q_n=1 (表示記憶)，SR=10 則 Q_{n+1}=1 (表示設定)，所以 Q_n=1 且 SR=X0 時 (X 表 Don't care)，Q_{n+1} 必定等於 1。

例 9.3 證明 J-K 正反器激勵表。

激勵表

Q_n	Q_{n+1}	J	K	説明
0	0	0	0	JK=00 則 Q_{n+1}=Q_n=0
		0	1	JK=01 則 Q_{n+1}=0
0	1	1	0	JK=10 則 Q_{n+1}=1
		1	1	JK=11 則 Q_{n+1}=$\overline{Q_n}$=1
1	0	0	1	JK=01 則 Q_{n+1}=0
		1	1	JK=11 則 Q_{n+1}=$\overline{Q_n}$=0
1	1	0	0	JK=00 則 Q_{n+1}=Q_n=1
		1	0	JK=10 則 Q_{n+1}=1

説明

1. 使 Q_n=0 且 Q_{n+1}=0 的 JK 可能輸入值為 00 或 01。因 JK=00 則 Q_{n+1}=Q_n=0 (表示記憶)，JK=01 則 Q_{n+1}=0 (表示清除)，所以 Q_n=0 且 JK=0X 時 (X 表 Don't care)，Q_{n+1} 必定等於 0。

2. 使 Q_n=0 且 Q_{n+1}=1 的 JK 可能輸入值為 10 或 11。因 JK=10 則 Q_{n+1}=1 (表示設定)，JK=11 則 Q_{n+1}=$\overline{Q_n}$=1 (表示切換)，所以 Q_n=0 且 JK=1X 時 (X 表 Don't care)，Q_{n+1} 必定等於 1。

3. 使 Q_n=1 且 Q_{n+1}=0 的 JK 可能輸入值為 01 或 11。因 JK=01 則 Q_{n+1}=0 (表示清除)，JK=11 則 Q_{n+1}=$\overline{Q_n}$=0 (表示切換)，所以 Q_n=1 且 JK=X0 時 (X 表 Don't care)，Q_{n+1} 必定等於 0。

4. 使 Q_n=1 且 Q_{n+1}=1 的 JK 可能輸入值為 00 或 10。因 JK=00 則 Q_{n+1}=Q_n=1 (表示記憶)，JK=10 則 Q_{n+1}=1 (表示設定)，所以 Q_n=1 且 JK=X0 時 (X 表 Don't care)，Q_{n+1} 必定等於 1。

例 9.4 證明 D 型正反器激勵表。

激勵表

Q_n	Q_{n+1}	D	説明
0	0	0	D=0 則 Q_{n+1}=0
0	1	1	D=1 則 Q_{n+1}=1
1	0	0	D=0 則 Q_{n+1}=0
1	1	1	D=1 則 Q_{n+1}=1

| 說明 | 1. | 使 Q_n=0 且 Q_{n+1}=0 的 D 值一定等於 0，因 D=0 則 Q_{n+1}=0。 |

2. 使 Q_n=0 且 Q_{n+1}=1 的 D 值一定等於 1，因 D=1 則 Q_{n+1}=1。

3. 使 Q_n=1 且 Q_{n+1}=0 的 D 值一定等於 0，因 D=0 則 Q_{n+1}=0。

4. 使 Q_n=1 且 Q_{n+1}=1 的 D 值一定等於 1，因 D=1 則 Q_{n+1}=1。

例 9.5 證明 T 型正反器激勵表。

真值表

Q_n	Q_{n+1}	T	說明
0	0	0	T=0 則 Q_{n+1}=Q_n=0
0	1	1	T=1 則 Q_{n+1}=$\overline{Q_n}$=1
1	0	1	T=1 則 Q_{n+1}=$\overline{Q_n}$=0
1	1	0	T=0 則 Q_{n+1}=Q_n=1

說明 1. 使 Q_n=0 且 Q_{n+1}=0 的 T 值為 0，因 T=0 則 Q_{n+1}=0。

2. 使 Q_n=0 且 Q_{n+1}=1 的 T 值為 1，因 T=1 則 Q_{n+1}=$\overline{Q_n}$=1。

3. 使 Q_n=1 且 Q_{n+1}=0 的 T 值為 1，因 T=0 則 Q_{n+1}=$\overline{Q_n}$=0。

4. 使 Q_n=1 且 Q_{n+1}=1 的 T 值為 0，因 T=1 則 Q_{n+1}=1。

9-2-2　序向邏輯設計方法

　　序向邏輯的設計方法是依次由狀態圖、狀態表、激勵表、方程式、電路圖轉換或化簡而得，也可以由其中任一項開始到電路圖完成。例如由狀態表→激勵表→方程式→電路圖，或由激勵表→卡諾圖→電路圖，或由方程式→電路圖皆可。設計方法中的每一過程詳細說明如下：

- **狀態圖**：以狀態圖描述時脈觸發序向電路的狀態變化過程，與電路輸入、輸出的狀況。

- **狀態表**：將狀態圖轉換成描述正反器目前輸出與下次輸出的狀態表，包含電路輸入與輸出的狀況。

- **激勵表**：決定正反器型式與個數，並由狀態表推導出正反器的激勵表。也就是由目前輸出與下次輸出的狀態，推導出符合正反器的輸入狀態。

- **方程式**：利用卡諾圖或其它化簡法，將正反器輸入化簡成正反器目前輸出與電路輸入的函數 (方程式)。

- **電路圖**：以電路輸入函數、電路輸出函數、和正反器輸入函數，畫出時脈觸發序向邏輯電路圖。

例 9.6 使用 J-K 正反器來設計具有下列狀態圖特性的序向邏輯電路。

狀態圖 下列狀態圖包含 00、01、11、10 四種輸出狀態，箭頭表示由正反器的目前輸出狀態 (A_n、B_n) 轉變成下次輸出狀態 (A_{n+1}、B_{n+1})，X/Y 表示電路輸入與輸出的狀態值，其中 Y 是正反器下次輸出的積項 ($Y=A_{n+1}B_{n+1}$)。

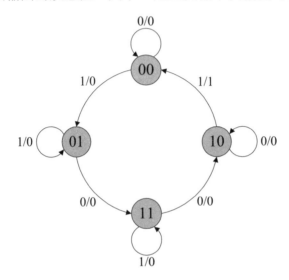

將上述狀態圖轉換成狀態表 (真值表)，再利用目前輸出與下次輸出的關係，求出符合此正反器輸出轉換的輸入狀態 (激勵表)。

輸入與目前輸出			下次輸出			正反器輸入			
X	An	Bn	An+1	Bn+1	Y	JA	KA	JB	KB
0	0	0	0	0	0	0	X	0	X
0	0	1	1	1	0	1	X	X	0
0	1	0	1	0	0	X	0	0	X
0	1	1	1	0	0	X	0	X	1
1	0	0	0	1	0	0	X	1	X
1	0	1	0	1	0	0	X	X	0
1	1	0	0	0	1	X	1	0	X
1	1	1	1	1	0	X	0	X	0

方程式 利用卡諾圖化簡法，將激勵表中 J_A、K_A、J_B、K_B 化簡成 X、A_n、B_n 的方程式。

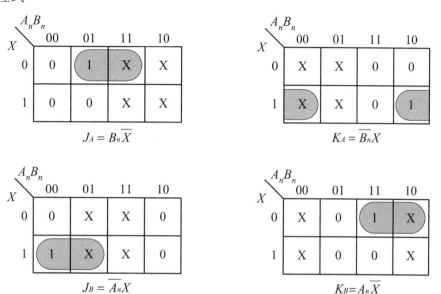

$$J_A = B_n\overline{X}$$

$$K_A = \overline{B_n}X$$

$$J_B = \overline{A_n}X$$

$$K_B = A_n\overline{X}$$

電路圖 以上述 J_A、K_A、J_B、K_B、與 Y 函數，畫出序向邏輯電路圖。

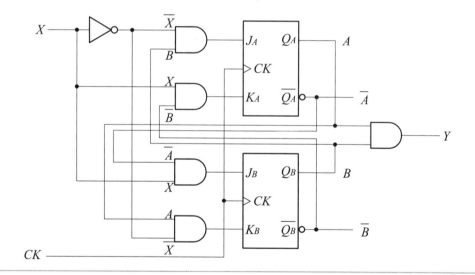

9-2-3　設計同步計數器

　　同步的意思即是許多事件在同一時間發生，同步計數器是指計數器的每一級在同一時間被觸發，只要將時脈輸入線連接到電路的每一級正反器上，即可以同一時脈信號觸發計數器的每一級正反器。9-2-2 節所討論設計序向邏輯電路，即是設計一個同步序向邏輯電路，所以可以使用 9-2-2 節的方法來設計同步計數器。

例 9.7 設計一個重複由 00 數到 11 的同步 2 位元二進位計數器。

狀態圖 下列狀態圖包含 00、01、10、11 四種輸出狀態，箭頭表示由正反器的目前輸出狀態 $(A_n、B_n)$ 轉變成下次輸出狀態 $(A_{n+1}、B_{n+1})$。

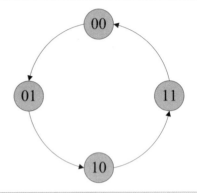

狀態表 將上述狀態圖轉換成狀態表 (真值表)，再利用目前輸出與下次輸出的關係，求出符合此正反器輸出轉換的輸入狀態 (激勵表)。

輸入與目前輸出		下次輸出		正反器輸入			
Bn	An	Bn+1	An+1	JB	KB	JA	KA
0	0	0	1	0	X	1	X
0	1	1	0	1	X	X	1
1	0	1	1	X	0	1	X
1	1	0	0	X	1	X	1

方程式 利用卡諾圖化簡法，將激勵表 J_A、K_A、J_B、K_B 化簡成 A_n、B_n 方程式。

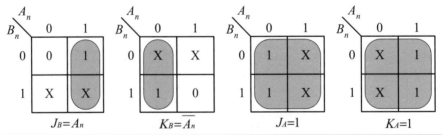

電路圖 以上述 J_A、K_A、J_B、K_B 函數，畫出序向邏輯電路圖。

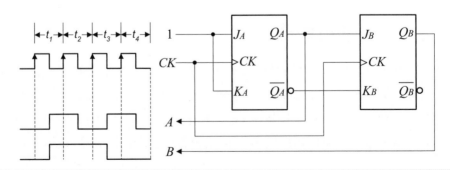

例 9.8 設計一個 3 位元二進位同步上數計數器。

狀態圖 下列狀態圖包含 000 到 111 八種輸出狀態，箭頭表示由正反器的目前輸出狀態 (A_n、B_n) 轉變成下次輸出狀態 (A_{n+1}、B_{n+1})。因為是上數計數器，所以是由 000、001、010、011、100、101、110、111 順序重複計數。

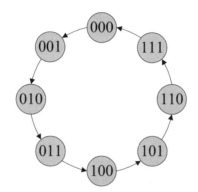

狀態表 將上述狀態圖轉換成狀態表 (真值表)，再利用目前輸出與下次輸出的關係，求出符合此正反器輸出轉換的輸入狀態 (激勵表)。

目前輸出			下次輸出			正反器輸入					
Cn	Bn	An	Cn+1	Bn+1	An+1	JC	KC	JB	KB	JA	KA
0	0	0	0	0	1	0	X	0	X	1	X
0	0	1	0	1	0	0	X	1	X	X	1
0	1	0	0	1	1	0	X	X	0	1	X
0	1	1	1	0	0	1	X	X	1	X	1
1	0	0	1	0	1	X	0	0	X	1	X
1	0	1	1	1	0	X	0	1	X	X	1
1	1	0	1	1	1	X	0	X	0	1	X
1	1	1	0	0	0	X	1	X	1	X	1

方程式 利用卡諾圖化簡法，將激勵表中 J_A、K_A、J_B、K_B、J_C、K_C 化簡成 A_n、B_n 的函數。

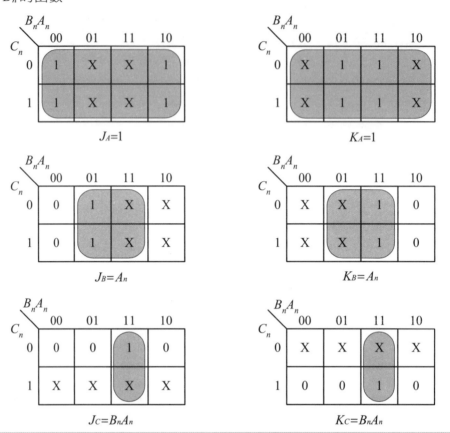

$$J_A=1 \qquad K_A=1$$

$$J_B=A_n \qquad K_B=A_n$$

$$J_C=B_nA_n \qquad K_C=B_nA_n$$

電路圖 以上述 J_A、K_A、J_B、K_B、J_C、K_C 函數，畫出計數器電路圖。

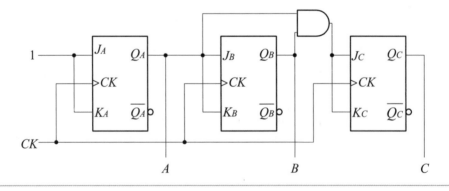

例 9.9 設計一個 3 位元二進位同步下數計數器。

狀態圖 下列狀態圖包含 000 到 111 八種輸出狀態，箭頭表示由正反器的目前輸出狀態 (A_n、B_n) 轉變成下次輸出狀態 (A_{n+1}、B_{n+1})。因為是下數計數器，由 000、111、110、101、100、011、010、001 順序重複計數。

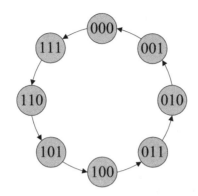

狀態表 將上述狀態圖轉換成狀態表 (真值表)，再利用目前輸出與下次輸出的關係，求出符合此正反器輸出轉換的輸入狀態 (激勵表)。

目前輸出			下次輸出			正反器輸入					
Cn	Bn	An	Cn+1	Bn+1	An+1	JC	KC	JB	KB	JA	KA
0	0	0	1	1	1	1	X	1	X	1	X
0	0	1	0	0	0	0	X	0	X	X	1
0	1	0	0	0	1	0	X	X	1	1	X
0	1	1	0	1	0	0	X	X	0	X	1
1	0	0	0	1	1	X	1	1	X	1	X
1	0	1	1	0	0	X	0	0	X	X	1
1	1	0	1	0	1	X	0	X	1	1	X
1	1	1	1	1	0	X	0	X	0	X	1

方程式 利用卡諾圖化簡法，將激勵表中 J_A、K_A、J_B、K_B、J_C、K_C 化簡成 A_n、B_n 的函數。

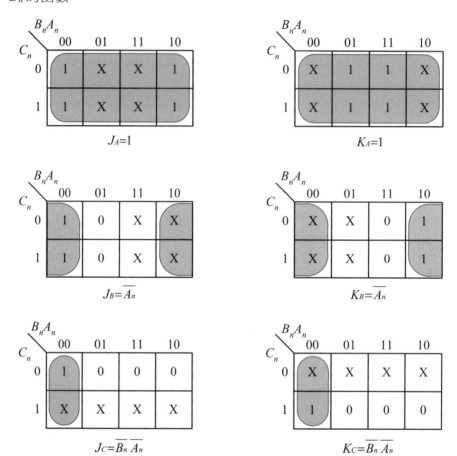

$J_A=1$

$K_A=1$

$J_B=\overline{A_n}$

$K_B=\overline{A_n}$

$J_C=\overline{B_n}\,\overline{A_n}$

$K_C=\overline{B_n}\,\overline{A_n}$

電路圖 以上述 J_A、K_A、J_B、K_B、J_C、K_C 函數，畫出計數器電路圖。

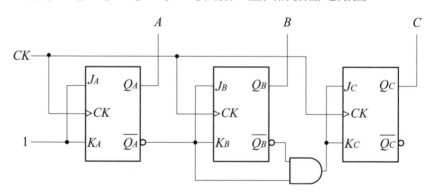

9-2-4　設計非同步計數器

　　非同步的意思即是許多事件不在同一時間發生，非同步計數器則是指計數器的
每一級不在同一時間被觸發，所以非同步計數器並不將時脈輸入線連接到電路中每
一級正反器上。

　　非同步計數器是利用 J-K 正反器的輸入 $JK=11$ 時所具有的除頻功能，以達到計
數的效果。當第一級 $JK=11$ 時，輸出 Q_A 的頻率為 CK 頻率的 1/2。同理，當第二級
$JK=11$ 時，輸出 Q_B 的頻率為 Q_A 頻率的 1/2，以此類推。以正緣觸發 J-K 正反器為
例，將前一級的反向輸出 $(\overline{Q})$ 接到次一級的時脈輸入 (CK)，即可成為一個上數計數
器。或將將前一級的正向輸出 (Q) 接到次一級的時脈輸入 (CK)，即可成為一個下數
計數器。

> **例 9.10**　設計一個重複由 00 數到 11 的非同步二進位計數器。

> **電路圖**　將正緣觸發 J-K 正反器第一級與第二級正反器的輸入 J、K 都接到 1 (高
> 位準)，再將前一級的反向輸出 $(\overline{Q})$ 接到次一級的時脈輸入 (CK)，即成
> 為 2 位元非同步上數二進位計數器。

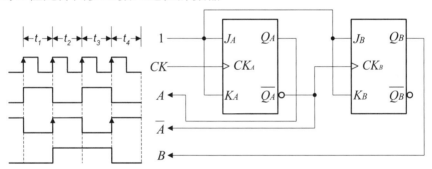

9-3 狀態機

9-3-1　狀態機介紹

　　狀態機(State Machine)可說是一個廣義序向電路，舉凡正反器、計數器、移位暫
存器都算是它的特殊功能類型的一種。

　　傳統的邏輯電路設計在描述狀態機的表示上，以狀態圖(State Diagram)方式最為
清晰而且容易了解。以與輸入、輸出及狀態關係，狀態圖的種類可分成：

1. 輸入 & 狀態 & 輸出 (輸出僅與狀態有關)

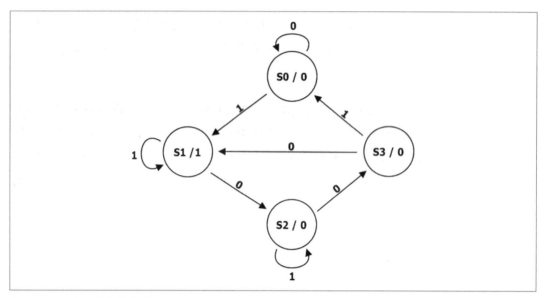

圖 9.2　Moore 狀態機狀態圖

　　以圖 9.2 為例，若目前狀態機若處於狀態 S0 時，輸入為 0 則狀態機將維持狀態 S0 不變，若輸入改為 1 則下個狀態將改成狀態 S1，但不論輸入為何，此時輸出是 0。

　　這種輸出與狀態有關，而與輸入無關的狀態機類型，我們稱為 **Moore 狀態機**。

2. 輸入 & 狀態 & 輸出 (輸出與狀態、輸入皆有關)

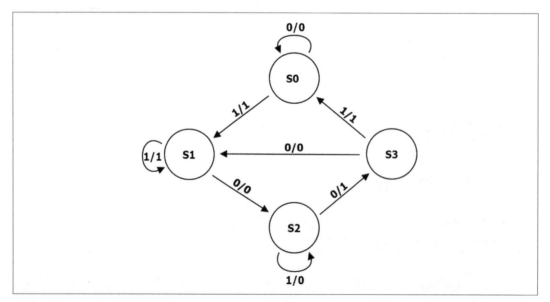

圖 9.3　Mealy 狀態機狀態圖

　　圖 9.3 的動作和圖 9.2 相似，但是輸出是會隨輸入不同而有所改變，例如目前狀態是 S3，若輸入是 0 則輸出為 0，而輸入為 1 則輸出為 1。這種輸出與狀態及輸入皆有關者，我們稱為 **Mealy 狀態機**。

9-3-2　狀態機的 VHDL 程式

　　現在讓我們立刻來學以致用，用 VHDL 語言來設計一個如圖 9.4 的狀態機。

　　當 sp=0 時，計數器會從 0→1→2→3→4→5→6→7→0 依序計數；當 sp=1 時，計數器則是從 0→2→5→0 的方式計數。

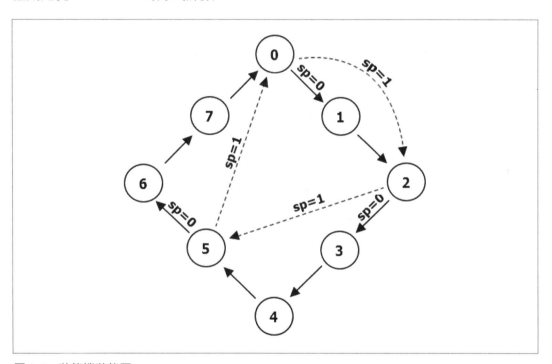

圖 9.4　狀態機狀態圖

程式 9-01：圖 9.3 狀態機的 VHDL 程式

```
1: --LIBRARY DECLARATION
2: library ieee;
3: use ieee.std_logic_1164.all;
4: use ieee.std_logic_arith.all;
5: use ieee.std_logic_unsigned.all;
6:
7: --ENTITY DECLARATION
8: entity fsm_sp is
9:    port(
10:    clk       :in  std_logic;                    --工作時脈
```

```
11:      sp          :in  std_logic;                    --輸入訊號
12:      cnt_value :out std_logic_vector(3 downto 0)    --輸出訊號
13:      );
14:end fsm_sp ;
15:
16:--ARCHITECTURE BODY DESCRIPTION
17:architecture a of fsm_sp  is
18:   type state is (s0,s1,s2,s3,s4,s5,s6, s7);  --定義狀態機的資料型態
19:   signal  presentstate : state;      --宣告一個狀態訊號，名稱：目前狀態
20:   signal  nextstate : state;          --宣告一個狀態訊號，名稱：下個狀態
21:begin
22:--Finite State Machine
23:switchtonextstate : process (clk)  --狀態轉換的行為描述
24:begin
25:   if clk'event and clk = '0' then  --當 CLK 出現負緣觸發
26:      presentstate <= nextstate;      --目前狀態轉換至下個狀態
27:   end if;
28:end process switchtonextstate;
29:
30:changestatemode : process (sp, presentstate)
   --狀態機的輸出和下個狀態的轉換
31:begin
32:   case presentstate is
33:      when s0 =>                     --當目前狀態是 s0
34:         if sp = '1' then            --如果輸入訊號 sp=1，則
35:            nextstate <= s2;         --下個狀態轉換至 s2
36:         else                        --否則的話(sp=0)
37:            nextstate <= s1;         --下個狀態轉換至 s1
38:         end if;
39:         cnt_value <= "0000" ;       --狀態為 s0 時，輸出值="0000"
40:
41:      when s1 =>                     --當目前狀態是 s1
42:         nextstate <= s2;            --下個狀態轉換至 s2
43:         cnt_value <="0001";         --輸出值="0001"
44:      when s2 =>                     --下面其餘的程式碼解讀方式相同...
45:         if sp = '1' then
46:            nextstate <= s5;
47:         else
48:            nextstate <= s3;
49:         end if;
50:         cnt_value <="0010";
51:      when s3 =>
52:         nextstate <= s4;
53:         cnt_value <= "0011" ;
54:      when s4 =>
55:         nextstate <= s5;
56:         cnt_value <= "0100";
```

```
57:        when s5 =>
58:          if sp = '1' then
59:            nextstate <= s0;
60:          else
61:            nextstate <= s6;
62:          end if;
63:          cnt_value <="0101";
64:        when s6 =>
65:          nextstate <= s7;
66:          cnt_value <="0110" ;
67:        when s7 =>
68:          nextstate <= s0;
69:          cnt_value <="0111" ;
70:        when others =>
71:          nextstate <= s0;
72:          cnt_value <="0000" ;
73:        end case;
74:      end process changestatemode;
75:end a;
```

　　第一個 PROCESS 是負責感測時脈訊號的變化，當切換至正緣之際，執行目前狀態(PresentState)切換至下個狀態(NexeState)的動作。

　　第二個 PROCESS 則負責感測輸入 SP 的值以及目前狀態(PresentState)的值之變化，並由 **CASE-WHEN** 命令，決定輸出值(CNT_VALUE)和下個狀態(NextState)的轉換方式。

模擬結果驗證

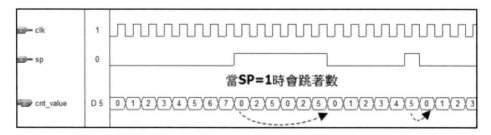

　　程式模擬的結果正確，當 SP=0 時，下個狀態的輸出值 = 目前狀態的輸出值加 1。當 SP=1 時，電路的行為如下：

- 如果目前狀態的輸出值=0，則下個狀態的輸出值=2。

- 如果目前狀態的輸出值=2，則下個狀態的輸出值=5。

- 如果目前狀態的輸出值=5，則下個狀態的輸出值=0。

　　換一個角度思考，如果把這個狀態機套用在環狀線運輸系統上，SP=0 就是每站都停的普通車模式；而 SP=1，就是特定大站才停靠的快車模式。

　　有句話說：「戲法人人會變，各有巧妙不同。」一樣的道理，同樣的一個電路，你的創意將決定它的價值。想像一下，百貨公司的電梯系統，是不是也可以派上用場，讓它們有些設定成慢車模式，有些則設定成快車模式，找出最佳的分流模式便可達到最好的運輸效率囉！

9-4 習題

1. 序向邏輯電路的動作是由輸入電路、輸出電路、與_____電路狀態來決定。

   (a) 算術運算　　　　　　　　　(b) 邏輯運算

   (c) 控制　　　　　　　　　　　(d) 記憶

2. 序向電路的下次輸出狀態是下次輸入狀態與_____狀態的函數。

   (a) 目前輸入　　　　　　　　　(b) 目前輸出

   (c) 上次輸入　　　　　　　　　(d) 上次輸出

3. 分析序向邏輯電路是以具有時間次序的_____來描述序向邏輯電路的動作。

   (a) 狀態表　　　　　　　　　　(b) 狀態圖

   (c) 布林函數　　　　　　　　　(d) 以上皆是

4. 正反器的_____是描述正反器特性，它是在下次輸入與目前輸出狀態下，描述下次輸出的狀態，所以它是用於定義與分析正反器的動作。

   (a) 真值表　　　　　　　　　　(b) 狀態圖

   (c) 激勵表　　　　　　　　　　(d) 狀態表

5. 正反器的_____是在已知目前輸出與下次輸出的狀態下，找出符合輸出轉換的正反器輸入條件，所以它是用於序向邏輯電路的設計

   (a) 真值表　　　　　　　　　　(b) 狀態圖

   (c) 激勵表　　　　　　　　　　(d) 狀態表

6. _____描述時脈觸發序向電路的狀態變化過程，與電路輸入、輸出的狀況。

(a) 真值表　　　　　　　　　　　　*(b)* 狀態圖

(c) 激勵表　　　　　　　　　　　　*(d)* 電路圖

7. _____計數器是指計數器的每一級在同一時間被觸發。

(a) 同步　　　　　　　　　　　　　*(b)* 非同步

(c) 上數　　　　　　　　　　　　　*(d)* 下數

8. _____計數器是指計數器的每一級不在同一時間被觸發。

(a) 同步　　　　　　　　　　　　　*(b)* 非同步

(c) 上數　　　　　　　　　　　　　*(d)* 下數

CHAPTER

10

常用計數器
電路設計

10-1 非同步計數器

10-1-1 非同步四位元二進位計數器

非同步計數器是指計數器中每一個正反器的時脈輸入端 (CK) 並不接在同一個時脈輸入信號上,所以每一個正反器並不在同一時間改變狀態。

上數計數器

圖 10.1 是利用負緣觸發 J-K 正反器設計的 4 位元二進位非同步上數計數器,時脈信號 CK 輸入到 FFA 的 CK_A 上,FFA 的輸出 Q_A 則接到 FFB 的 CK_B 上當作 FFB 的時脈信號,FFB 的輸出 Q_B 則接到 FFC 的 CK_C 上當作 FFC 的時脈信號,FFC 的輸出 Q_C 則接到 FFD 的 CK_D 上當作 FFD 的時脈信號。因此四個正反器的觸發並非同時發生,而且也不在同一時間改變狀態。

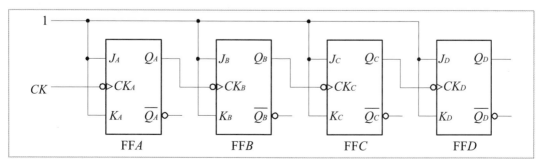

圖 10.1 非同步四位元二進位上數計數器邏輯電路

　　圖 10.1 非同步四位元二進位上數計數器的動作原理如下；四個正反器的輸入 (J、K) 皆為邏輯 1 (高位準)，所以各個正反器的時脈輸入端由 1 變 0 (負緣觸發) 時，正反器輸出將改變狀態 ($Q_{n+1}=\overline{Q_n}$)。CK 由 1 變 0 (負緣) 時 $Q_{A(n+1)}=\overline{Q_{A(n)}}$，$Q_A$ 由 1 變 0 時 $Q_{B(n+1)}=\overline{Q_{B(n)}}$，$Q_B$ 由 1 變 0 時 $Q_{C(n+1)}=\overline{Q_{C(n)}}$，$Q_C$ 由 1 變 0 時 $Q_{D(n+1)}=\overline{Q_{D(n)}}$。

　　圖 10.2 是圖 10.1 計數器時脈輸入 (CK) 與四個正反器輸出 (Q_A、Q_B、Q_C、Q_D) 的波形，此時序圖顯示下列資訊：

　　由波形的觸發邊緣看出，CK 由 1 變 0 (負緣) 時 FFA 輸出改變狀態 $Q_{A(n+1)}=\overline{Q_{A(n)}}$，$Q_A$ 由 1 變 0 時 FFB 輸出改變狀態 $Q_{B(n+1)}=\overline{Q_{B(n)}}$，$Q_B$ 由 1 變 0 時 FFC 輸出改變狀態 $Q_{C(n+1)}=\overline{Q_{C(n)}}$，$Q_C$ 由 1 變 0 時 FFD 輸出改變狀態 $Q_{D(n+1)}=\overline{Q_{D(n)}}$。

　　由 CK 與輸出波形比較，Q_A 相當於 1/2 頻率的 CK 波形，Q_B 等於 1/2 頻率的 Q_A 波形 1/4 頻率的 CK 波形，Q_C 相當於 1/2 頻率的 Q_B 波形 1/8 頻率的 CK 波形，Q_D 相當於 1/2 頻率的 Q_C 波形 1/16 頻率的 CK 波形。

　　由整體輸出波形看，在第 1 個時脈信號時(未觸發前)$Q_DQ_CQ_BQ_A$=0000，而在第 1 個時脈信號觸發後 $Q_DQ_CQ_BQ_A$=0001，在第 2 個時脈信號觸發後 $Q_DQ_CQ_BQ_A$=0010，以此類推‧‧‧，在第 15 個時脈信號觸發後 $Q_DQ_CQ_BQ_A$=1111，在第 16 個時脈信號觸發後 $Q_DQ_CQ_BQ_A$ 還原為 0000。

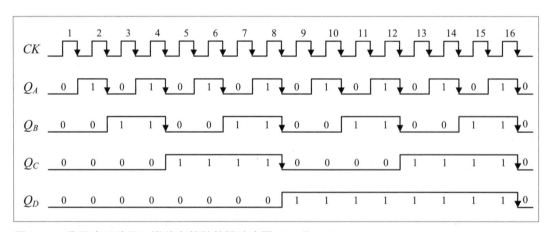

圖 10.2　非同步四位元二進位上數計數器時序圖 (QA 為 LSB)

　　將圖 10.2 非同步四位元二進位上數計數器時序圖，以時脈 (CK) 觸發時間對應各正反器輸出狀態列表如表 10.1。

由圖 10.2 時序圖與表 10.1 狀態表得知，圖 10.1 的電路可重複輸出 0000 至 1111 的狀態，所以可稱為四位元二進位 (或十六進位) 上數計數器，但它並不使用同一個觸發信號，因此稱為四位元二進位 (或十六進位) 非同步上數計數器。又因為非同步計數器的動作方式像傳遞鏈波，所以又稱四位元二進位 (或十六進位) 鏈波 (Ripple) 上數計數器。

▶表 10.1　非同步四位元二進位上數計數器輸入與輸出位準

時脈	正反器輸出				時脈	正反器輸出			
CK	QD	QC	QB	QA	CK	QD	QC	QB	QA
0	0	0	0	0	8	1	0	0	0
1	0	0	0	1	9	1	0	0	1
2	0	0	1	0	10	1	0	1	0
3	0	0	1	1	11	1	0	1	1
4	0	1	0	0	12	1	1	0	0
5	0	1	0	1	13	1	1	0	1
6	0	1	1	0	14	1	1	1	0
7	0	1	1	1	15	1	1	1	1

下數計數器

四位元二進位非同步下數計數器是重複由 1111 遞減至 0000 的方式來計數，也就是計數器循環輸出 1111 至 0000 的狀態。

圖 10.3 是利用負緣觸發 J-K 正反器設計的 4 位元二進位非同步下數計數器，時脈信號 CK 輸入到 FFA 的 CK_A 上，FFA 的輸出 $\overline{Q_A}$ 則接到 FFB 的 CK_B 上當作 FFB 的時脈信號，FFB 的輸出 $\overline{Q_B}$ 則接到 FFC 的 CK_C 上當作 FFC 的時脈信號，FFC 的輸出 $\overline{Q_C}$ 則接到 FFD 的 CK_D 上當作 FFD 的時脈信號。

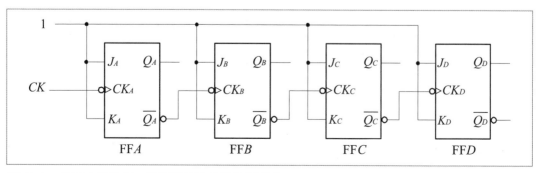

圖 10.3　非同步四位元二進位下數計數器邏輯電路

圖 10.3 非同步四位元二進位計數器的動作原理如下；四個正反器的輸入 (J、K) 皆為邏輯 1 (高位準)，所以各個正反器的時脈輸入端由 1 變 0 (負緣觸發) 時，正反器輸出將改變狀態 $(Qn+1=\overline{Q_n})$。CK 由 1 變 0 (負緣) 時 $Q_{A(n+1)}=\overline{Q_{A(n)}}$，$\overline{Q_A}$ 由 1 變 0 時 $Q_{B(n+1)}=\overline{Q_{B(n)}}$，$\overline{Q_B}$ 由 1 變 0 時 $Q_{C(n+1)}=\overline{Q_{C(n)}}$，$\overline{Q_C}$ 由 1 變 0 時 $Q_{D(n+1)}=\overline{Q_{D(n)}}$。

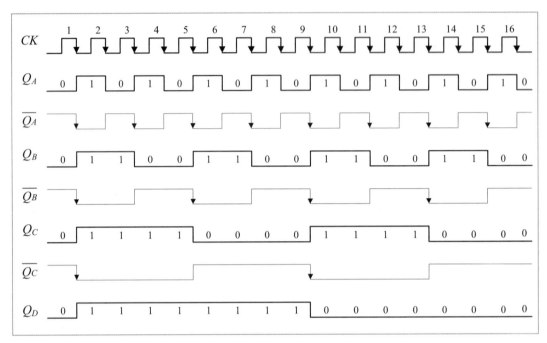

圖 10.4　非同步四位元二進位下數計數器時序圖 (QA 為 LSB)

圖 10.4 是圖 10.3 計數器時脈輸入 (*CK*) 與四個正反器輸出 (Q_A、Q_B、Q_C、Q_D) 的波形，此時序圖顯示下列資訊：

1. 由波形的觸發邊緣看出，CK 由 1 變 0 (負緣) 時 FFA 輸出改變狀態 $Q_{A(n+1)}=\overline{Q_{A(n)}}$，$\overline{Q_A}$ 由 1 變 0 時 FFB 輸出改變狀態 $Q_{B(n+1)}=\overline{Q_{B(n)}}$，$\overline{Q_B}$ 由 1 變 0 時 FFC 輸出改變狀態 $Q_{C(n+1)}=\overline{Q_{C(n)}}$，$\overline{Q_C}$ 由 1 變 0 時 FFD 輸出改變狀態 $Q_{D(n+1)}=\overline{Q_{D(n)}}$。

2. 由 CK 與輸出波形比較，QA 相當於 1/2 頻率的 CK 波形，QB 等於 1/2 頻率的 QA 波形 1/4 頻率的 CK 波形，QC 相當於 1/2 頻率的 QB 波形 1/8 頻率的 CK 波形，QD 相當於 1/2 頻率的 QC 波形 1/16 頻率的 CK 波形。

3. 由整體輸出波形看出，在第 1 個時脈信號時 (FFA 正反器未觸發前) QDQCQBQA=0000，而在第 1 個時脈信號觸發後 QDQCQBQA=1111，在第 2 個時脈信號觸發後 QDQCQBQA=1110，以此類推‧‧‧，在第 15 個時脈信號觸發後 QDQCQBQA=0001，在第 16 個時脈信號觸發後 QDQCQBQA 還原為 0000。

將圖 10.4 非同步四位元二進位下數計數器時序圖，以時脈 (*CK*) 觸發時間對應各正反器正向輸出狀態的列表如表 10.2。

由圖 10.4 時序圖與表 10.2 狀態表得知，圖 10.3 的電路可重複輸出 1111 至 0000 的狀態，所以可稱為四位元二進位 (或十六進位) 下數計數器，但它並不使用同一個觸發信號，因此稱為四位元二進位 (或十六進位) 非同步下數計數器。又因為非同步計數器的動作方式像傳遞鏈波，所以又稱四位元二進位 (或十六進位) 鏈波 (Ripple) 下數計數器。

▶表 10.2　非同步四位元二進位下數計數器輸入與輸出位準

時脈	正反器輸出				時脈	正反器輸出			
CK	QD	QC	QB	QA	CK	QD	QC	QB	QA
0	0	0	0	0	8	1	0	0	0
1	1	1	1	1	9	0	1	1	1
2	1	1	1	0	10	0	1	1	0
3	1	1	0	1	11	0	1	0	1
4	1	1	0	0	12	0	1	0	0
5	1	0	1	1	13	0	0	1	1
6	1	0	1	0	14	0	0	1	0
7	1	0	0	1	15	0	0	0	1

可預置計數器

可預置計數器就是使用預置清除型正反器來製作計數器，如此可在時脈信號觸發前，先預置或清除正反器來設定計數器的初值。

10-1-2　非同步 BCD 計數器

非同步 BCD 計數器是重複二進位 0000 到 1001 的計數，當二進位計數值遞增為 1010 時，必須重置所有正反器值為 0，使得計數值重新回到 0000。

在二進位計數器由 0000 遞增到 1001 計數中，正反器 FF*D* 與 FF*B* 不可能同時輸出 1，而計數器遞增到 1010 時正反器 FF*D* 與 FF*B* 則同時輸出 1。如圖 10.5 將非同步

4 位元二進位計數器中 Q_D 與 Q_B 接到一個 NAND 閘輸入端，再將此 NAND 閘的輸出端接到所有正反器的 $\overline{CLR}$ (清除) 輸入端，當計數值遞增到 1010 時 NAND 閘的輸出為 0，而清除所有正反器的輸出，使計數值回到 0000。

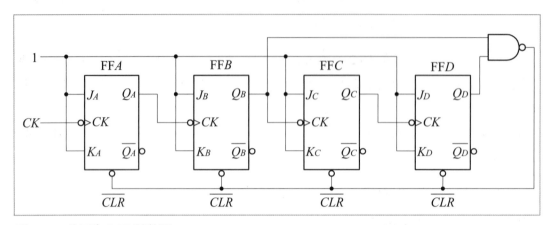

圖 10.5　非同步 BCD 計數器

　　圖 10.6 是非同步 BCD 計數器的時序圖，其中第 10 個 CK 觸發時，Q_B 與 Q_D 輸出為 1，但立即被清除為 0。

　　將圖 10.6 非同步 BCD 上數計數器時序圖，以時脈 (CK) 觸發時間對應各正反器正向輸出狀態的列表如表 10.3。

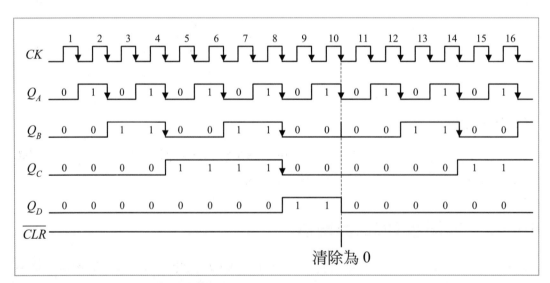

圖 10.6　非同步十進位計數器時序圖 (QA 為 LSB)

▶表 10.3　非同步 BCD 上數計數器狀態表

時脈	正向輸出 (上數計數)				清除	時脈	正向輸出 (上數計數)				清除
CK	QD	QC	QB	QA	$\overline{CLR}$	CK	QD	QC	QB	QA	$\overline{CLR}$
0	0	0	0	0	1	10	1→0	0→0	1→0	0→0	0
1	0	0	0	1	1	11	0	0	0	1	1
2	0	0	1	0	1	12	0	0	1	0	1
3	0	0	1	1	1						
4	0	1	0	0	1						
5	0	1	0	1	1	.	.	.	.	.	.
6	0	1	1	0	1						
7	0	1	1	1	1						
8	1	0	0	0	1						
9	1	0	0	1	1						

10-1-3　非同步模數計數器

　　計數經過一個完整的循環然後回到啟始狀態，其中經過不同狀態個數稱為模數 (MOD number)。例如 10-1-1 節 4 位元二進位計數器由 0000 遞增到 1111，其中經過 16 種不同的狀態，所以也是模數 16 計數器。又如 3 位元二進位計數器由 000 遞增到 111，其中經過 8 種不同的狀態，所以也是模數 8 計數器。

　　計數器的最大模數是指該計數器所能經過最多不同的狀態數，而計數器的最大模數的表示式如下，其中 N 為計數器所含正反器的個數。例如 4 位元二進位計數器包含 4 個計數正反器，所以最大模數為 2^4=16。又如 3 位元二進位計數器包含 3 個計數正反器，所以最大模數為 2^3=8。

> 最大模數=2N

模數 $<2^N$ 的計數器

　　模數計數器可省略某些計數狀態修改成 $<2^N$ 的模數計數器，例如 10-1-2 節的非同步 BCD 計數器，是利用 NAND 閘將非同步模數 16 計數器修改成非同步模數 10 的計數器。

非同步 <2^N 模數計數器的設計方法與非同步 BCD 計數器的設計方法類似，如表 10.4 所列出模數 14 計數器狀態表中，當計數器輸出 $Q_D Q_C Q_B Q_A$ 遞增至 1110 (14) 時，$\overline{CLR}$ =0 使得 $Q_D Q_C Q_B Q_A$ 被清除為 0000。所以如圖 10.7 將 Q_D、Q_C、Q_B 接到 NAND 閘輸入端，而將 NAND 閘輸出端接到所有正反器的 $\overline{CLR}$ (清除) 輸入端，當計數值遞增到 1110 時 NAND 閘的輸出為 0，而清除所有正反器的輸出，使計數值回到 0000。

▶表 10.4　非同步模數 14 計數器狀態表

時脈	正向輸出 (上數計數)				清除	時脈	正向輸出 (上數計數)				清除
CK	QD	QC	QB	QA	$\overline{CLR}$	CK	QD	QC	QB	QA	$\overline{CLR}$
0	0	0	0	0	1	8	1	0	0	0	1
1	0	0	0	1	1	9	1	0	0	1	1
2	0	0	1	0	1	10	1	0	1	0	1
3	0	0	1	1	1	11	1	0	1	1	1
4	0	1	0	0	1	12	1	1	0	0	1
5	0	1	0	1	1	13	1	1	0	1	1
6	0	1	1	0	1	14	1→0	1→0	1→0	0→0	0
7	0	1	1	1	1	15	0	0	0	1	1
						16	.	.	.	.	.

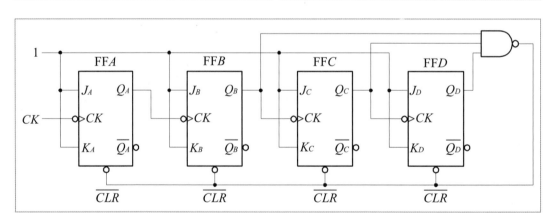

圖 10.7　非同步模數 14 計數器

10-1-4　非同步計數器 IC

7493 與 74293 是等效計數器 IC，而 74293 是較新的設計且它的 V_{CC} 與 GND 都在 IC 的轉角上。圖 10.8 是 IC 7493 或 IC 74293 計數器的內部結構，圖 10.9 為 7493 (或

74293) 計數器的符號，它與廠商資料手冊上的邏輯圖相同，但有些接腳名稱不同說明如下：

1. 7493 (或 74293) 有四個正反器，其中 Q_A 為模數 2 記數器，且使用時脈 CK_A 負緣來觸發。Q_D、Q_C、Q_B 為模數 8 計數器，Q_D 為最高有效位元 (MSB)，Q_B 為最低有效位元 (LSB)，且使用時脈 CK_B 負緣來觸發。

2. 若將 Q_A 接至 CK_B 則形成圖 10.1 的模數 16 計數器，Q_D 為為最高有效位元 (MSB)，而 Q_A 為為最低有效位元 (LSB)，且使用時脈 CK_A 負緣來觸發。

3. $R_{0(1)}$ 與 $R_{0(2)}$ 是重置 (Reset) 輸入端，它可當作改變模數的輸入端。當 $R_{0(1)}$=1 且 $R_{0(2)}$=1 時，NAND 閘的輸出 $\overline{CLR}$=0，而清除所有正反器的輸出，使計數值回到 0000。

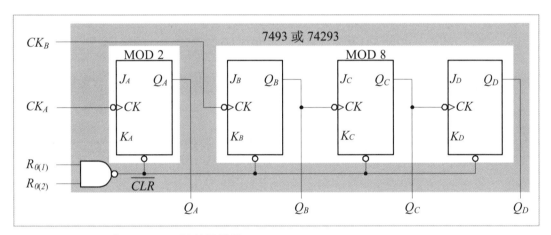

圖 10.8　IC 7493 與 IC 74293 計數器結構

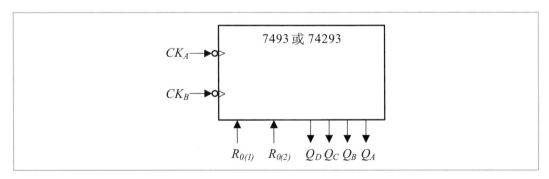

圖 10.9　IC 7493 與 IC 74293 計數器符號

例 10.1 利用 7493 或 74293，設計一個模數 10 與模數 16 計數器。

邏輯圖

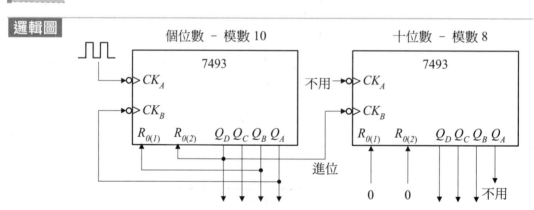

(a) 模數 10 計數器　　　　　　　　*(b)* 模數 16 計數器

說明
1. 圖(a)是先將 Q_A 接至 CK_B 成為模數 16 計數器。在將 Q_B、Q_D 分別接至 $R_{0(1)}$ 與 $R_{0(2)}$，當輸出為 1010 時使計數器歸 0，而成為模數 10 計數器。
2. 圖(b)只是將 Q_A 接至 CK_B 成為 DIV16 計數器。

例 10.2 串接二個 7493 或 74293，設計一個非同步模數 80 上數計數器。

邏輯圖

個位數 – 模數 10　　　　　　　　十位數 – 模數 8

說明
1. 將左邊的 7493 的連接成模數 10 計數器，當作個位數計數值。將右邊的 7493 的連接成模數 8 計數器，當作十位數計數值。
2. 將左邊 7493 的 Q_D 接至左邊 7493 的 CK_B，以 Q_D 的負緣來觸發右邊模數 8 計數器，所以左邊模數 10 計數器由 1001 回到 0000 時，右邊模數 8 計數器會加 1。

10-2 同步計數器

10-2-1　非同步計數器的傳輸延遲

非同步計數器 (或稱鏈波計數器) 是二進位計數器中最簡單的一種，因為它所需的元件最少。但是，它內部各正反器的觸發並非同步，而是由時脈觸發 FFA、再由 FFA 的輸出觸發 FFB、再由 FFB 的輸出觸發 FFC···以此類推。而且，每一個正反器都有固定的傳輸延遲時間 (t_{pd})，例如由時脈觸發 FFA 到 FFA 的輸出須延遲 t_{pd} 時間，再由 FFA 的輸出觸發 FFB 到 FFB 的輸出則延遲 $2 \times t_{pd}$ 時間，再由 FFB 的輸出觸發 FFC 到 FFC 的輸出則延遲 $3 \times t_{pd}$ 時間，···以此類推。如圖 10.10 為 3 位元鏈波計數器的時脈效應。

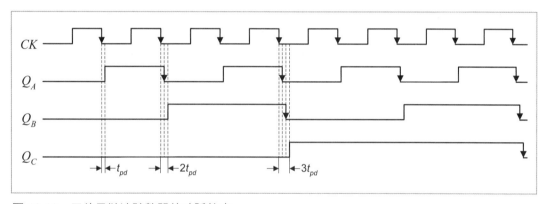

圖 10.10　三位元鏈波計數器的時脈效應

如圖 10.10 三位元鏈波計數器第 3 級的傳輸延遲為 $3t_{pd}$。依此類推，四位元鏈波計數器第 4 級的傳輸延遲為 $4t_{pd}$，五位元鏈波計數器第 5 級的傳輸延遲為 $5t_{pd}$，N 位元鏈波計數器第 n 級的傳輸延遲為 nt_{pd}。當 $nt_{pd} > t_{CK}$ 時，前一個 CK 的第 n 級還沒改變狀態，而下一個 CK 又觸發第 1 級使其改變狀態，如此將造成各級正反器輸出狀態解碼的錯誤。

因為非同步計數器的各級正反器會累積傳輸延遲，所以限制了非同步計數器的應用，如時脈信號的週期不可太短，以及計數器的級數不可太多。而以下各節討論的同步計數器，因為每個正反器皆同時觸發也同時改變輸出狀態，所以可解決非同步計數器傳輸延遲的問題。

10-2-2 同步四位元二進位計數器

上數計數器

下面是利用 9-2-3 節同步上數計數器設計方法，所得的同步四位元二進位上數計數器運算式。再利用下列運算式畫出同步四位元二進位上數計數器的邏輯電路如圖 10.10。由運算式或邏輯圖可看出，當 CK 觸發同時對四個正反器的 J、K 取樣，所以每次 CK 觸發都將根據 J、K 的輸入狀態而改變 Q 的輸出狀態。

$$J_A = K_A = 1$$

$$J_B = K_B = Q_A$$

$$J_C = K_C = Q_A Q_B$$

$$J_D = K_D = Q_A Q_B Q_C$$

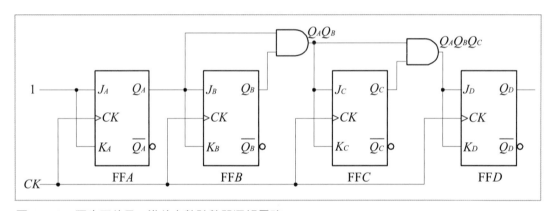

圖 10.10　同步四位元二進位上數計數器邏輯電路

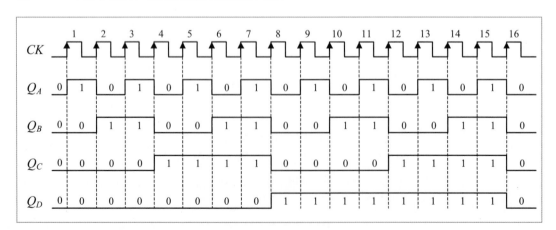

圖 10.11　同步四位元二進位上數計數器時序圖 (QA 為 LSB)

　　圖 10.11 是同步四位元二進位上數計數器時序圖，其中 Q_A 為最低有效位元 (LSB)，而 Q_D 為最高有效位元 (MSB)。由時序圖可看出當 CK 的正緣觸發時，FFA、FFB、FFC、FFD 四個正反器是同時對輸入取樣，所以 Q_A、Q_B、Q_C、Q_D 是同時改變狀態。

下數計數器

　　下面是利用 9-2-3 節同步下數計數器設計方法，所得的同步四位元二進位下數計數器運算式，再利用下列運算式畫出同步四位元二進位下數計數器的邏輯電路如圖 10.12。由運算式或邏輯圖可看出，當 *CK* 觸發同時對四個正反器的 *J*、*K* 取樣，所以每次 *CK* 觸發都將根據 *J*、*K* 的輸入狀態而改變 *Q* 的輸出狀態。雖然 J、K 的取樣與 $\overline{Q}$ 有關，但仍以 Q 為其正向輸出。

$$J_A = K_A = 1$$

$$J_B = K_B = \overline{Q_A}$$

$$J_C = K_C = \overline{Q_A}\,\overline{Q_B}$$

$$J_D = K_D = \overline{Q_A}\,\overline{Q_B}\,\overline{Q_C}$$

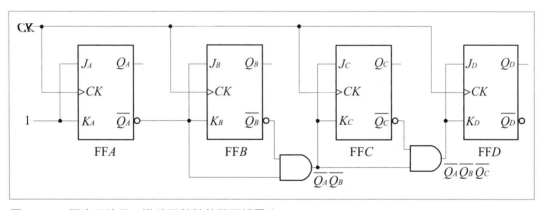

圖 10.12　同步四位元二進位下數計數器邏輯電路

　　圖 10.13 是同步四位元二進位上數計數器時序圖，其中 Q_A 為最低有效位元 (LSB)，而 Q_D 為最高有效位元 (MSB)。由時序圖可看出當 *CK* 的正緣觸發時，FFA、FFB、FFC、FFD 四個正反器是同時對輸入取樣，所以 Q_A、Q_B、Q_C、Q_D 是同時改變狀態。

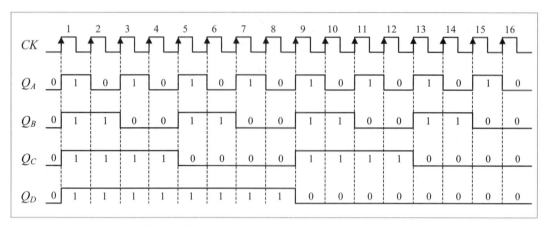

圖 10.13　同步四位元二進位下數計數器時序圖 (QA 為 LSB)

上數/下數計數器

　　同步四位元二進位上數/下數計數器,只是將單獨上數計數器與單獨下數計數器合併,再利用選擇輸入 S 來選擇,當 $S=1$ 時選擇上數計數,當 $S=0$ 時選擇下數計數。同步四位元二進位上數/下數計數器的運算式如下,再利用運算式畫出同步四位元二進位上數/下數計數器的邏輯電路如圖 10.14。

$$J_A = K_A = 1$$

$$J_B = K_B = SQ_A + \overline{S}\,\overline{Q_A}$$

$$J_C = K_C = SQ_A Q_B + \overline{S}\,\overline{Q_A}\,\overline{Q_B}$$

$$J_D = K_D = SQ_A Q_B Q_C + \overline{S}\,\overline{Q_A}\,\overline{Q_B}\,\overline{Q_C}$$

　　由圖 10.14 可看出,當 $S=1$ 時將致能 G1、G4、G7 的輸出,而 G3、G6、G9 的輸出為 0,再經過 G2、G5、G8 的運算而成為一上數計數器。當 $S=0$ 時將致能 G3、G6、G9 的輸出,而 G1、G4、G7 的輸出為 0,再經過 G2、G5、G8 的運算而成為一下數計數器。

可預置計數器

　　可預置計數器就是使用預置清除型正反器來製作計數器,如此可在時脈信號觸發前,先預置或清除正反器來設定計數器的初值。

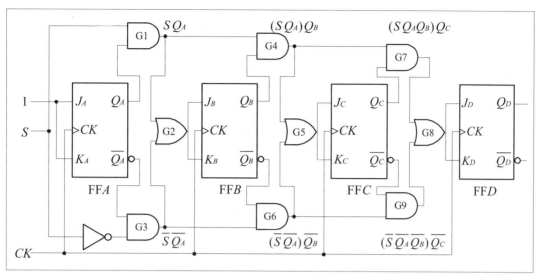

圖 10.14　同步四位元二進位上數/下數計數器邏輯電路

10-2-3　同步 BCD 計數器

下面是利用 9-2-3 節同步計數器設計方法，所得的同步 BCD 上數計數器運算式。再利用下列運算式畫出同步 BCD 上數計數器的邏輯電路如圖 10.15。

$$J_A = K_A = 1$$

$$J_B = K_B = Q_A \overline{Q_D}$$

$$J_C = K_C = Q_A Q_B$$

$$J_D = K_D = Q_A Q_B Q_C + Q_A Q_D$$

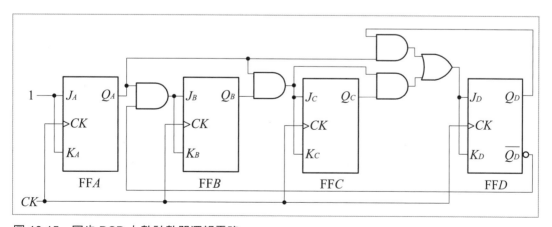

圖 10.15　同步 BCD 上數計數器邏輯電路

　　圖 10.16 是同步 BCD 上數計數器時序圖，其中 Q_A 為最低有效位元 (LSB) 而 Q_D 為最高有效位元 (MSB)。由時序圖可看出第 10 個 CK 觸發時，Q_A、Q_B、Q_C、Q_D 被清除為 0，然後再重新計數。

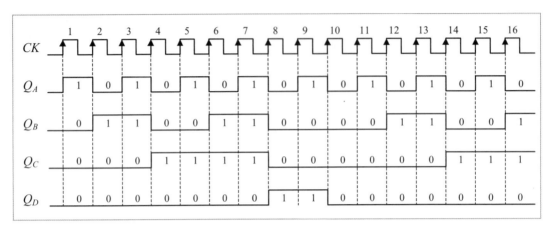

圖 10.16　同步 BCD 上數計數器時序圖 (Q_A 為 LSB)

10-2-4　同步計數器 IC

同步計數器 IC

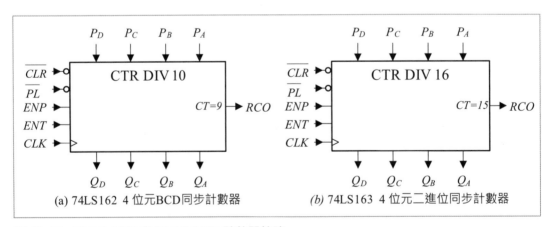

圖 10.17　IC 74LS162 與 IC 74LS163 計數器符號

　　圖 10.17 為 IC 74162 同步 BCD 上數計數器的符號，與 IC 74163 同步四位元二進位上數計數器的符號，74162 與 74163 的工作狀態表如表 10.4。

　　將上面敘述整理成表 10.5　74LS162 與 741LS63 的狀態表，由表中可以更清楚瞭解 74LS162 與 74LS163 的工作狀態。

▶表 10.5　74LS162 與 741LS63 狀態表

輸入					輸出		動作
$\overline{CLR}$	$\overline{PL}$	ENP	ENT	CLK	QDQCQBQA	RCO	
1	1	1	1	0→1	----	0	上數計數
1	0	X	X	0→1	$P_DP_CP_BP_A$	0	預設輸入
0	X	X	X	0→1	0000	0	清除輸入
X	X	X	1	X	1111 (1001)	1	進位輸出 1

註 1：若為 IC 74LS162，當 $Q_DQ_CQ_BQ_A$=1001 則 RCO=1。(為十進位計數器)

註 2：若為 IC 74LS163，當 $Q_DQ_CQ_BQ_A$=1111 則 RCO=1。(為十六進位計數器)

例 10.3　利用 74163，設計模數 9 重複 (7-15) 的上數計數器。

邏輯圖

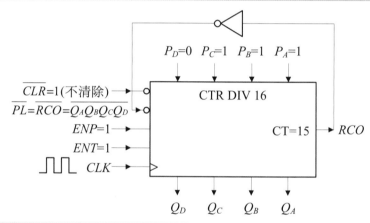

說明　74163 是模數 16 (0 到 15) 計數器，若令輸入 $P_DP_CP_BP_A$=0111 且 $\overline{PL} = \overline{RCO} = \overline{Q_D \cdot Q_C \cdot Q_B \cdot Q_A}$，當輸出 $Q_DQ_CQ_BQ_A$=1111 時 RCO=1 則 $\overline{PL} = 0$。又因為 $\overline{PL} = 0$ 會重新載入 $P_DP_CP_BP_A$=0111 值，所以電路將重複 7 (0111) 到 15 (1111) 的計數。

例 10.4 利用 74163，設計模數 9 重複 0-8 的上數計數器。

邏輯圖

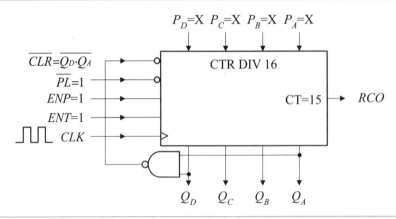

說明 74163 是模數 16 (0 到 15) 計數器，只要令輸入 $\overline{CLR} = \overline{Q_D \cdot Q_A}$，則當計數輸出 $Q_D Q_C Q_B Q_A = 1001$ 時 $\overline{CLR} = 0$ 。又因為 $\overline{CLR} = 0$ 會清除 $Q_D Q_C Q_B Q_A = 0000$，所以電路將重複 0 (0000) 到 8 (1000) 的計數。

同步上數/下數計數器 IC

圖 10.18 為 74192 的符號，與 74193 的符號，74192 與 74193 的工作狀態表如表 10.5。

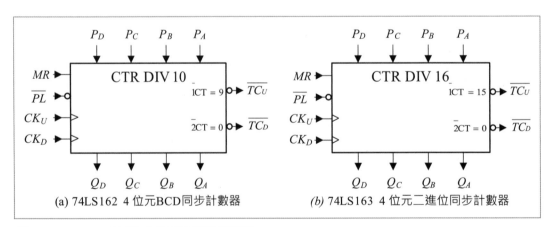

圖 10.18 IC 74192 與 IC 74193 計數器符號

將上面敘述整理成表 10.6 74192 與 74193 的狀態表，由表中可以更清楚瞭解 74192 與 74193 的工作狀態。

▶表 10.6 74192 與 74193 狀態表

輸入				輸出			動作
MR	$\overline{PL}$	CKU	CKD	QDQCQBQA	TCU	TCD	
0	1	0→1	1	----	-	-	上數計數
0	1	1	0→1	----	-	-	下數計數
0	0	X	X	$P_DP_CP_BP_A$	-	-	預設輸入
1	X	X	X	0000	-	-	清除輸入
X	X	0	X	1111 (1001)	0	1	進位輸出 0
X	X	X	0	0000	1	0	借位輸出 0

註 1：若為 IC 74192，當 $Q_DQ_CQ_BQ_A$=1001 則 TC_U=0。(為十進位計數器)

註 2：若為 IC 74193，當 $Q_DQ_CQ_BQ_A$=1111 則 TC_U=0。(為十六進位計數器)

例 10.5 利用 74193，設計一個模數 12 上數計數器。

邏輯圖

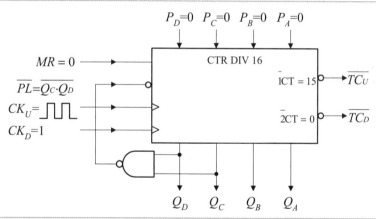

說明 74193 是模數 16 上數/下數計數器。上面邏輯電路圖是令輸入 $P_DP_CP_BP_A$=0000、MR=0、$\overline{PL} = \overline{Q_D \cdot Q_C}$、$CK_U$=時脈信號、$CK_D$=1。所以當計數輸出 $Q_DQ_CQ_BQ_A$=1100 時 $\overline{PL} = 0$。又因為 $\overline{PL} = 0$ 會重新載入 $P_DP_CP_BP_A$=0000 值，所以電路將重複 0 (0000) 到 12 (1100) 的計數。

例 10.6 利用 74193，設計一個模數 12 下數計數器。

邏輯圖

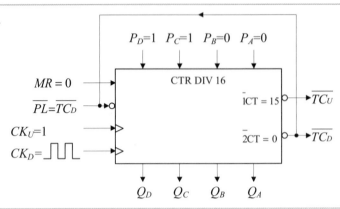

說明 74193 是模數 16 上數/下數計數器。上面邏輯電路圖是令輸入 $P_D P_C P_B P_A = 1100$、$MR = 0$、$\overline{PL} = \overline{TC_D}$、$CK_U = 1$、$CK_D =$時脈信號。當計數輸出 $Q_D Q_C Q_B Q_A = 0000$ 時 $\overline{TC_D} = 0$。且因為 $\overline{PL} = \overline{TC_D} = 0$ 會重新載入 $P_D P_C P_B P_A = 1100$ 值，所以電路將重複 12 (1100) 到 0 (0000) 的遞減計數。

10-3 計數器解碼

10-3-1 高電位動作解碼

計數器的應用中，常需要利用計數器的輸出狀態來觸發其它電路，所以常需要對計數器中的所有狀態或某些狀態解碼，再利用解碼輸出來觸發其它電路。

計數器解碼可使用邏輯閘或解碼器來解碼，圖 10.19 是 2 位元二進位計數器所有狀態的解碼方法，(a) 是當計數器輸出 $Q_A = 0$ 且 $Q_B = 0$ 則解碼輸出 $\overline{Q_A} \cdot \overline{Q_B} = 1$，(b) 是當計數器輸出 $Q_A = 0$ 且 $Q_B = 1$ 則解碼輸出 $\overline{Q_A} \cdot Q_B = 1$，(c) 是當計數器輸出 $Q_A = 1$ 且 $Q_B = 0$ 則解碼輸出 $Q_A \cdot \overline{Q_B} = 1$，(d) 是當計數器輸出 $Q_A = 1$ 且 $Q_B = 1$ 則解碼輸出 $Q_A \cdot Q_B = 1$。因為 4 種解碼輸出皆為 1，所以視為高電位動作解碼。

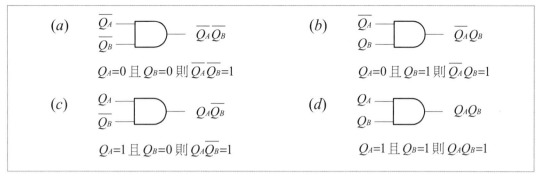

圖 10.19　2 位元二進位計數器高電位動作解碼

例 10.7　對 3 位元二進位非同步計數器的狀態 2，作高電位動作解碼。

邏輯圖

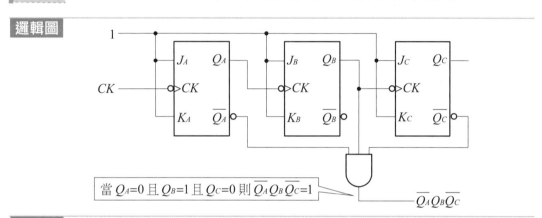

說明　將計數器的 $\overline{Q_C}$、Q_B、$\overline{Q_A}$ 接到 AND 閘的輸入端。當計數值為 010 時，因 $Q_C Q_B Q_A=010$ 而 $\overline{Q_C} Q_B \overline{Q_A}=111$，所以 AND 閘解碼輸出為 1。

10-3-2　低電位動作解碼

　　計數器解碼可使用邏輯閘或解碼器來解碼，圖 10.20 是 2 位元二進位計數器所有狀態的解碼方法，(a) 是當計數器輸出 $Q_A=0$ 且 $Q_B=0$ 則解碼輸出 $\overline{\overline{Q_A} \cdot \overline{Q_B}}=0$，(b) 是當計數器輸出 $Q_A=0$ 且 $Q_B=1$ 則解碼輸出 $\overline{\overline{Q_A} \cdot Q_B}=0$，(c) 是當計數器輸出 $Q_A=1$ 且 $Q_B=0$ 則解碼輸出 $\overline{Q_A \cdot \overline{Q_B}}=0$，(d) 是當計數器輸出 $Q_A=1$ 且 $Q_B=1$ 則解碼輸出 $\overline{Q_A \cdot Q_B}=0$。因為 4 種解碼輸出皆為 0，所以視為低電位動作解碼。

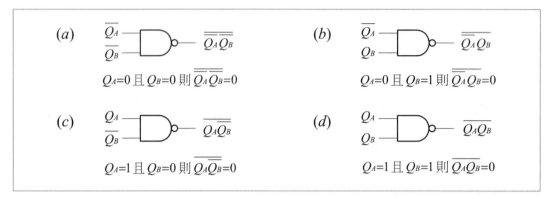

圖 10.20　2 位元二進位計數器低電位動作解碼

例 10.8　對 3 位元二進位同步計數器的狀態 5，作低電位動作解碼。

邏輯圖

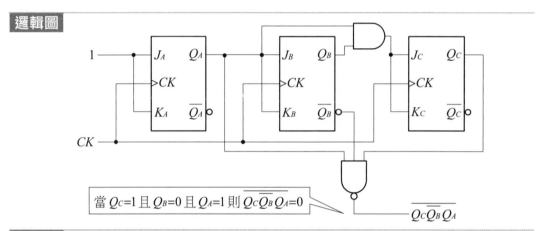

當 Q_C=1 且 Q_B=0 且 Q_A=1 則 $\overline{Q_C \overline{Q_B} Q_A}$=0

說明　將計數器的 Q_C、$\overline{Q_B}$、Q_A、接到 NAND 閘的輸入端。當計數值為 101 時，因 $Q_C Q_B Q_A$=101 而 $Q_C \overline{Q_B} Q_A$=111，所以 NAND 閘解碼輸出為 0。

10-3-3　八進位計數解碼

　　因為 IC 74138 是一個 3 對 8 的解碼器，所以可以使用 IC 74138 來處理八進位計數器的解碼。因為 74138 的解碼輸出皆為 0，所以可視為八進位計數器的低電位動作解碼器。二進位對八進位解碼器、二進位對十六進位解碼器、或 BCD 對十進位解碼器的詳細說明請參閱 7-1-2、7-1-3、7-1-4 節。

例 10.9 使用 74138 解碼器，對 3 位元二進位計數器的所有狀態解碼。

邏輯圖

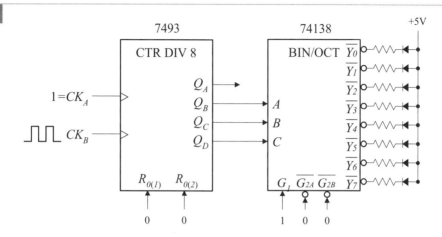

說明 利用 7493 來作一個八進位計數器，也就是 CK_B 為時脈輸入，Q_D、Q_C、Q_B 為計數輸出。再將 7493 的 Q_D、Q_C、Q_B 接到 74138 的輸入端 C、B、A。如此，當計數值為 000 時，$\overline{Y_0}$ =0 且接到 $\overline{Y_0}$ 上的 LED 會亮，當計數值為 001 時，$\overline{Y_1}$ =0 且接到 $\overline{Y_1}$ 上的 LED 會亮，以此類推・・・。

10-3-4 BCD 計數至七段顯示器解碼

因為 IC 7447 是一個 BCD 對七段顯示器的解碼器，所以可以使用 IC 7447 來處理 BCD 計數器對七段顯示器的解碼。因為 7447 的解碼輸出為低電位，所以可視為 BCD 計數器對七段顯示器的低電位動作解碼器。BCD 對七段顯示解碼/驅動器的詳細說明請參閱 7-1-5 節。

 例 10.10 使用 7447 BCD/7SEG 解碼器，對 BCD 計數器解碼與顯示。

邏輯圖

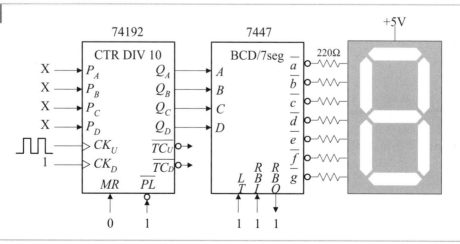

> **說明** 利用 74192 十進位計數器的輸出 Q_D、Q_C、Q_B、Q_A 接到 7447 的輸入端 D、C、B、A，再將 7447 的輸出接到共陽極七段顯示器上。因此，當計數值為 0000 時 $Q_D Q_C Q_B Q_A$=0000，經過 7447 解碼後七段顯示器顯示 0；當計數值為 0000 時 $Q_D Q_C Q_B Q_A$=0001，經過 7447 解碼後七段顯示器顯示 1；以此類推···，當計數值為 0000 時 $Q_D Q_C Q_B Q_A$=1001，經過 7447 解碼後七段顯示器顯示 9。

10-4 VHDL 程式設計

10-4-1 二進制計數器

在數位邏輯的世界裡，所有的訊號都是以二進制的樣貌存在。所以二進制計數器(Binary Counter)是最基礎的一種計數器。

計數器是數位邏輯電路中最重要的序向邏輯電路之一。幾乎所有的產品設計中都少不了它的身影，計數器可以說是數位電路的百變王。一般來說，**計數器有三種功能，第一種功能就是「計數」，第二種功能就是「除頻」，第三種功能是「狀態建立」**。圖 10.21 顯示一個三位元同步計數器的邏輯電路圖例，而在本書第十二章的做中學專題中，讀者就可以見識到計數器的各種用途。

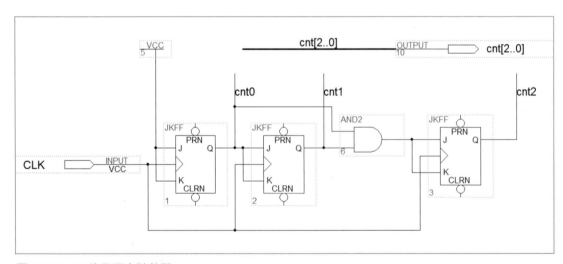

圖 10.21　三位元同步計數器

現在就來開始學習如何使用 VHDL 語言來設計二進制的計數器。首先，我們先來設計一個 24 位元的二進制計數器。後面的做中學專題部分，在推動 LED 點矩陣的實作案例中，就會使用到它作為除頻電路之用。

程式 10-01a：二進制計數器 (一)

```
1:  --LIBRARY DECLARATION
2:  library ieee;
3:  use ieee.std_logic_1164.all;
4:  use ieee.std_logic_arith.all;
5:  use ieee.std_logic_unsigned.all;
6:
7:  --ENTITY DECLARATION
8:  entity free_counter is
9:    port(
10:       clk       : in  std_logic;                    --計數時脈
11:       cnt_value : out std_logic_vector(23 downto 0)--計數器輸出值
12:       );
13: end free_counter ;
14:
15: --ARCHITECTURE BODY DESCRIPTION
16: architecture a of free_counter is
17:    signal q : std_logic_vector(23 downto 0); --宣告一個 24 位元的暫存器
18: begin
19: --24bits free counter
20: process (clk)
21: begin
22:    if (clk'event and clk = '1') then        --如果出現正緣觸發 clk
23:      q <= q + 1;                            --暫存器的值加 1
24:    end if;
25: end process ;
26:
27: --port connection
28:    cnt_value <= q ;                         --把暫存器的值設定至輸出
29: end a ;
```

模擬結果

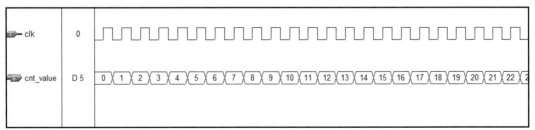

這種計數器泛稱為自由計數器(free counter)，因為它沒有任何控制信號和限制條件，自由計數器會從 0 開始計數一直到最高數值(視其輸出訊號的位元寬度而定)，之後又會從 0 開始計數。

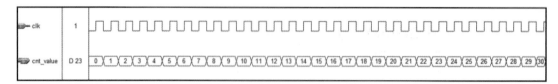

自由計數器的除頻功能

因為二進制計數器的計數值(cnt_value)的每一個位元的輸出頻率，都存在【除2】的定律，因此經常被用來作為除頻電路之用。

Cnt_value(0)這個訊號的頻率是計數時脈 CLK 的二分之一。

Cnt_value(1)的「0」跟「1」之間的變化速度是 Cnt_value(2)的二分之一。

Cnt_value(2)的「0」跟「1」之間的變化速度是 Cnt_value(3)的二分之一。

……以此類推，換句話說：

Cnt_value(0)這個訊號的頻率是時脈(clk)除 2 的結果。

Cnt_value(1)這個訊號的頻率是時脈(clk)除 4 的結果。

Cnt_value(2)這個訊號的頻率是時脈(clk)除 8 的結果。

……以此類推

因此只要從適當的輸出腳位拉出訊號作為輸出頻率，就可以把自由計數器當作除頻電路來使用。做法也很簡單，只要在原先的計數器中增加兩行程式碼即可。

1-在 ENTITY 宣告區中增加一個輸出訊號：

freq_div   : out std_logic ;

2-在 ARCHITECTURE 功能描述區中增加一條程式碼如下：

freq_div <= q(3);   --從第 4 的腳位拉出訊號來做為輸出的頻率。

整個除頻電路的模擬結果

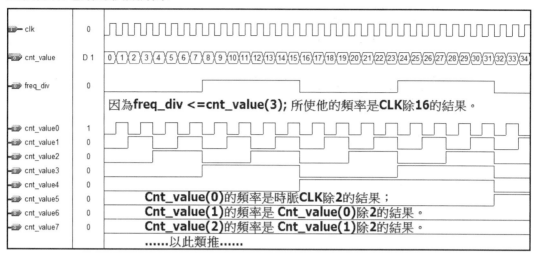

除頻電路的 VHDL 程式設計只需要在原先自由計數器上面增加兩行程式碼即可：

程式 10-01b：二進制計數器 (二)

```
1:  ............ 相同程式碼部分省略不再贅述........................
2:  entity freecounter_freq_div is
3:    port(
4:        Clk : in  std_logic;
5:        cnt_value : out std_logic_vector(23 downto 0);
6:        freq_div : out std_logic   --除頻後的輸出時脈
7:      );
8:  end freecounter_freq_div ;
9:  ............ 相同程式碼部分省略不再贅述........................
10: --Port Connection************
11:    cnt_value <= q;
12:    freq_div  <= q(3);                --設定暫存器的第 3 位元作為輸出時脈
13: end a ;
```

因為二禁制計數器的每個位元都有除 2 的特性，因此 freq_div 的頻率會是 clk 頻率十六分之一(除 16)。

10-4-2 BCD 計數器

BCD 是 binary-coded decimal 的簡寫，意思是用二進制編碼的十進制。BCD 計數器是一個十進制的計數器，從 0 開始向上數，最多數到 9，然後又歸零從 0 開始向上計數，如圖 10.22 所示。

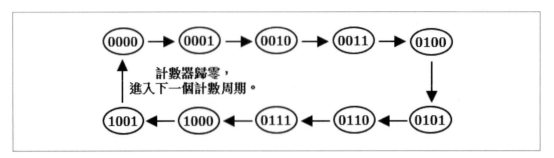

圖 10.22　BCD 計數器的計數模式

　　BCD 計數器的每一個計數值都是由 4 個二進制位元所組成的，因此從左向右看，每一個位元代表的基數權重分別是 8、4、2、1，因此 BCD 碼之也稱為 8421 碼。表 10.7 列出 BCD 計數器的真值表，表中列出十進制數值與其對應的 BCD 碼。

　　顯示 BCD 計數器的輸出裝置；常見的有七段顯示器(或模組)和 LCD 面板兩種。七段顯示器會經由一個 BCD 碼轉七段顯示器的解碼電路，就能將計數值顯示於七段顯示器上；後者則是使用 ASCII Code。

▶表 10.7　BCD 計數器的真值表

十進制數值	BCD 碼			
	$2^3 = 8$	$2^2 = 4$	$2^1 = 2$	$2^0 = 1$
0	0	0	0	0
1	0	0	0	1
2	0	0	1	0
3	0	0	1	1
4	0	1	0	0
5	0	1	0	1
6	0	1	1	0
7	0	1	1	1
8	1	0	0	0
9	1	0	0	1

　　在此特別提醒一下，同樣是用來執行計數功能的計數器，何時該用二進制計數器？何時該用 BCD 計數器呢？兩者的使用時機基本上可以這樣區分：當計數器的輸出數值需要藉由輸出裝置顯示出來時，這時候適合採用 BCD 計數器的設計，便於將輸出數值得顯示；如果計數器的輸出數值並不需要傳送到輸出裝置顯示，則採用二進制計數器即可，可簡化設計工作的複雜度。

BCD 計數器的 VHDL 程式設計

程式 10-02：BCD 計數器

```vhdl
1:  --LIBRARY DECLARATION
2:  library ieee;
3:  use ieee.std_logic_1164.all;
4:  use ieee.std_logic_arith.all;
5:  use ieee.std_logic_unsigned.all;
6:
7:  --ENTITY DECLARATION
8:  entity bcd_counter is
9:    port(
10:       clk:in  std_logic;
11:       enable:in  std_logic;
12:       cnt_value:out std_logic_vector(3 downto 0)
13:       );
14: end bcd_counter ;
15:
16: --ARCHITECTURE BODY DESCRIPTION
17: architecture a of bcd_counter is
18:   signal q: std_logic_vector(3 downto 0);
19: begin
20: -- an enable bcd counter
21:   process (clk)
22:   begin
23:     if (clk'event and clk = '0') then
24:       if enable = '1' then
25:         if q /= 9 then
26:           q <= q + 1;
27:         else
28:           q <= "0000";
29:         end if;
30:       end if;
31:     end if;
32:   end process;
33: --port connection
34:     cnt_value <= q;
35: end a ;
```

　　程式中增加了一個控制訊號「enable」，當 enable=0 時，計數器將停止執行計數的工作；必須當 enable=1 時，計數器才會執行計數的工作。讀者可自行增加其他的控制訊號，例如 Reset、output_enable…等，賦予計數器更具彈性的工作方式。

模擬結果

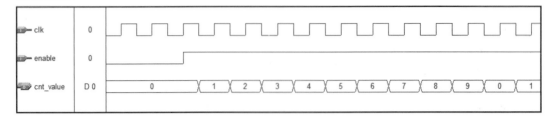

10-4-3　0 到 59 上下計數器

實用上經常會用到多位元的計數器,例如顯示時間需要 6 位數的計數器,一般的數位電錶也會有 5 至 8 位數的輸出,如圖 10.23(a)和(b)所示。

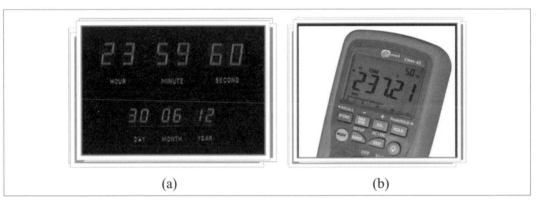

圖 10.23　(a) 6 位數的計數器, (b) 數位電表

接下來我們就來設計一個 0-59 的計數器。有別於前面的二進制計數器,這個範例中,計數器的輸出將採用 BCD 碼的格式,例如十進制數字的 13,我們會用"0001"和"0011"來表示;同理,59 則用"0101"和"1001"來表示。

這麼做的好處是方便輸出裝置的顯示。當我們要把計數器的結果丟到七段顯示器上面顯示時,我們只需要利用 BCD 碼轉七段顯示器的解碼器,就可以輕鬆地把計數器的結果顯示出來;試想如果計數器是採用二進制的輸出格式,那麼解碼電路的就會變得非常巨大。

0-59 計數器的 VHDL 程式設計

行為描述法是 VHDL 程式語言的特色,只要行為描述的邏輯是正確的,就可以把電路合成出來。

在 0-59 計數器的計數行為中，我們可以把 0→1→2→…→59→0…這樣的計數行為區分成三種模式：

1. 當計數值=59 時，則將個位數歸零，十位數也歸零；

2. 當計數值的個位數=9 時，十位數≠5 時，則將個位數歸零，十位數加 1；

3. 其他，則將個位數加 1。

根據上述的三種行為方式完成下面的 0-59 計數器的 VHDL 程式設計：

程式 10-03：0 到 59 上下計數器

```
1: --LIBRARY DECLARATION
2: library ieee;
3: use ieee.std_logic_1164.all;
4: use ieee.std_logic_arith.all;
5: use ieee.std_logic_unsigned.all;
6:
7: --ENTITY DECLARATION
8: entity counter_0to59_2 is
9:   port(
10:       clk              : in  std_logic;
11:       enable           : in  std_logic;
12:       cnt_ten, cnt_one : out std_logic_vector(3 downto 0);
13:       carry            : out std_logic
14:       );
15: end counter_0to59_2 ;
16:
17: --ARCHITECTURE BODY DESCRIPTION
18: architecture a of counter_0to59_2 is
19:   signal a, b : std_logic_vector(3 downto 0);
      --a:十位數的值，b:個位數的值
20: begin
21: --counter 0-59
22:   process(clk)
23:   begin
24:     if clk'event and clk = '1' then
25:       if b = 9 then            --如果個位數=9
26:         b <= "0000";           --個位數歸零
27:         if a = 5 then          --如果十位數=5（此時 a=5 且 b=9）。
28:           a <= "0000";         --十位數歸零。
29:           carry <= '1';        --進位信號設為 HIGH
30:         else                   --否則的話（只有 b=9，但是 a≠5）
31:           a <= a + '1';        --十位數加 1
32:         end if;
33:       else                     --當 b≠9 時
```

```
34:          b <= b + '1';            --個位數加 1
35:          carry <= '0';           --進位信號設為 LOW (完成進位的時脈)
36:        end if;
37:     end if;
38:  end process;
39: --Connection
40:  cnt_ten <= a;                    --暫存器 a 傳送至 cnt_ten
41:  cnt_one <= b;                    --暫存器 b 傳送至 cnt_one
42: end a ;
```

模擬結果

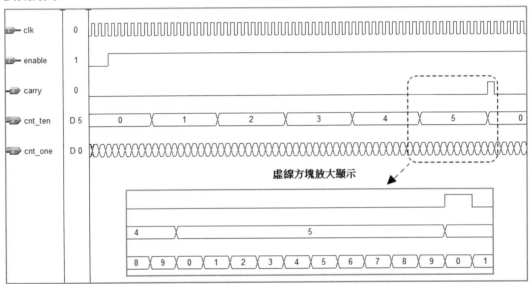

當然，我們也可以將上面的設計模組化，先行個別設計一個模 10 和一個模 6 的計數器，然後再用繪圖輸入法將兩個計數器整合成 0-59 的計數器，如圖 10.24 所示。

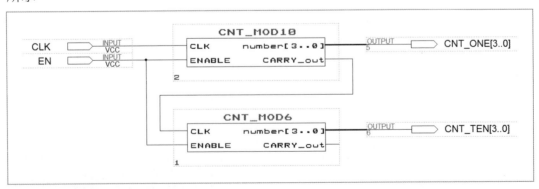

圖 10.24　模組化的 0-59 計數器

　　這種階層式的設計方式雖然會用到文字和繪圖兩種電路設計介面，但是卻是實用而且比較有彈性的設計方式，試想，如果一個從 0 數到 9999 的計數器，純粹用 VHDL 來設計時，程式將顯得非常冗長；反之先用 VHDL 設計一個 BCD 計數器，在上一層再用繪圖法呼叫 4 個相同的計數器，再將他們連接成一個 4 位元的計數器，便大功告成了，簡單又方便！事實上，數位系統開發者通常都會以圖形輸入法 (Graphic Edit)來做為系統設計的最上層電路，因為模組化的表達方式可以讓系統的結構一目了然。

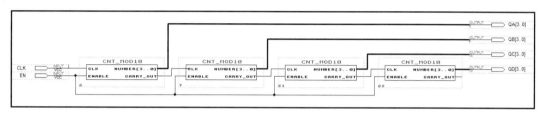

10-4-4　預載型計數器

　　一般的計數器通常都是從 0 開始進行上(或下)的計數動作，但是預載型計數器 (Preload counter)在開始計數前會先行載入(Load)一個預設值，然後再從這個預設值開始執行計數的動作。

　　生活中經常可見預載型計數器的應用。像是電視、冷氣、風扇都有定時關閉電源的功能，廚房裡的電子安全爐也可以設定烹煮時間，不用一直盯住爐火。工廠裡的塑膠射出成型機，剛剛開機時前面幾十或幾百個成品會因模具溫度尚未均勻而產生毛邊太大的瑕疵品，此時預載型計數器就會派上用場，計數器會先將前面射出的 200 個產品剃除(預載值=200)，之後才讓良品進入下一個生產線。

　　因為預載型計數器必須先完成數值載入之後才會開始計數的動作，因此在動作流程上必分成兩個區塊來設計。另外，預載型計數器大多是採用下數的方式進行計數的動作。

```
IF (clk'EVENT AND clk = '1') THEN
    IF load = '0' THEN              --當 load='0'
        cnt <= pre_value;          --載入預設值
    ELSE                           --否則的話，也就是當 load='0'
        IF enable = '1' THEN       --當 enable='1'時執行計數器的動作
            q <= q - 1;            --計數器的值減 1(向下數)
        END IF;
    END IF;
END IF;
```

程式 10-04：預載型計數器

```
1:  --LIBRARY DECLARATION
2:  library ieee;
3:  use ieee.std_logic_1164.all;
4:  use ieee.std_logic_arith.all;
5:  use ieee.std_logic_unsigned.all;
6:
7:  --Entity Description
8:  entity preload_counter is
9:    port(
10:       clk :in  std_logic;
11:       load :in  std_logic;    --預載信號
12:       enable:in  std_logic;  --計數器致能信號
13:       pre_value :in  std_logic_vector(3 downto 0);--預載數值
14:       cnt_value :out std_logic_vector(3 downto 0)  --計數器輸出值
15:       );
16: end preload_counter ;
17:
18: --Funntional Description
19: architecture a of preload_counter is
20:    signal cnt : std_logic_vector(3 downto 0);          --計數器暫存值
21: begin
22: process (clk, load, enable)
23: begin
24:    if (clk'event and clk = '1') then
25:      if load = '0' then          --如果啟動預載功能
26:        cnt <= pre_value;         --暫存值載入預載數值
27:      else                        --如果預載功能沒被啟動
28:        if enable = '1' then      --計數器被致能
29:          if cnt/= 0 then         --當計數器值還沒下數到 0
30:            cnt <= cnt - 1;       --繼續往下計數
31:          else                    --當計數器值下數到 0
32:            null;                 --停止計數
33:          end if;
34:        end if;
35:      end if;
36:    end if;
37: end process;
38:
39: cnt_value <= cnt;                --將暫存器的數值傳送至計數器輸出值
40: end a ;
```

模擬結果

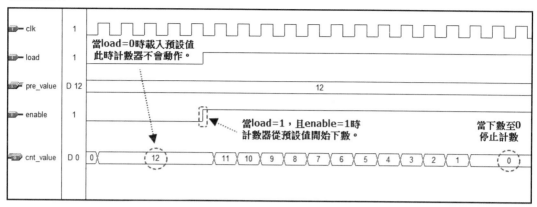

10-5 習題

一、單選題

1. ＿＿＿＿＿＿計數器是指計數器中每一個正反器的時脈輸入端 (CK) 並不接在同一個時脈輸入信號上，所以每一個正反器並不在同一時間改變狀態。

    (*a*) 同步   (*b*) 非同步

    (*c*) 上數   (*d*) 下數

2. 不使用同一個觸發信號，但可重複輸出 0000 至 1111 的狀態的計數器稱為四位元二進位(或十六進位)＿＿＿＿＿＿計數器。

    (*a*) 同步上數   (*b*) 同步下數

    (*c*) 非同步上數   (*d*) 非同步下數

3. 不使用同一個觸發信號，但可重複輸出 1111 至 0000 的狀態的計數器稱為四位元二進位(或十六進位)＿＿＿＿＿＿計數器。

    (*a*) 同步上數   (*b*) 同步下數

    (*c*) 非同步上數   (*d*) 非同步下數

4. 鏈波計數器又稱為＿＿＿＿＿＿。

    (*a*) 同步計數器   (*b*) 非同步計數器

    (*c*) 單穩態振盪器   (*d*) 無穩態振盪器

5. 非同步＿＿＿＿計數器是重複二進位 0000 到 1001 的計數，當二進位計數值遞增為 1010 時，必須重置所有正反器值為 0，使得計數值重新回到 0000。單一位元全加器。

(a) 二進位

(b) 八進位

(c) BCD

(d) 十六進位

6. 計數經過一個完整的循環然後回到啟始狀態，其中經過不同狀態的個數稱為＿＿＿＿。

(a) 循環數

(b) 迴圈數

(c) 重複數

(d) 模數

7. 下列＿＿＿＿不是同步四位元二進位上數計數器的各級輸入函數。

(a) $J_A = K_A = 0$

(b) $J_B = K_B = Q_A$

(c) $J_C = K_C = Q_A Q_B$

(d) $J_D = K_D = Q_A Q_B Q_C$

8. 下列＿＿＿＿不是同步四位元二進位下數計數器的各級輸入函數。

(a) $J_A = K_A = 0$

(b) $J_B = K_B = \overline{Q_A}$

(c) $J_C = K_C = \overline{Q_A}\,\overline{Q_B}$

(d) $J_D = K_D = \overline{Q_A}\,\overline{Q_B}\,\overline{Q_C}$

常用暫存器電路設計

11-1 移位暫存器

11-1-1 移位暫存器概論

暫存器 (Register) 主要是用來儲存資料或轉移資料。以儲存資料而言，暫存器相當於記憶體，但暫存器的存取速度較記憶體快，而暫存器的製作成本也較記憶體高。所以在數位電路系統或電腦電路系統中，通常只在微處理機 (CPU) 內配置少量的暫存器，以便暫時存放準備運算的資料，而在微處理機 (CPU) 外配置大量的記憶體，以便記憶大量資料。

以轉移資料而言，暫存器常用於主系統與週邊設備間傳送資料時的轉換界面。例如，串列輸入並列輸出移位暫存器，可用來轉換串列資料輸入設備 (如鍵盤、RS-232 界面) 傳送至 CPU 的資料。又如，並列輸入串列輸出移位暫存器，則可用來轉換 CPU 傳送至串列資料輸出設備 (如 RS-232 界面) 的資料。

移位暫存器 (Shift Register) 主要是用來轉移資料。大約可分為四種移位暫存器：(1) 串列輸入串列輸出移位暫存器 (Serial In Serial Out；SISO)，(2) 串列輸入並列輸出移位暫存器 (Serial In Parallel Out；SIPO)，(3) 並列輸入串列輸出移位暫存器 (Parallel In Serial Out；PISO)，(4) 並列輸入並列輸出移位暫存器 (Parallel In Parallel Out；PIPO)。

11-1-2　串入串出移位暫存器

串列輸入串列輸出 (Serial In Serial Out；SISO) 移位暫存器，是以位元為單位依次輸入資料至暫存器中，同時每輸入一位元資料暫存器內部的資料皆向輸出端移動一位元，所以先輸入的資料也將先輸出。圖 11.1 是 4 位元串列輸入串列輸出暫存器的邏輯電路與邏輯符號。

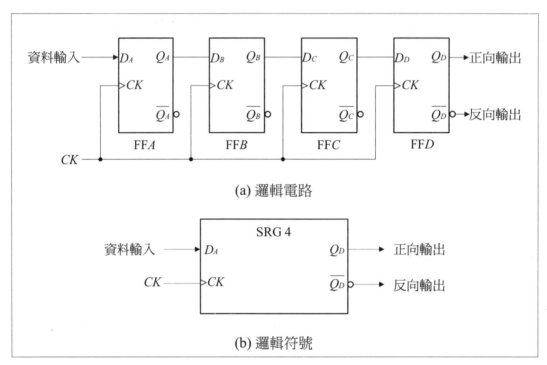

(a) 邏輯電路

(b) 邏輯符號

圖 11.1　串入串出移位暫存器

例 11.1　圖 11.1 的輸入資料為 1010，畫出其時脈、輸入、與輸出波形。

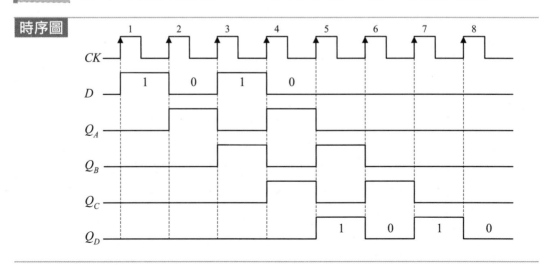

說明	1.	如圖 11.1a 邏輯電路所示，暫存器內部的正反器為正緣觸發正反器，所以串列輸入資料必須在正緣觸發前建立並保持。
	2.	如圖 11.1b 邏輯符號所示，Q_A、Q_B、Q_C為內部正反器的輸出，並不輸出至暫存器外，只有 Q_D 才是串列輸出接腳。
	3.	串列輸入資料經 5 個時脈觸發移位後，由 Q_D 依先進先出的觀念，依次輸出 1010。

串入串出移位暫存器 IC

　　IC 7491 是 8 位元串列輸入串列輸出移位暫存器如圖 11.2。圖中 SRG 8 指示此暫存器是儲存容量 8 位元的移位暫存器。A 與 B 為致能資料輸入端，當其中一條為資料輸入時，另一條則必須為 1 才可致能資料輸入，CK 為時脈輸入端。Q_H 為資料輸出端，$\overline{Q_H}$ 則為反向輸出端。

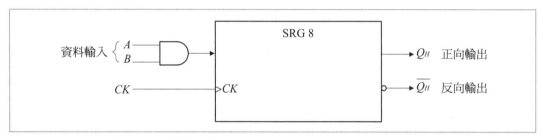

圖 11.2　7491 8 位元串入串出移位暫存器 IC

11-1-3　串入並出移位暫存器

　　串列輸入並列輸出 (Serial In Parallel Out；SIPO) 移位暫存器，是以位元為單位依次輸入資料至暫存器中，同時每輸入一位元資料暫存器內部的資料皆向高位元移動一位元。圖 11.3 是 4 位元串列輸入並列輸出暫存器的邏輯電路與符號。

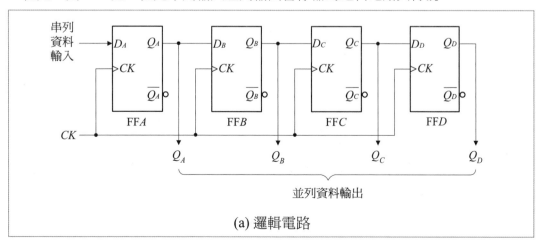

(a) 邏輯電路

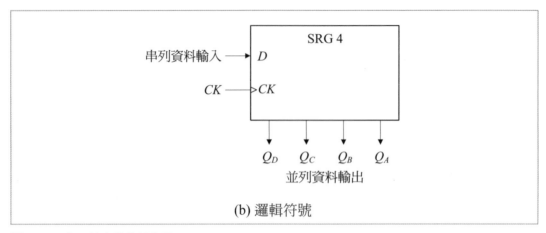

圖 11.3 串入並出移位暫存器

串入並出移位暫存器 IC

IC 74164 是 8 位元串列輸入並列輸出移位暫存器如圖 11.4。圖中 SRG 8 指示此暫存器是儲存容量 8 位元的移位暫存器。A 與 B 為致能型資料輸入端，當其中一條為資料輸入時，另一條則必須為 1 才可致能資料輸入。$\overline{CLR}$ 為清除資料輸出 $Q_H{\sim}Q_A$，CK 為時脈輸入端。

例 11.2 圖 11.3 的輸入資料為 1010，畫出其時脈、輸入、與輸出波形。

時序圖

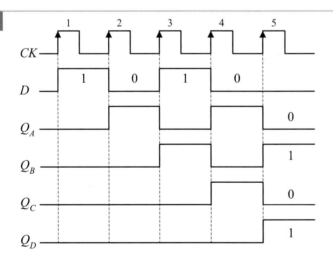

說明 1. 如圖 11.3a 邏輯電路所示，暫存器內部的正反器為正緣觸發正反器，所以串列輸入資料必須在正緣觸發前建立並保持。

2. 串列輸入資料經 5 個時脈觸發移位後，由 Q_D、Q_C、Q_B、Q_A 並列輸出 1010。

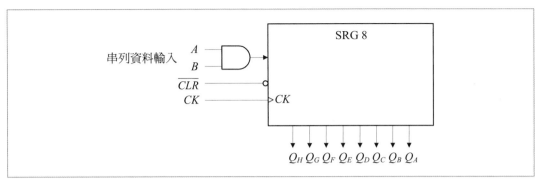

圖 11.4　74164 8 位元串入並出移位暫存器 IC

11-1-4　並入串出移位暫存器

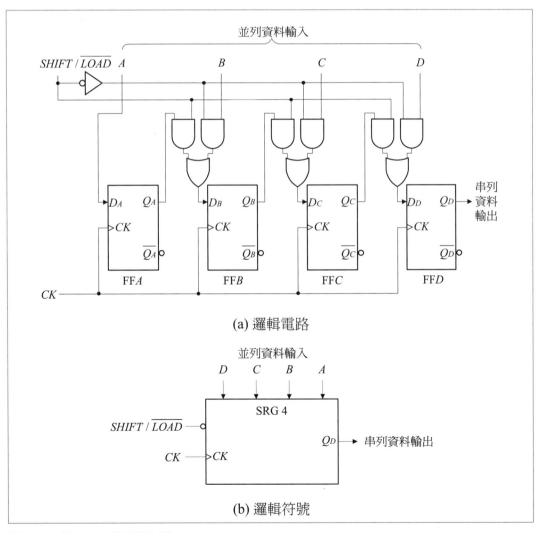

圖 11.5　並入串出移位暫存器

　　並列輸入串列輸出 (Parallel In Serial Out；PISO) 移位暫存器，是一次載入並列資料至暫存器中，然後暫存器內部的資料依次向輸出端移動一位元每移動一位元則輸出一位元。圖 11.5 是 4 位元並列輸入串列輸出暫存器的邏輯電路與邏輯符號，其中 $SHIFT / \overline{LOAD}$ 為資料移位或載入控制線，$SHIFT / \overline{LOAD}$ =0 時並列載入與儲存資料，$SHIFT / \overline{LOAD}$ =1 時暫存器資料由低位元向高位元移位，並由最高級正反器的 Q_D 輸出。

例 11.3　圖 11.5 的輸入資料為 1010，畫出其時脈、輸入、與輸出波形。

時序圖

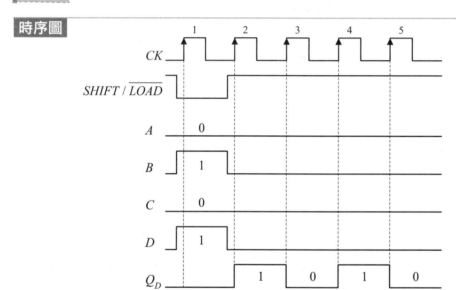

說明
1. 如圖 11.5a 邏輯電路所示，暫存器內部為正緣觸發正反器，所以控制信號與串列輸入資料必須在正緣觸發前建立並保持。
2. 並列輸入資料由第 2 個時脈至第 5 個觸發移位，並依次由 Q_D 串列輸出 1010。

並入串出移位暫存器 IC

　　IC 74165 是 8 位元並列輸入串列輸出移位暫存器如圖 11.6。圖中 SRG 8 指示此暫存器是儲存容量 8 位元的移位暫存器。$SHIFT / \overline{LOAD}$ 為資料移位或載入控制線，$SHIFT / \overline{LOAD}$ =0 時並列載入與儲存資料，$SHIFT / \overline{LOAD}$ =1 時暫存器資料由低位元向高位元移位。$SERIAL$ 為串列資料輸入端，所以移位時可由 $SERIAL$ 補上低位元的資料。CK 為時脈輸入端，$CK\ INHIBIT$ 為禁止時脈輸入端，$CK\ INHIBIT$=1 時可抑制 CK 時脈信號。

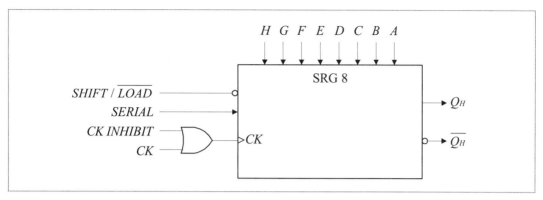

圖 11.6　74165 8 位元並入串出移位暫存器 IC

11-1-5　並入並出移位暫存器

並列輸入並列輸出 (Parallel In Parallel Out；PIPO) 移位暫存器，是一次載入並列資料至暫存器中，而當下一個時脈脈波觸發時，則將剛載入暫存器中的資料並列輸出。圖 11.7 是 4 位元並列輸入並列輸出暫存器的邏輯電路與邏輯符號。

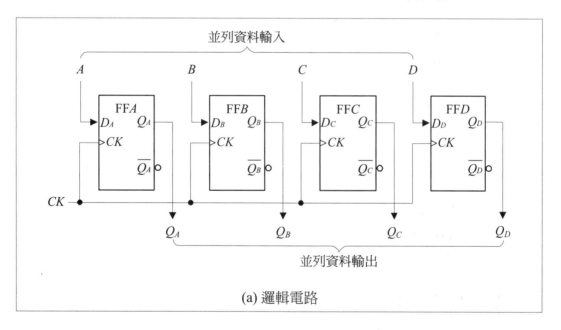

(a) 邏輯電路

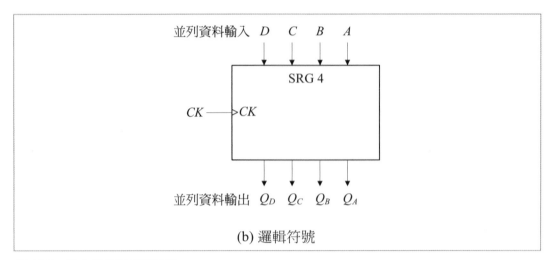

(b) 邏輯符號

圖 11.7　並入並出移位暫存器

例 11.4　畫出圖 11.7 時脈、輸入、與輸出波形。

時序圖

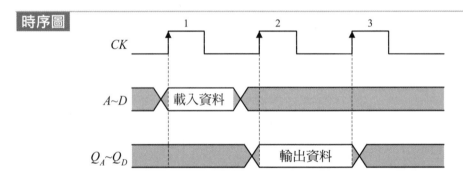

說明　1.　如圖 11.7a 邏輯電路所示，暫存器內部為正緣觸發正反器，所以並列輸入資料 $A\sim D$ 必須在正緣觸發前建立並保持。

2.　並列輸入的資料在第 2 個時脈觸發時，由 $Q_A\sim Q_D$ 並列輸出資料。

3.　在時序圖 $A\sim D$ 與 $Q_A\sim Q_D$ 的信號中，因有二個以上的信號存在，其中可能包含 1 與 0，所以使用 1 與 0 的組合時序圖。

並入並出移位暫存器 IC

　　IC 74199 是 8 位元並列輸入並列輸出移位暫存器如圖 11.8。圖中，SRG 8 指示此暫存器是儲存容量 8 位元的移位暫存器。$SHIFT / \overline{LOAD}$ 為資料移位或載入控制線，$SHIFT / \overline{LOAD} =0$ 時並列載入與儲存資料，$SHIFT / \overline{LOAD} =1$ 時暫存器資料由低位元向高位元移位(用於串列輸入)。J 與 $\overline{K}$ 為串列資料輸入端，移位時可由 J 與 $\overline{K}$ 補上低位元的資料，J 與 $\overline{K}$ 輸入值與 Q_0 的關係如表 11.1。$\overline{CLR}$ 為清除資料輸出

$Q_H \sim Q_A$，CK 為時脈輸入端，CK $INHIBIT$ 為禁止時脈輸入端，CK $INHIBIT$=1 時可抑制 CK 時脈信號。

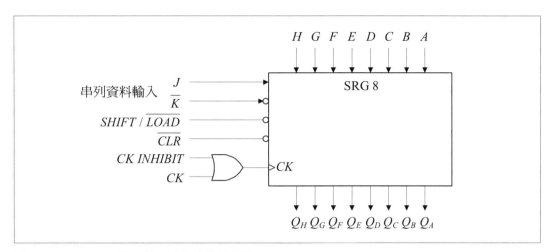

圖 11.8　74199　8 位元並入並出移位暫存器 IC

▶表 11.1　74199 串列輸入端 J 與 $\overline{K}$ 輸入值

輸入		第一級輸出	
J	$\overline{K}$	Q0(n+1)	
0	0	0	清除
0	1	$Q_{0(n)}$	記憶
1	0	$\overline{Q_{0(n)}}$	切換
1	1	1	設定

11-2 移位暫存計數器

移位暫存器可以連接成幾種不同型式的計數器，而移位暫存計數器的基本原理，都是將暫存器的最後一級正反器輸出，以某種方式回授到暫存器的第一級正反器。最常用的移位暫存計數器是環型計數器 (ring counter) 和扭環型計數器 (twist-ring counter)。

11-2-1　環型計數器

環型計數器是將暫存器的最後一級正反器輸出，直接回饋 (Feed back) 到暫存器的第一級正反器輸入端，如圖 11.9 所示。這種連接方式使得各級正反器內的資料由

Q_A 向 Q_B 移動、Q_B 向 Q_C 移動、Q_C 向 Q_D 移動,然後 Q_D 再循環移到 Q_A。所以令暫存器中的某一正反器為 1 其餘為 0,當時脈脈波加入後,這個 1 就會在暫存器內循環,故稱為環型計數器 (ring counter)。

環型計數器可設計成任何模數,但要設計一個模數 N 的環型計數器,則必須使用 N 個正反器來連接,例如圖 11.9 使用 4 個正反器連接成模數 4 的環型計數器。

環型計數器的缺點:以相同模數而言,環型計數器比二進制計數器需要更多的正反器,例如模數 8 環型計數器需要 8 個正反器,而模數 8 二進制計數器只需要 3 個正反器。環型計數器的優點:因為計數器內僅含有一個 1,所以它不需要解碼電路即可取得不同的狀態,每個狀態的解碼信號可由相關的正反器輸出得到。

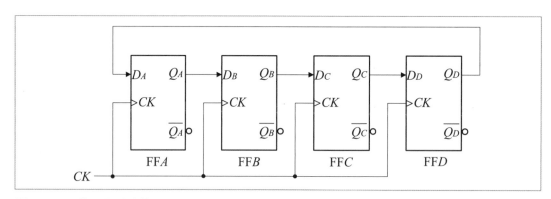

圖 11.9　4 位元環型計數器

表 11.2 是圖 11.9　4 位元環型計數器輸出狀態表,計數器的啟始狀態是 Q_A=1、Q_B=Q_C=Q_D=0。

▶表 11.2　環型計數器輸出狀態表

CK	QA	QB	QC	QD
0	1	0	0	0
1	0	1	0	0
2	0	0	1	0
3	0	0	0	1
4	1	0	0	0
5	0	1	0	0
6	0	0	1	0
7	0	0	0	1
8	1	0	0	0

例 11.5　畫出圖 11.9 環型計數器的時脈、輸入、與輸出波形。

時序圖

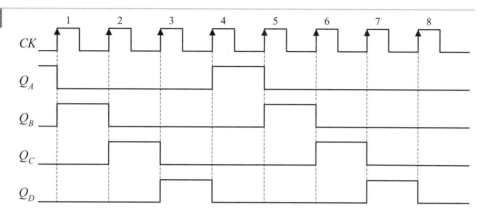

說明

1. 令 4 位元環型計數器的啟始狀態是 $Q_A=1$、$Q_B=Q_C=Q_D=0$，所以 $Q_DQ_CQ_BQ_A=0001$。

2. 當第一個時脈觸發後，由低位元向高位元移動一個位元，而最高位元循環移回最低位元，所以 $Q_DQ_CQ_BQ_A=0010$。

3. 同理第二個時脈觸發後，計數器輸出值 $Q_DQ_CQ_BQ_A=0100$。第三個時脈觸發後，計數器輸出值 $Q_DQ_CQ_BQ_A=1000$。第四個時脈觸發後，計數器輸出值 $Q_DQ_CQ_BQ_A=0001$。

4. 第四個時脈觸發後，計數器輸出值還原為 $Q_DQ_CQ_BQ_A=0001$。所以每 4 個時脈觸發即循環一次

11-2-2　強生計數器

強生計數器(Johnson counter)是將暫存器的最後一級正反器反向輸出，直接回饋到暫存器的第一級正反器輸入端，所以又稱為扭環型計數器 (twist-ring counter)，如圖 11.10 所示。這種連接方式使得各級正反器內的資料由 Q_A 向 Q_B 移動、Q_B 向 Q_C 移動、Q_C 向 Q_D 移動，然後 $\overline{Q_D}$ 再循環移到 Q_A，所以只要令暫存器中 $Q_A=Q_B=Q_C=Q_D=0$ 而 $\overline{Q_D}=1$，則暫存器會自動循環計數。

強生 (扭環型) 計數器也可設計成任何模數，但要設計一個模數 N 的扭環型計數器，只須使用 N/2 個正反器來連接，例如圖 11.10 使用 4 個正反器連接成模數 8 的強生 (扭環型) 計數器。

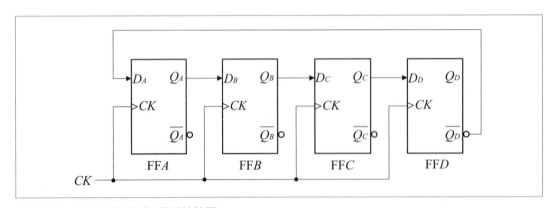

圖 11.10　強生計數器 (扭環型計數器)

　　強生 (扭環型) 計數器雖比環型計數器使用較少的正反器，例如模數 8 環型計數器需要 8 個正反器，而模數 8 強生 (扭環型) 計數器只需要 4 個正反器。但強生 (扭環型) 計數器與二進位計數器一樣，需要解碼閘來解碼才可解出計數器輸出的所有狀態。

　　表 11.3 是圖 11.10　4 位元強生 (扭環型) 計數器輸出狀態表，計數器的啟始狀態是 $Q_A=Q_B=Q_C=Q_D=0$。不論正反器的多寡，只須對每一狀態的二個輸出解碼，即可分別所有的輸出狀態，如表 11.3 網底部份顯示。

▶表 11.3　強生 (扭環型) 計數器輸出狀態表

CK	QA	QB	QC	QD	$\overline{Q_D}$
0	0	0	0	0	1
1	1	0	0	0	1
2	1	1	0	0	1
3	1	1	1	0	1
4	1	1	1	1	0
5	0	1	1	1	0
6	0	0	1	1	0
7	0	0	0	1	0
8	0	0	0	0	1

例 11.6 畫出圖 11.10 強生計數器的時脈、輸入、與輸出波形。

時序圖

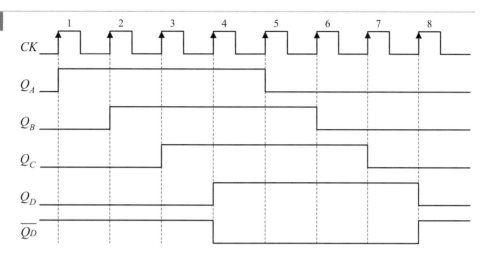

說明

1. 令 4 位元環型計數器的啟始狀態是 $Q_A=Q_B=Q_C=Q_D=0$，所以 $Q_DQ_CQ_BQ_A=0000$。

2. 當第一個時脈觸發後，由低位元向高位元移動一個位元，而最高位元循環移回最低位元，所以 $Q_DQ_CQ_BQ_A=0001$。

3. 同理第二個時脈觸發後，計數器輸出值 $Q_DQ_CQ_BQ_A=0011$。第三個時脈觸發後，計數器輸出值 $Q_DQ_CQ_BQ_A=0111$。第四個時脈觸發後，計數器輸出值 $Q_DQ_CQ_BQ_A=1111$。

4. 第八個時脈觸發後，計數器輸出值還原為 $Q_DQ_CQ_BQ_A=0000$。所以每 8 個時脈觸發即循環一次

11-3 緩衝器

11-3-1 緩衝器概論

緩衝器 (Buffer) 的輸入與輸出相同，其主要功能是增加扇出數與增加傳輸延遲時間，符號如圖 11.11。7434 與 7435 皆為包含 6 個緩衝器的 IC。

圖 11.11　緩衝器

以增加扇出數而言，若一個邏輯閘的輸出端要推動大於其扇出數的輸入時，則此邏輯閘的輸出端可以先接多個緩衝器以增加扇出數。以增加傳輸延遲時間而言，

在設計序向邏輯電路時，有時需要增加傳輸延遲時間，則可以使用緩衝器以配合時脈觸發時間。

11-3-2　三態緩衝器

三態緩衝器 (Tristate Buffers) 是在緩衝器加上一個致能輸入端，此致能輸入是用來控制邏輯信號可否由輸入端傳到輸出端的電路。同相三態緩衝器是輸出信號與輸入信號相同，如圖 11.12a 所示。反相三態緩衝器則是輸出信號與輸入信號反相，如圖 11.12b 所示。

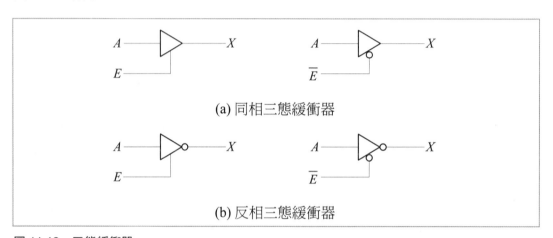

(a) 同相三態緩衝器

(b) 反相三態緩衝器

圖 11.12　三態緩衝器

74125 與 74126 皆包含 4 個同相三態緩衝器。其中 74125 是低電位致能的同相三態緩衝器，如圖 11.12a 的右圖。74126 是高電位致能的同相三態緩衝器，如圖 11.12a 的左圖。表 11.4 為 74125 與 74126 輸入與輸出的狀態表。

▶表 11.4　74125 與 74126 輸入與輸出狀態表

74125		74126	
$\overline{E}$	X	E	X
0	A	0	高阻抗
1	高阻抗	1	A

11-3-3　三態暫存器

三態暫存器 (Tristate Registers) 是在暫存器的輸出端加上三態緩衝器。圖 11.14 為 IC 74173 的邏輯電路與邏輯符號，74173 為並列輸入並列輸出三態移位暫存器 IC。

$\overline{IE_1}$ 與 $\overline{IE_2}$ 為輸入致能、MR 為主清除、CK 為時脈輸入、$\overline{OE_1}$ 與 $\overline{OE_2}$ 為三態輸出致能、$D_3 \sim D_0$ 為並列資料輸入、$O_3 \sim O_0$ 為三態並列資料輸出，其運算狀態表如表 11.5。

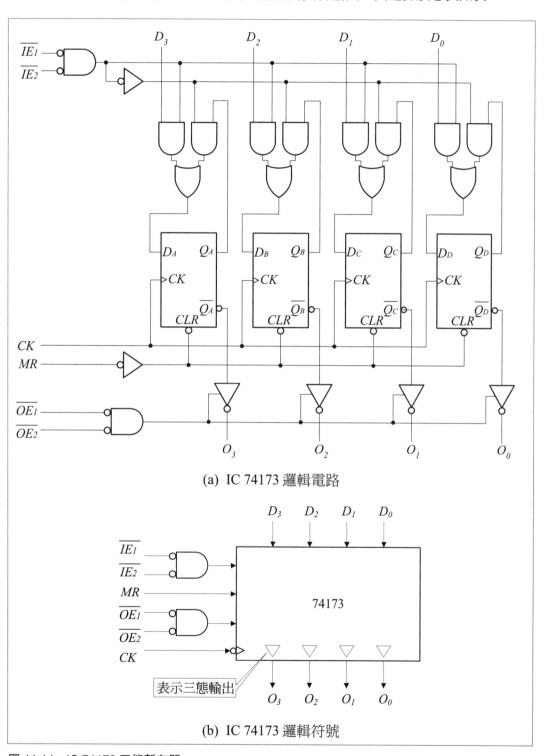

(a) IC 74173 邏輯電路

(b) IC 74173 邏輯符號

圖 11.14　IC 74173 三態暫存器

▶表 11.5　74173 輸入與輸出狀態表

輸入					輸出
MR	CK	$\overline{IE_1}$	$\overline{IE_2}$	D_n	Q_{n+1}
1	X	X	X	X	0
0	0	X	X	X	Q_n
0	0→1	1	X	X	Q_n
0	0→1	X	1	X	Q_n
0	0→1	0	0	0	0
0	0→1	0	0	1	1

11-4 VHDL 程式設計

11-4-1　鍵盤介面電路

設計一個鍵盤介面電路如圖 11.15 的鍵盤介面簡圖所示，首先利用緩衝器鎖住來自於鍵盤的並列 ASCII 碼，然後轉成串列資料輸出到電腦的 RS-232 埠。當鍵盤按鍵被按下時，按鍵旗號為 1。這個鍵盤介面電路在輸出串列 ASCII 之前，必須先傳送 2 個起始位元 "00"，接著依序由低位元到高位元輸出 8 位元 ASCII 碼，再加上 1 個同位檢查位元(parity bit)，以及 2 個結束位元 "11"，最後串列輸出傳輸線必須回到高電位 1。

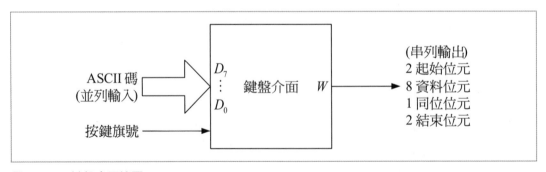

圖 11.15　鍵盤介面簡圖

鍵盤介面設計

圖 11.16 顯示一個鍵盤介面電路，它分為資料轉移和信號控制二部分。資料轉移部分包括三態暫存器、同位位元產生器、和並進串出一位暫存器。控制信號部分則

包括十六進位計數器和邏輯閘。而為了模擬所需，另外加入了字元產生器(模擬 8 位元資料)、脈波產生器(模擬鍵盤旗號)、和時脈產生器(模擬計數器所需的時脈)。

資料轉移部分包括一個並進並出的三態暫存器 (74LS373N)、一個同位位元產生器 (74LS280N)、以及一個 16 對 1 的多工器 (74150N)。首先，三態暫存器將鍵盤輸出的資料鎖住，等待鍵盤旗號和備妥信號。其次，三態暫存器將資料送到同位位元產生器和多工器的 E5~E12 接腳，此時同位位元產生器將產生偶同位位元並傳送到多工器的 E13 接腳。第三，多工器的 E3~E4 接地作為起始位元，E14~E15 接到 VCC 作為結束位元，而 E0 接到 VCC 用來還原傳輸線為高電位。第四，多工器接收到控制電路的選擇信號後，依序將 E0~E15 的資料輸出。

控制信號部分包括一個二進制十六進位計數器 (74LS163N)、一個 4 輸入的 OR 閘、一個 2 輸入的 OR 閘、和二個反向器。計數器的初始狀態為 0000B (0H)，而當計數器輸出為 0000B 時，4 輸入 OR 閘將傳回 0 用來重置計數值為 0000B。但是，當按鍵旗號為 1 時，反向器的輸出為 0，則計數器將載入起始值 0011B (3H)。因此，計數器將從 0011B (3H) 上數到 1111B (15H)，然後回到 0000B 等待下一次的鍵盤按鍵再次觸發按鍵旗號。

計數器的輸出連接到多工器的資料選擇線 (S3 到 S0) 來選擇 E0~E15 的資料輸出到 W 接腳。當按鍵旗號為 1 時，計數器輸出 0011B 到 1111B 的信號，而多工器則將 E3 到 E15 的資料依序轉移到輸出端 W。而這 E3~E15 的資料就是資料轉移電路已備妥的 2 個起始位元、8 個資料位元、1 個同位位元、和 2 個結束位元。因為 74LS163N 是十六進制上數計數器，所以計數值上數到 1111B 後將重新回到 0000B 的值，選擇多工器 E0=1 的資料輸出，而將串列傳輸線還原為高電位 1。

讀者或許會問，為什麼不使用 2 顆 74165 並進串出移位暫存器，而使用 74150N 的 16 對 1 多工器來轉移資料？其實，這是筆者在求學期間的作業，為了避免與其他同學雷同，所以筆者提出以 16 對 1 多工器來處理並進串出的移位資料。也因此意外發現，使用 16 對 1 多工器來轉移資料，很容易取得同步，設計時間約為使用並進串出移位暫存器的四分之一。

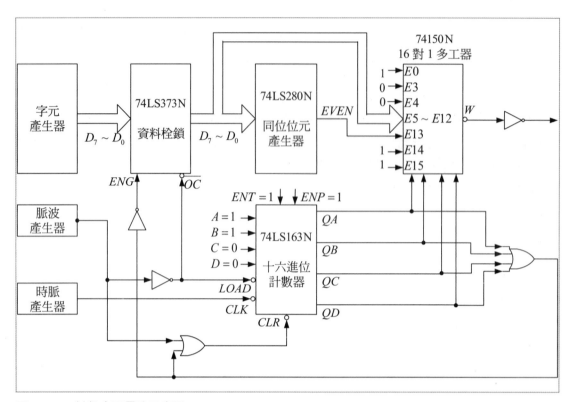

圖 11.16　鍵盤介面電路示意圖

　　圖 11.17 是使用 MultiSim 軟體的 Schematic 設計，並使用 MultiSim 提供的元件，將圖 11.16 的示意圖轉變成 MultiSim 的電路圖。其中，XWG1 是字元產生器，用來模擬輸出按鍵碼，它將被送到三態暫存器(74LS373N)和邏輯分析儀(XLA1)。XFG2 是脈波產生器，用來模擬按鍵旗號。XFG1 是時脈產生器，用來模擬計數器所需的時脈信號。

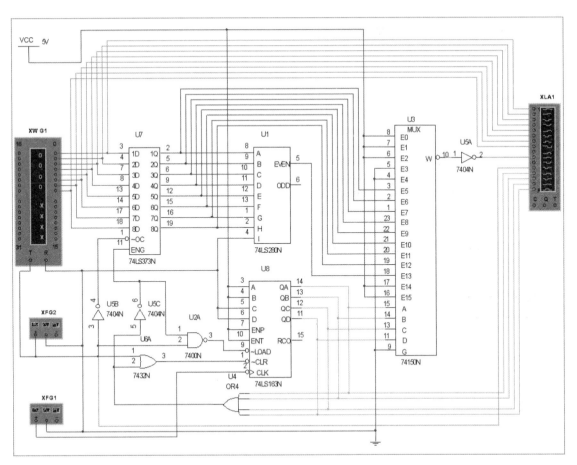

圖 11.17　鍵盤介面電路圖

　　圖 11.18(a)顯示字元產生器 XWG1 的設定資料。三個字元分別為 00000043H、0000003AH、00000096H，且這三個字元只有位元 7~0 有資料，而位元 31~8 為 0。字元位址為 0000 到 0002，字元產生頻率為 45 kHz，所以字元產生器將依序重複產生這三個字元。

　　圖 11.18(b) 顯示脈波產生器 XFG2 的設定資料。其中產生波形為方波、頻率為 40 kHz、工作週期為 5%、振幅 5 V、和位移 0 V。圖 11.18(c) 顯示時脈產生器的設定資料。其中產生波形為方波、頻率為 1 MHz、工作週期為 50%、振幅 5 V、和位移 0 V。

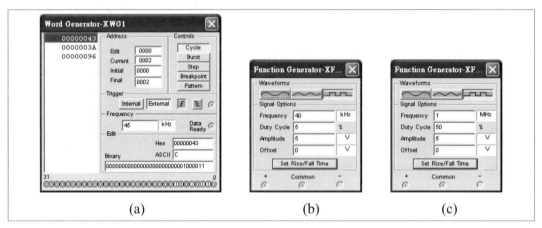

圖 11.18　設定 (a)字元產生器 (b) 脈波產生器 (c) 時脈產生器

模擬結果一：Input Data = 43H = 01000011B

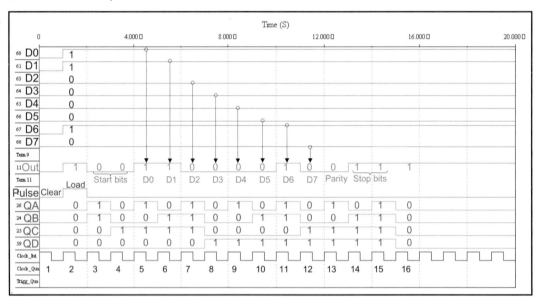

模擬結果二：Input Data = 3AH = 00111010B

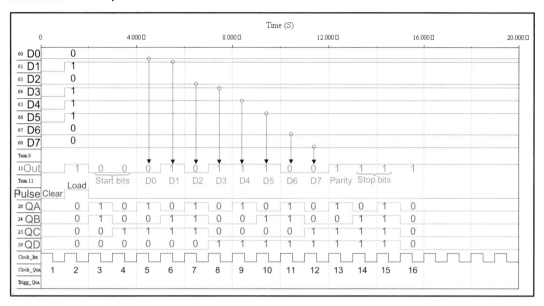

模擬結果三：Input Data = 96H = 10010110B

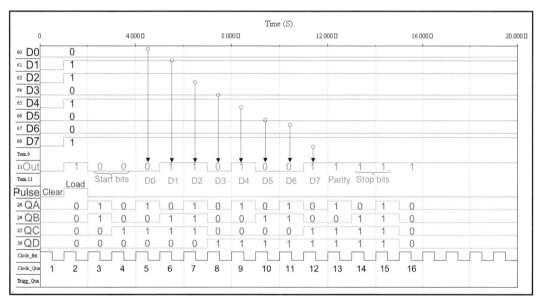

　　模擬結果一圖至模擬結果三圖，可分成上半部的資料信號與下半部的控制信號，分別說明如下：

1.　在第 1 個 clock (時脈信號)期間，所有信號被重置為 0。

2.　在第 2 個 clock 期間，pulse (按鍵旗號) =1 表示按鍵被按下，且資料信號 01000011B 被送出並鎖在 74LS373N (三態暫存器) 中，而 74LS163N (計數器)

的 $\overline{LOAD}=0$ 將載入起始值 0011B，但此時 74LS163N 的輸出受前一個 clock 期間 pulse=0 的影響，所以 $Q_AQ_BQ_CQ_D=0000$，且 74150N (16 對 1 多工器) 輸出 W=E0=1。

3. 在第 3 個 clock 期間，暫存在 74LS373N 的資料將被送到 74LS280N (同位位元產生器) 與 74150N 中，此時 74LS163N 將輸出前一個 clock 期間載入的 0011B，所以 $Q_AQ_BQ_CQ_D=0011B$，且選擇 74150N 的輸出 W=E3=0。

4. 在第 4~15 個 clock 期間，74LS163N 的 $\overline{CLR}=1$ 且 $\overline{LOAD}=1$，所以 74LS163N 為上數狀態，將繼續輸出 0100B~1111B，同時選擇 74150N 的 W 依次輸出 E4~E15 的資料。

5. 在第 16 個 clock 期間，74LS163N 的輸出 $Q_AQ_BQ_CQ_D$ 回到 0000B，所以 OR4 輸出為 0 且 pulse=0，因此 $\overline{CLR}=0$，等待下一個按鍵被按下。

模擬結果四：三筆資料連續輸入的模擬結果

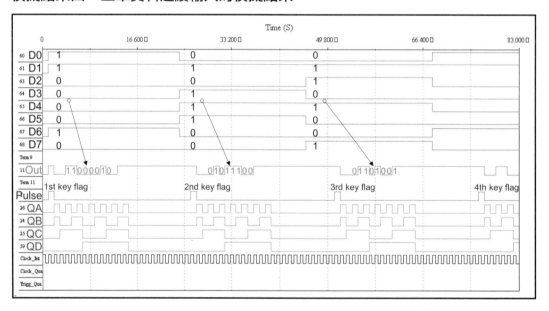

11-4-2　鍵盤介面 VHDL 程式

本節將以 VHDL 程式實現 11-4-1 節的鍵盤介面電路。首先，先將圖 11.16 的鍵盤介面電路示意圖重畫如圖 11.19 以便撰寫 VHDL 程式。

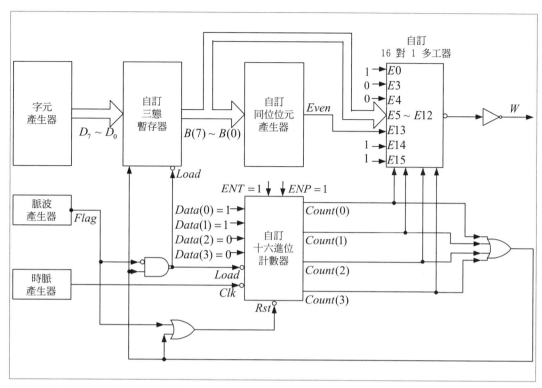

圖 11.19　鍵盤介面電路示意圖

VHDL 設計

　　TYPES1.VHD 是型態轉換函數的 VHDL 程式，作為整數與向量之間的轉換函數。例如，將整數 1 轉成向量 '1'，整數 0 轉成向量 '0'。或者將將向量 '1' 轉成整數 1，向量 '0' 轉成整數 0。

程式 11.01a：型態轉換程式

```
1:  --檔案名稱：TYPES1.VHD
2:  library ieee;
3:  use ieee.std_logic_1164.all;
4:
5:  package conversions is
6:      function to_unsigned (a: std_ulogic_vector) return integer;
7:      function to_vector (size:integer;num:integer) return
        std_ulogic_vector;
8:  end conversions;
9:
10: package body conversions is
11:
12: ---------------------------------------------------------
13: -- Convert a std_ulogic_vector to an unsigned integer
```

```
14: --
15: function to_unsigned (a: std_ulogic_vector) return integer is
16:     alias av: std_ulogic_vector (1 to a'length) is a;
17:     variable ret,d: integer;
18: begin
19:     d := 1;
20:     ret := 0;
21:
22:     for i in a'length downto 1 loop
23:         if (av(i) = '1') then
24:             ret := ret + d;
25:         end if;
26:         d := d * 2;
27:     end loop;
28:
29:     return ret;
30: end to_unsigned;
31:
32: --------------------------------------------------------
33: -- Convert an integer to a std_ulogic_vector
34: --
35: function to_vector (size:integer; num:integer) return
std_ulogic_vector is
36:     variable ret: std_ulogic_vector (1 to size);
37:     variable a: integer;
38: begin
39:     a := num;
40:     for i in size downto 1 loop
41:         if ((a mod 2) = 1) then
42:             ret(i) := '1';
43:         else
44:             ret(i) := '0';
45:         end if;
46:         a := a / 2;
47:     end loop;
48:     return ret;
49: end to_vector;
50:
51: end conversions;
```

　　KB_INTFACE.VHD 是鍵盤介面的主程式，它宣告資料輸入(**D7~D0**)、時脈信號(**Clk**)、鍵盤旗號(**Flag**)、多工器輸出(**W**)、計數器輸出(**Count(3 downto 0)**)、內部傳輸信號線(**Rst, Load, Data, B**)、自訂三態暫存器、自訂同為產生器、自訂十六進位計數器、與自訂 16 對 1 多工器。

程式 11.01b：鍵盤介面電路

```
1:  --檔案名稱：KB_INTFACE.VHD
2:  library ieee;
3:  use ieee.std_logic_1164.all;
4:
5:  library types1;
6:  use types1.conversions.all;
7:
8:  entity KB_INTFACE is
9:      port (
10:     -- 宣告輸入/輸出埠
11:         D7, D6, D5, D4, D3, D2, D1, D0: in std_ulogic;
12:         Clk, Flag: in std_ulogic;
13:         W: out std_ulogic;
14:         Count: out std_ulogic_vector(3 downto 0)
15:     );
16: end KB_INTFACE;
17:
18: architecture KB_CIRCUIT of KB_INTFACE is
19: -- 註：宣告信號、元件、和其他物件
20: signal Rst, Load: std_ulogic;
21: signal Data: std_ulogic_vector(3 downto 0);
22: signal B: std_ulogic_vector(7 downto 0);
23: signal E01, E23, E45, E67, E0123, E4567, Even: std_ulogic;
24:
25: begin
26:     -- Sample clocked process (synthesizable) for use in registered
            designs.
27:     --
28:     -- Note: replace _RESET_ and _CLOCK_ with your reset and clock
29:     -- names as appropriate. (Delete this process if the design
30:     -- is not registered.)
31:
32:     -- 元件1：自訂三態暫存器
33:     C1: process(D7, D6, D5, D4, D3, D2, D1, D0, B)
34:     begin
35:         if (Flag = '1') and (Data = B"0000") then
36:             B(0) <= D0;
37:             B(1) <= D1;
38:             B(2) <= D2;
39:             B(3) <= D3;
40:             B(4) <= D4;
41:             B(5) <= D5;
42:             B(6) <= D6;
43:             B(7) <= D7;
44:         end if;
45:     end process C1;
```

```
46:
47:     -- 元件 2：自訂偶同位位元產生器
48:         E01 <= B(0) xor B(1);
49:         E23 <= B(2) xor B(3);
50:         E45 <= B(4) xor B(5);
51:         E67 <= B(6) xor B(7);
52:         E0123 <= E01 xor E23;
53:         E4567 <= E45 xor E67;
54:         Even <= not (E0123 xor E4567);
55:
56:     -- 元件 3：自訂十六進位計數器
57:     C2: process(Rst, Clk)
58:     -- 註：宣告十六進位計數器所需的變數
59:         variable Q: integer range 0 to 15;
60:     begin
61:         Rst <= Flag or (Data(0) or Data(1) or Data(2) or Data(3));
62:         Load <= Flag nand (not (Data(0) or Data(1) or Data(2) or
                Data(3)));
63:         if Load = '0' then
64:             Q := 3;
65:         elsif Rst = '0' then
66:             Q := 0;
67:         elsif rising_edge(Clk) then
68:             if Q = 15 or Q = 0 then
69:                 Q := 0;
70:             else
71:                 Q := Q + 1;
72:             end if;
73:         end if;
74:         Data <= to_vector(4, Q);
75:         Count <= to_vector(4, Q);
76:     end process C2;
77:
78:     -- 元件 4：自訂 16 對 1 多工器
79:     W <= '1' when to_unsigned(Count) = 0 else
80:             '0' when to_unsigned(Count) = 3 else
81:             '0' when to_unsigned(Count) = 4 else
82:             B(0) when to_unsigned(Count) = 5 else
83:             B(1) when to_unsigned(Count) = 6 else
84:             B(2) when to_unsigned(Count) = 7 else
85:             B(3) when to_unsigned(Count) = 8 else
86:             B(4) when to_unsigned(Count) = 9 else
87:             B(5) when to_unsigned(Count) = 10 else
88:             B(6) when to_unsigned(Count) = 11 else
89:             B(7) when to_unsigned(Count) = 12 else
90:             Even when to_unsigned(Count) = 13 else
91:             '1' when to_unsigned(Count) = 14 else
```

```
92:              '1' when to_unsigned(Count) = 15;
93:
94: end KB_CIRCUIT;
```

測試平台

TEST_KB_INTFACE.VHD 是鍵盤介面的測試平台程式，用來提供測試資料和定義模擬時間。下面範例是其中一筆測試資料。首先，Flag 輸出 '0'，所以信號線 Load 為 '0'，並等待一個 clock 時間，讓自訂三態暫存器載入 D7~D0 的資料，和自訂十六進位計數器載入初值 0011B。其次，Flag 輸出 '1'，並等待一個 100 ns 時間，讓自訂三態暫存器將資料 D7~D0 傳送到自訂同位位元產生器與自訂 16 對 1 多工器，和自訂十六進位計數器開始進入計數狀態。最後，Flag 再輸出 '0'，並等待一個 1800 ns 時間，讓自訂十六進位計數器輸出 0011B~1111B，依次選擇自訂多工器的 E3~E15 輸出到 W，且 1800 ns 後。自訂三態暫存器將載入第二筆 D7~D0 的資料，且自訂十六進位計數器的輸出回到 0000B 時將再次載入初值 0011B，而進入第二筆資料轉移的階段。以此類推…。

```
Flag <= '0';
wait for PERIOD;                    -- Wait for one clock cycle
D7 <= '0';
D6 <= '1';
D5 <= '0';
D4 <= '0';
D3 <= '0';
D2 <= '0';
D1 <= '1';
D0 <= '1';

Flag <= '1';
wait for 100 ns;                    -- Wait for 100 ns
Flag <= '0';
wait for 1800 ns;                   -- Wait for 1800 ns
```

程式 11.01c：鍵盤介面的測試平台

```
1:  -- 檔案名稱：TEST_KB_INTFACE.VHD
2:  library ieee;
3:  use ieee.std_logic_1164.all;
4:  use std.textio.all;
5:  use work.KB_INTFACE;
6:
7:  entity TESTBNCH is
8:  end TESTBNCH;
```

```
 9:
10: architecture stimulus of TESTBNCH is
11: component KB_INTFACE is
12:     port (
13:         D7, D6, D5, D4, D3, D2, D1, D0: in std_ulogic;
14:         Clk, Flag: in std_ulogic;
15:         W: out std_ulogic;
16:         Count: out std_ulogic_vector(3 downto 0)
17:     );
18:
19: end component;
20: constant PERIOD: time := 100 ns;
21: -- Top level signals go here...
22: signal D7, D6, D5, D4, D3, D2, D1, D0: std_ulogic;
23: signal Clk, Flag: std_ulogic;
24: signal W: std_ulogic;
25: signal Count: std_ulogic_vector(3 downto 0);
26: signal done: boolean := false;
27:
28: begin
29:     DUT: KB_INTFACE port map (
30:         D7, D6, D5, D4, D3, D2, D1, D0,
31:         Clk, Flag,
32:         W,
33:         Count
34:       );
35:
36:     CLOCK1: process
37:         variable clktmp: std_ulogic := '0';
38:     begin
39:         wait for PERIOD/2;
40:         clktmp := not clktmp;
41:         Clk <= clktmp;   -- Attach your clock here
42:         if done = true then
43:            wait;
44:         end if;
45:     end process CLOCK1;
46:
47:     STIMULUS1: process
48:     begin
49:         -- Sequential stimulus goes here...
50:         Flag <= '0';
51:         wait for PERIOD;      -- Wait one clock cycle
52:         D7 <= '0';
53:         D6 <= '1';
54:         D5 <= '0';
55:         D4 <= '0';
```

```
56:          D3 <= '0';
57:          D2 <= '0';
58:          D1 <= '1';
59:          D0 <= '1';
60:
61:          Flag <= '1';
62:          wait for 100 ns;      -- Wait for 100 ns
63:          Flag <= '0';
64:          wait for 1800 ns;     -- Wait for 1800 ns
65:
66:          -- Enter more stimulus here...
67:          D7 <= '0';
68:          D6 <= '0';
69:          D5 <= '1';
70:          D4 <= '1';
71:          D3 <= '1';
72:          D2 <= '0';
73:          D1 <= '1';
74:          D0 <= '0';
75:
76:          Flag <= '1';
77:          wait for 100 ns;      -- Wait for 100 ns
78:          Flag <= '0';
79:          wait for 1800 ns;     -- Wait for 1800 ns
80:
81:          -- Enter more stimulus here...
82:          D7 <= '1';
83:          D6 <= '0';
84:          D5 <= '0';
85:          D4 <= '1';
86:          D3 <= '0';
87:          D2 <= '1';
88:          D1 <= '1';
89:          D0 <= '0';
90:
91:          Flag <= '1';
92:          wait for 100 ns;      -- Wait for 100 ns
93:          Flag <= '0';
94:          wait for 1800 ns;     -- Wait for 1800 ns
95:
96:          done <= true;         -- Turn off the clock
97:          wait;                 -- Suspend simulation
98:      end process STIMULUS1;
99: end stimulus;
```

模擬結果

　　模擬時，先編譯型態轉換程式(TYPES1.VHD)檔案，然後上移鍵盤介面電路 (KB_INTFACE.VHD)檔案並編譯，最後上移並編譯鍵盤介面的測試平台程式 (TEST_KB_INTFACE.VHD)。三個檔案編譯完且無錯誤後，選擇 *Load* 功能將程式載入記憶體和選擇模擬信號，選擇 *Option* 功能設定模擬時間，選擇 Run 開始模擬程式並得到輸入/輸出的波形。

模擬結果一：Input Data = 43H = 01000011B

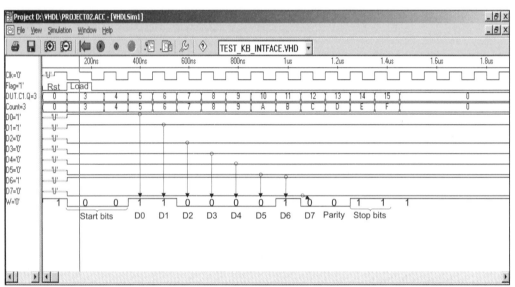

模擬結果二：Input Data = 3AH = 00111010B

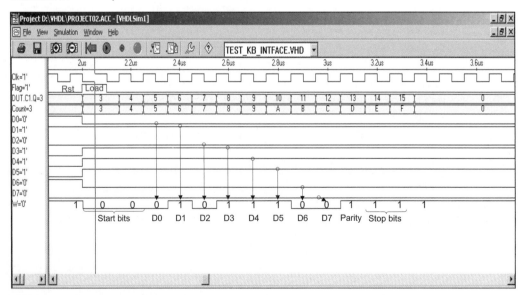

模擬結果三：Input Data = 96H = 10010110B

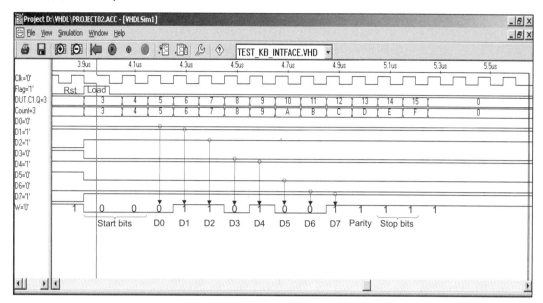

模擬結果四：三筆資料連續輸入的模擬結果

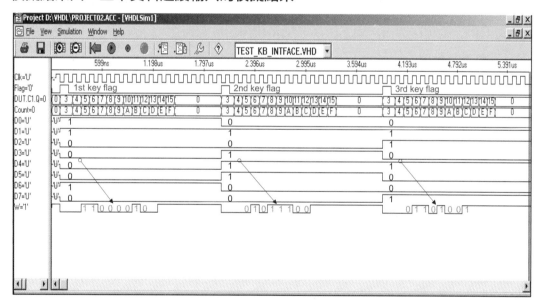

11-5 習題

1. 下列_____不是暫存器的主要用途。

   (a) 轉換資料   (b) 儲存資料

   (c) 記憶資料   (d) 轉移資料

2. 移位暫存器 (Shift Register) 主要是用來_____。

   (a) 轉換資料   (b) 儲存資料

   (c) 記憶資料   (d) 轉移資料

3. _____是將暫存器的最後一級正反器輸出，直接回饋(Feed back)到暫存器的第一級正反器輸入端。

   (a) 環形計數器   (b) 強生計數器

   (c) 同步計數器   (d) 非同步計數器

4. _____是將暫存器的最後一級正反器反向輸出，直接回饋(Feed back)到暫存器的第一級正反器輸入端，所以又稱為扭環型計數器。

   (a) 環形計數器   (b) 強生計數器

   (c) 同步計數器   (d) 非同步計數器

5. 要設計一個模數 N 的扭環型計數器，只須使用_____個正反器來連接。

   (a) N/2   (b) N

   (c) 2N   (d) N+1

6. _____主要功能是增加扇出數與增加傳輸延遲時間。

   (a) 暫存器   (b) 緩衝器

   (c) 計數器   (d) 正反器

7. _____是在緩衝器加上一個致能輸入端，此致能輸入是用來控制邏輯信號可否由輸入端傳到輸出端的電路。

   (a) 同步緩衝器   (b) 非同步緩衝器

   (c) 三態緩衝器   (d) 三態暫存器

8. 在暫存器的輸出端加上三態緩衝器稱為＿＿＿＿＿。

    (a) 移位暫存器   *(b)* 環形計數器

    (c) 強生計數器   *(d)* 三態暫存器

專案做中學

本書第十二章的重點是**專案做中學**，這個部分的重點放在做中學，透過專案設計的實務開發過程，將一至十一章所學的理論基礎和設計技能加以整合，應用在實作上；並學習產品開發時的各種技能與挑戰，為日後成為一位優秀的系統設計與整合的人才奠立良好之基礎。

從每個專案中你可以瞭解到當處於系統開發階段時，經常會採用由上而下（Top to Bottom）的設計模式，一旦進入實際內部系統模組的設計階段時，卻較常採用由下而上（Bottom to Top）的設計模式。

用比較白話的方式來表達，就是分析時，由大、而中，再小，先從系統的大架構來著手思考，分析需要那些模組架構來完成整個系統的設計，系統架構就如同蓋房子一樣，地基一定要打好，如果基礎打不好，設計系統時就會被綁手綁腳，若思考的角度不夠寬廣，日後系統的擴展性也會受到限制。

相對的，進入實作階段時，流程卻是要反過來，是從無中生有，逐一完成內部各個次模組的設計，最後整合起來發展成一個系統，其過程是由小、而中，再大，完成階層式的設計工作。

專案設計完成後，讀者務必思考和檢視學習到那些知識與技能，並將它們轉化成自己專屬的知識資料庫，從每個案例中認真學習，獲得成長。下列的幾個目標可以做為讀者檢視學習成果與自我成長的參考：

- 確認顧客要求的能力：將顧客的需求轉換成數位系統的介面規格與功能。
- 養成獨當一面的能力：可以獨自完成數位系統設計的能力
- 養成系統整合的能力：具備將第 6 章至第 11 章中學到的模組，如計數器、解碼器、多工器....等，進一步整合成一個中或大型的數位系統。
- 熟悉硬體描述語言的設計流程：從熟悉電腦輔助設計軟體的使用，到執行專案的邏輯合成(logic synthesize)、除錯(debug)、模擬驗證(simulation)以及程式設計燒錄至 FPGA 晶片(Programmer)等。
- 系統的效能評估與優化。
- 專案延伸的思考能力。

12-1 四位數計時器

12-1-1　專案簡介

第一個專案要設計的是「四位元計時器」，輸出則藉由七段顯示器模組來顯示時間。前兩個位元用來顯示分鐘，後兩個位元則顯示秒數。

本書將它放在第一個專案，除了專案難度由簡入繁的考量之外，另還有一個重要的目的就是要藉由它來示範說明如何從無到有建構出一個數位系統的雛型架構。這也是所有的系統設計開發者第一個必備的專業技能。

系統設計工作本身就是一門藝術，基本上能夠符合客戶的需求就是一個好的設計，複雜性高或成本高未必就是一個好的設計。系統的設計開發者經常得無中生有，設法規劃出一個符合客戶需要的系統。在系統開發之初，唯一的依據就只有客戶對系統功能與需求的描述。因此在開始設計之前，務必經過多次詳細的溝通，確認客戶的要求，再依據客戶的需求制訂出系統的規格，才能完成一個真正讓客戶滿意的專案設計。

對於缺乏設計經驗的新手而言，建議先將專案切割成輸入模組(Input)、處理模組(Process)和輸出模組(Output)，也就是一般稱之為 IPO 的架構。然後針對各個模組的功能需求來進行規劃與設計，最後將各個模組加以整合，完成整個專案的設計。

IPO Model

對於一個四位元計時器而言，它的 IPO 架構初步規劃如下：

● **輸入模組：**

計時器的最小計數單位為秒，因此本專案會採用一個 1Hz 的時脈作為輸入訊號，作為後面計時電路的工作時脈。

● **處理模組：**

利用輸入傳過來的 1Hz 時脈執行計時的工作，本專案規畫最長的計時時間為 59 分 59 秒。

● **輸出模組：**

以七段顯示器模組作為輸出裝置，將前級處理好的時間數值，顯示在輸出裝置上面。

接下來的焦點就會放在各個模組的設計，通常處理模組會是專案中的核心電路，設計時的難度也最高。對新手而言，系統設計工作在一開始的時候經常會覺得不知道從何下手，這個時候通常我會建議從使用者端的角度來著手，也就是從輸出端開始進行系統的規劃，一旦決定了輸出模組的介面之後，便可一級一級地往前擴展到輸入模組，完成整個系統雛型的規劃。

現在就來示範如何從輸出端來開始系統雛型規劃的工作。首先因為客戶指定要用七段顯示器模組來顯示計時的結果，也就是說系統的輸出端是一個七段顯示器模組，因此首先確定目前系統的雛型架構如下(系統雛型_1)：

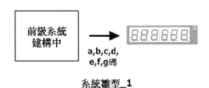

系統雛型_1

由於七段顯示器模組是以其專屬的 a,b,c,d,e,f,g 碼作為輸入訊號，因此在七段顯示器模組的前端必須要有一個能產生 a,b,c,d,e,f,g 碼的電路，這時候我們想到前面章節中學過的【BCD 碼轉七段顯示器的解碼電路】，因此我們再將系統的雛型往前擴展成系統雛型_2。

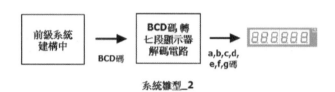

系統雛型_2

【BCD 轉七段顯示器的解碼電路】的輸入訊號是 BCD 碼,而這些 BCD 碼是前面的計時電路所產生的,其內容的則是用來表達目前計時的時間狀態;也就是說前端必須要有一個【計時電路】來執行計時的工作,並且負責產生 BCD 碼。至此我們又會在前端再加入一個【計時電路】,而形成系統雛型_3。

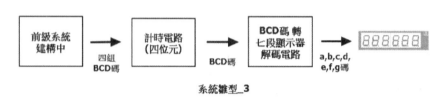

系統雛型_3

因為本專案要設計的是一個四位元計時器,因此【計時電路】的輸出並不是一組 BCD 碼,而是四組 BCD 碼,分別是分鐘的十位數、分鐘的個位數、秒的十位數、秒的個位數,但是後端的【BCD 轉七段顯示器的解碼電路】卻一次只能處理一組 BCD 碼,因此必須在兩者之前增加一個電路,可以將四組 BCD 碼一個一個地輪流傳送到後端去處理,而這個電路的最佳人選自然非【四對一多工器】莫屬,因此必須修改系統雛型_3,在【計時電路】和【BCD 轉七段顯示器的解碼電路】兩者中間加入一個【四對一多工器】,至此系統的雛型由系統雛型_3 修正為系統雛型_4。

系統雛型_4

至此,我們已經算是完成本專案的系統的雛型設計。之所以稱為雛型,是因為在實際的情況下,我們很難一次就能夠精準地完成系統架構的設計工作,另外在系統開發的過程中,通常也會遇到變更設計或是調整功能的情況發生,因此之後還有可能會依據實際情況的需要來進行修改或調整系統的設計,因此稱之為雛型。

另外,由於我們一開始是假設系統會提供現成的 1Hz 時脈作為本專案的輸入訊號。如果沒有現成的 1Hz 時脈可用,讀者可以參考書中程式 12-3a 的作法,利用一個

10MHz 的石英震盪器，經過除頻之後便能產生一個相當精準的 1Hz 時脈。如果想把除頻電路納入本專案的設計中，系統的雛型也必須同步修正如系統雛型_5。

系統雛型_5

　　至此，關於系統雛型設計的示範已告一段落。當然，設計本身並沒有標準答案，整體的設計風格也會隨著系統設計開發者的經驗累積而進步或變化。接下來的工作是瞭解七段顯示器模組的規格及使用方法，並開始著手各個模組電路的設計工作。

七段顯示器模組

　　在電子電路中，發光二極体(LED)、七段 LED 顯示器、LED 點矩陣和液晶顯示器(LCD)都是十分常見的輸出顯示裝置。雖然 LCD 液晶顯示器價格已經不再高高在上，且被眾多產品所採用，但是 LED 有自發光性，且沒有視角的限制，因此七段顯示器仍有其特定的用戶群。另外，越來越多廠商投入 OLED 面板的研發，OLED 螢幕未來極有可能會在市場上逐漸取代 LCD 面板的霸主地位。

　　七段顯示器是由八顆 LED 所組成，若同時點亮一顆七段顯示器的八節 LED，則消耗電流為：

10mA x 8 = 80mA

　　若同時點亮 6 顆七段顯示器，這時所需的電流可能會高達：

80mA x 6 = 480mA ≒ 0.5A

　　這對一般的電子電路來說，是個不小的電流量，不但我們的 CPLD 或 FPGA 無法負荷這樣的電流驅動，而且消耗的功率太大，散熱會是個問題，或容易造成電路燒燬。

　　七段顯示器模組利用多工掃瞄的方式來解決功率的問題。同時還可以節省 I/O 接腳數目，進一步簡化電路板 Layout 的工作。

多工掃描原理與步驟

四位數七段顯示器模組乃為節省 I/O 接腳數目而設計。它利用多工掃描的原理多個七段顯示器共用一個資料埠，並由一個控制埠輸出掃描信號，每隔一段時間輪流點亮其中的一個七段顯示器。

由於人眼的視覺暫留特性(1/16 秒= 62.5 毫秒)，當掃描的速度快過 1/16 秒人眼則無法辨識。也就是說，當物體的變動率在 62.5 毫秒以內，則人眼所看到的是該物體的連續動作。

若將四位數七節顯示器分別代表千、百、十、及個位數，先送出每一位數的數值，再點亮相對的七段顯示器，並作些許的延遲，即能作為『動態顯示』的功能要求。

掃描時間	位置 1	位置 2	位置 3	位置 4
t1	1	1	1	1
t2	2	2	2	2
t3	3	3	3	3
t4	4	4	4	4

掃描時間 t1，對六個七段顯示器送出數字 1，但是位置 1 會被點亮；
掃描時間 t2，對六個七段顯示器送出數字 2，但是位置 2 會被點亮；
掃描時間 t3，對六個七段顯示器送出數字 3，但是位置 3 會被點亮；
掃描時間 t4，對六個七段顯示器送出數字 4，但是位置 4 會被點亮。

當掃描的速度提升，依序重複 t1 -> t2 -> t3 -> t4 -> t1 -> t2 ->…，由於視覺暫留的關係，我們會到 1、2、3 和 4 這四個數字同時出現在七段顯示器模組上面。這種方法，稱之為「多工掃描」。

多工掃描七段顯示器模組電路的系統架構

接下來我們就藉由圖 12.1 的多工掃描七段顯示器模組的實作，學習如何利用多工掃描的方式，在七段顯示器模組上面呈現計時器的結果。

1. 四位元計時器是由兩個 0-59 計數器串接而成的，分別負責「分」和「秒」的計時工作。

2. 由於七段顯示器模組上，所有的七段顯示器都共用同一組 I/O 接腳，因此分鐘的十位數、分鐘的個位數、秒的十位數和秒的個位數必須以多工掃描方式輪流傳送至顯示器，因此需要一個 4 對 1 的多工器來負責這項掃描工作。

3. 計時器產生的計數結果是 4 位元的 BCD 碼，但是七段顯示器則是由 abcdefg 七個 LED 來表示數字，因此需要一個 BCD 碼轉七段顯示器的解碼電路來完成數碼轉換的工作。

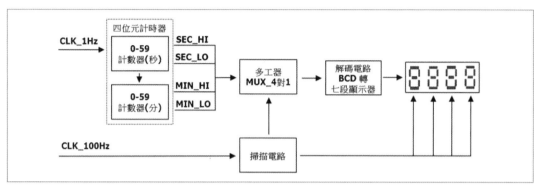

圖 12.1　多工掃描七段顯示器模組

　　另外要特別注意，多工器的選擇訊號必須和七段顯示器模組的掃描訊號同步，才能正確地顯示計時的結果。也就是說，當多工器的輸出為 MIN_HI 時，掃描訊號須同步點亮左邊第一顆顯示器；當多工器的輸出為 MIN_LO 時，掃描訊號須同步點亮左邊第二顆顯示器；當多工器的輸出為 SEC_HI 時，掃描訊號須同步點亮左邊第三顆顯示器；當多工器的輸出為 SEC_LO 時，掃描訊號須同步點亮最右邊的顯示器。

12-1-2　VHDL 設計與模擬

0-59 計數器的設計

　　下面的 0-59 計數器是十六進制的計數器。先前的二進制是以一個位元(bit)為計數單位，而十六進制的計數器是以四位元(或是 BCD 碼)作為計數的單位。一個從 0 上數到 59 的計數器的行為可分為三個行為模式來描述如下：

1. 如果計數的結果為【59】時，那麼【個位數歸零】，且【十位數歸零】。

2. 如果個位數字為 9，那麼【個位數歸零】，且【十位數加 1】。

3. 其餘的情況，則【個位數加 1】，且【十位數不變】。

程式 12-01a：0-59 計數器的 VHDL 程式碼

```vhdl
1:  library ieee;
2:  use ieee.std_logic_1164.all;
3:  use ieee.std_logic_arith.all;
4:  use ieee.std_logic_unsigned.all;
5:
6:  entity counter59 is
7:      port (
8:              clk : in std_logic;
9:              cnt_hi, cnt_lo : out std_logic_vector ( 3 downto 0);
10:             carry_out : out std_logic
11:             );
12: end counter59;
13:
14: architecture a of counter59 is
15:     signal a, b : std_logic_vector (3 downto 0);
16: begin
17:     process(clk)
18:     begin
19:       if clk'event and clk = '0' then     --當 CLK 的下降緣出現時
20:          if b = 9 then              --如果計數器的個位數=9
21:             b <= "0000";            --個位數歸零
22:             if a = 5 then           --若個位數=9，十位數=5 則
23:                a <= "0000";         --十位數歸零
24:             else                    --當個位數=9，十位數≠5 則
25:                a <= a + '1';        --十位數加 1
26:             end if;
27:          else                       --其餘的情況下
28:             b <= b + '1';           --個位數加 1
29:          end if;
30:       else
31:          null;
32:       end if;                       --結束 if 語法
33:     end process;                    --結束 process 語法
34:     carry_out <= '1' WHEN (a=5 and b=9) ELSE   --當計數結果為【59】時
35:                  '0';               --carry_out=HI 否則 LO
36:     cnt_hi <= a;                    --將暫存器 a 的內容設定至輸出 cnt_hi
37:     cnt_lo <= b;                    --將暫存器 a 的內容設定至輸出 cnt_lo
38: end a;
```

模擬結果

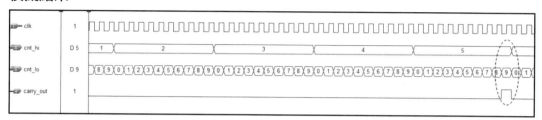

　　再把兩個 0-59 計數器串連起來就成為一個四位元的計時器，如圖 12.2 所示。當輸入時脈的頻率 CLK=1Hz 時，就成為一個時間長度 59 分鐘的計時器。其電路和模擬結果如下：

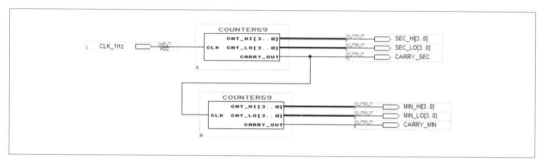

圖 12.2　串連二個 0-59 計數器的電路示意圖

模擬結果

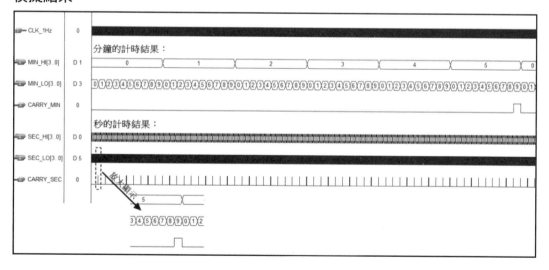

多工選擇器

　　由於七段顯示器模組上所有的七段顯示器都共用同一組 I/O 接腳，因此分鐘十位數、分鐘個位數、秒的十位數和秒的個位數必須以多工方式輪流傳送至顯示器，因此需要一個 4 對 1 的多工器來負責這項工作。

程式 12-01b：4 對 1 的多工器的 VHDL 程式碼

```
1:  LIBRARY IEEE;
2:  use ieee.std_logic_1164.all;
3:  use ieee.std_logic_arith.all;
4:  use ieee.std_logic_unsigned.all;
5:
6:  entity mux is
7:     port(
8:        cnt_min_hi, cnt_min_lo : in  std_logic_vector(3 downto 0);
9:        cnt_sec_hi, cnt_sec_lo  : in  std_logic_vector(3 downto 0);
10:       sel : in  std_logic_vector(1 downto 0); --訊號選擇線
11:       mux_out : out std_logic_vector(3 downto 0)
12:       );
13: end mux;
14:
15: architecture a of mux is
16: begin
17:    mux_out <= cnt_min_hi when sel = "00" else
                                  --sel=00 時，輸出為 cnt_min_hi
18:             cnt_min_lo when sel = "01" else
                                  --sel=00 時，輸出為 cnt_min_lo
19:             cnt_sec_hi when sel = "10" else
                                  --sel=00 時，輸出為 cnt_sec_hi
20:             cnt_sec_lo when sel = "11" else
                                  --sel=00 時，輸出為 cnt_sec_lo
21:             "ZZZZ";          --否則輸出為高阻抗
22: end a;
```

模擬結果

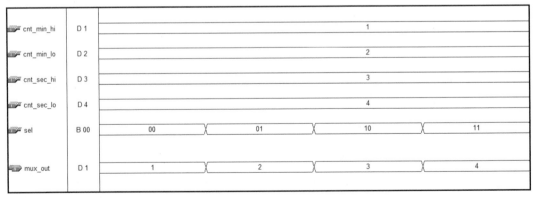

七段顯示器的掃描電路

多工掃描電路經常被用來判斷陣列式排列的電子元件的驅動位置。例如鍵盤、七段顯示器和點矩陣這類的電子元件。在本專題中，利用程式 12.1c 的掃描電路點亮七段顯示器模組上所選定的七段顯示器，並顯示出正確的數字。當前面的多工器傳送過來的數字是計數器中分鐘的十位數時，掃描電路會選定點亮最左邊的七段顯示器，而當多工器傳送過來的數字是計數器中秒的個位數時，掃描電路會選定點亮最右邊的七段顯示器。

腦筋動得快的讀者這時候可能已經浮現解碼電路的真值表！沒錯，掃描電路本質上就是解碼的動作。

程式 12-01c：七段顯示器掃描電路的 VHDL 程式碼

```
1:  library ieee;
2:  use ieee.std_logic_1164.all;
3:  use ieee.std_logic_arith.all;
4:  use ieee.std_logic_unsigned.all;
5:
6:  entity scan is
7:    port(
8:      clk            : in    std_logic ;
9:      sel            : out   std_logic_vector(1 downto 0);
10:     scan_segment  : out   std_logic_vector(3 downto 0)
11:     );
12: end scan;
13:
14: architecture a of scan is
15:    signal cnt : std_logic_vector(1 downto 0);--宣一個 2 位元的暫存器
16: begin
17:    process(clk)
18:      begin
19:        if clk'event and clk = '0' then
20:          cnt <= cnt + 1; --計數器產生 00/01/10/11
21:        end if;            --四個狀態
22:    end process;
23:    sel <= cnt;            --將 cnt 的值設定至 sel
24:    with cnt select
25:      scan_segment <=
26:      "1000" when "00",    --當 cnt 為 00 時" 1000" 會點亮最左邊的顯示器
27:      "0100" when "01",    --當 cnt 為 01 時，" 1000" 會點亮左邊第 2 顆顯示器
28:      "0010" when "10",    --當 cnt 為 01 時，" 1000" 會點亮左邊第 3 顆顯示器
29:      "0001" when "11",    --當 cnt 為 01 時，" 1000" 會點亮最右邊的顯示器
30:      "ZZZZ" when others; -- scan_segment 設定成高組態
31: end a;
```

模擬結果

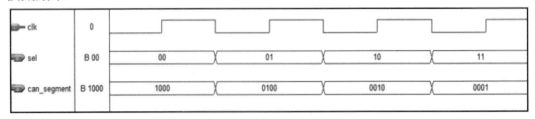

BCD 碼轉七段顯示器的解碼電路

計時器產生的計數結果是 4 位元的 BCD 碼，但是七段顯示器則是由 abcdefg 七個 LED 來表示數字，因此需要一個 BCD 碼轉七段顯示器的解碼電路來完成數碼轉換的工作。

程式 12-01d: BCD 碼轉七段顯示器解碼電路的 VHDL 程式碼

```vhdl
1:  library ieee;
2:  use ieee.std_logic_1164.all;
3:  use ieee.std_logic_arith.all;
4:  use ieee.std_logic_unsigned.all;
5:
6:  entity decoder_bcd_to_7segment is
7:     port(
8:           bcd      :in std_logic_vector(3 downto 0);
9:           seg_out : out std_logic_vector(6 downto 0)
10:          );
11: end decoder_bcd_to_7segment;
12:
13: architecture a of decoder_bcd_to_7segment is
14: begin
15:    process (bcd)
16:    begin
17:    case bcd is                  --gfedcba--
18:      when "0000" => seg_out <= "0111111";--0
19:      when "0001" => seg_out <= "0000110";--1
20:      when "0010" => seg_out <= "1011011";--2
21:      when "0011" => seg_out <= "1001111";--3
22:      when "0100" => seg_out <= "1100110";--4
23:      when "0101" => seg_out <= "1101101";--5
24:      when "0110" => seg_out <= "1111100";--6
25:      when "0111" => seg_out <= "0000111";--7
26:      when "1000" => seg_out <= "1111111";--8
27:      when "1001" => seg_out <= "1100111";--9
28:      when others => seg_out <= "ZZZZZZZ";
29:    end case;
30:    end process;
31: end a;
```

模擬結果

din	B 0111	0000	0001	0010	0011	0100	0101	0110	0111	1000	1001
	gfedcba										
seg_out	B 0000111	0111111	0000110	1011011	1001111	1100110	1101101	1111100	0000111	1111111	1100111

12-1-3   系統整合與模擬驗證

利用電路示意圖(schimatic)連接法，將 12-1-2 節所設計的各個電路元件連接如圖 12.3 所示。然後再執行整個系統的模擬，驗證看看其輸出結果是否符合當初的設計要求。

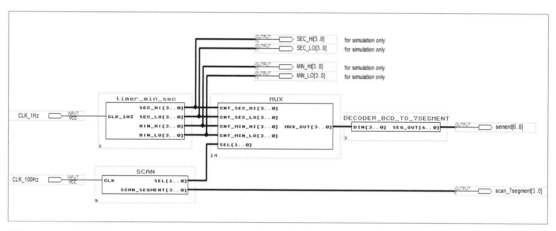

圖 12.3   四位數電子鐘系統整合示意圖

模擬結果：符合四位數電子鐘的需求。

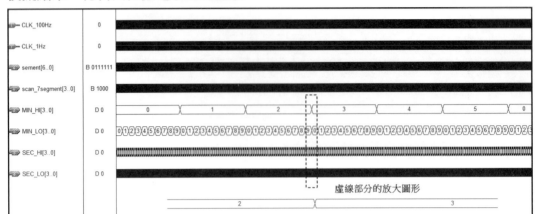

12-1-4　學習重點複習

1. 多工掃描的原理。

2. 多工掃描電路的設計。

3. 多工掃描和多工器的訊號選擇為何兩者需要同步？

4. 下圖中將兩個相同的一位元計數器串連組成一個二位元的計數器，前一級計數器將進位輸出(carry_out)傳給下一級的計數器作為時脈。其中，甲同學所設計的一位元計數器的輸出為(a)，乙同學所設計的一位元計數器的輸出為(b)。假設計數器都是採用下降緣觸發的方式工作，請問哪一位同學的設計才是正確的？

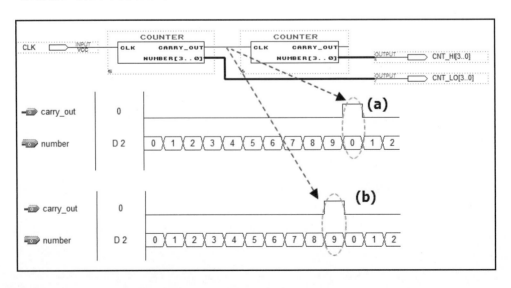

12-2 點矩陣顯示器掃描電路

12-2-1 專案簡介

點矩陣是應用非常廣泛的一種顯示裝置,舉凡交通號誌系統中的紅綠燈、小綠人、剩餘時間顯示,街頭的廣告看板、101 大樓跨年的字幕看板、汽(機)車的車後燈,方向燈、煞車燈及公車上的路線及廣告看板等等皆是 LED 點矩陣實際的應用案例,如圖 12.4 所示。因為 LED 具備發光性,因此有許多應用必須採用 LED 點矩陣而非 LCD 面板。

和七段顯示器一樣,點矩陣顯示器也是利用 LED 組合而成的,如圖 12.5 所示。市售的 LED 矩陣產品相當多樣化,但是在驅動的方式上基本上可區分為共陽型跟共陰型兩種;如果當每一行的 LED 的負極都連接在一起,則稱之為行共陰型,如圖 12.6(a)所示;當每一行的 LED 的陽極都連接在一起,稱為共陽型,如圖 12.6(b) 所示。

本節專題是在一個 8X8 的 LED 點矩陣上輪流顯示 L、O、V、E 四個字母。藉由實作的過程瞭解 LED 點矩陣的工作原理,認識點矩陣的「掃描訊號」和畫面的「顯示訊號」是如何偕同工作來完成顯示畫面的工作,並完成相關模組的 VHDL 程式設計,最後再連結各個模組完成系統整合的工作。

圖 12.4　LED 點矩陣的應用

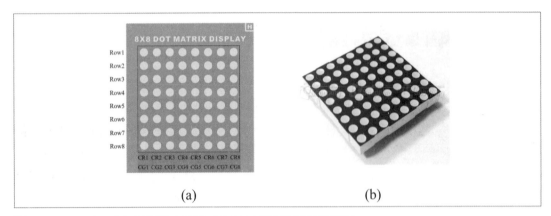

圖 12.5 (a) 8*8 LED 點矩陣上視圖, (b) 8*8 LED 點矩陣實體圖

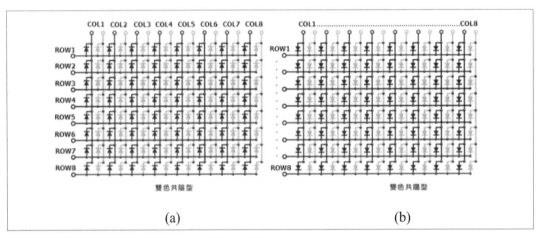

圖 12.6 雙色共陽(陰)型 8*8 LED 點矩陣結構圖

LED 點矩陣的工作原理

點矩陣的驅動電路包括掃描訊號(ROW)和顯示訊號(COLUMN)，八條 COLUMN 訊號構成一個畫面(FRAME)。

當我們想要在點矩陣上面看到「L」字母的畫面，如圖 12.7 所示。實際上這一個畫面是由圖 12.8 的八組掃描訊號(ROW)和顯示訊號(COLUMN)所組成的。描訊號負責掃描並點亮該行的 LED，而顯示訊號則控制哪一顆 LED 該亮，那些不要亮。兩者偕同工作，相互搭配顯示出畫面。

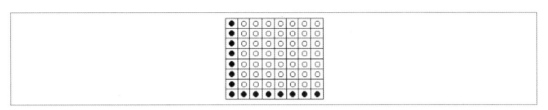

圖 12.7 在點矩陣 LED 上顯示字母 L

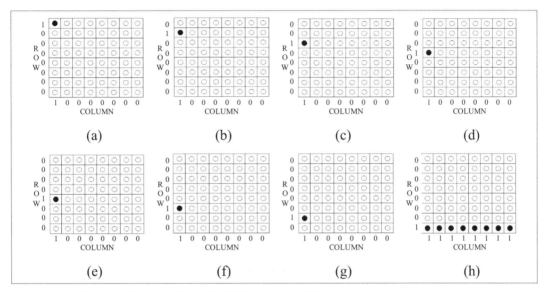

圖 12.8 八組掃描訊號(ROW)和顯示訊號(COLUMN)所組成的畫面

　　掃描訊號的頻率必須在 300Hz 以上才能出現視覺暫留的效果，將八個瞬間畫面整合成一個「L」字母的完整畫面。每次掃描一條線，從最上面的 ROW1 開始，一直掃描到最底下的第 8 條，全部掃描完畢後又再重複依序從第 1 條至第 8 條的掃描，並一直不斷地重複掃描，如圖 12.9 的 ROW 掃描訊號所示。

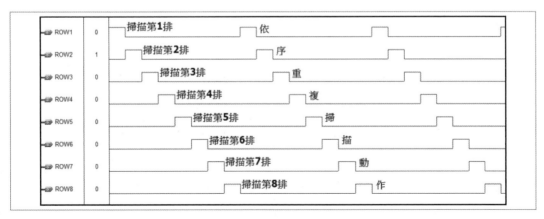

圖 12.9 ROW 的掃描訊號

需要特別注意的地方是顯示訊號的變化速度關係著畫面切換的品質，不同畫面之間的切換速度不能太快，否則字跡就會看不清楚；又因為不同畫面點亮的 LED 位置和數量都不同，如果畫面切換速度超過視覺暫留效果，會讓整個畫面看起來是全亮的，字跡將變得模糊而無法辨識。總而言之，「掃描訊號」必須和「顯示訊號」兩者的速度搭配得宜才能清楚地顯示出字母的畫面，其時序圖如下圖 12.10 所示。

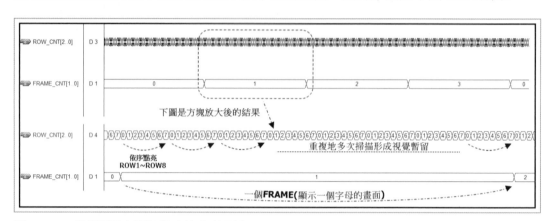

圖 12.10　掃描訊號和顯示訊號的時序關係

FRAME_CNT 二位元計數器，執行 0→1→2→3...，FRAME_CNT 控制畫面切換的速度。畫面切換的順序如下：

當 FRAME_CNT=0 時，顯示字母 L；

當 FRAME_CNT=1 時，顯示字母 O；

當 FRAME_CNT=2 時，顯示字母 V；

當 FRAME_CNT=3 時，顯示字母 E；

而每一個字母的畫面，都是依序點亮 ROW1～ROW8 所形成的結果，至於畫面的內容則是根據當時 COLUMN 的內容來決定哪幾顆 LED 會被點亮，其動作如下：

當 ROW_CNT=0 時，開啟點矩陣的 ROW1。(ROW="10000000")

當 ROW_CNT=1 時，開啟點矩陣的 ROW2。(ROW="01000000")

當 ROW_CNT=2 時，開啟點矩陣的 ROW3。(ROW="00100000")

當 ROW_CNT=3 時，開啟點矩陣的 ROW4。(ROW="00010000")

當 ROW_CNT=4 時，開啟點矩陣的 ROW5。(ROW="00001000")

當 ROW_CNT=5 時，開啟點矩陣的 ROW6。(ROW="00000100")

當 ROW_CNT=6 時，開啟點矩陣的 ROW7。(ROW="00000010")

當 ROW_CNT=7 時，開啟點矩陣的 ROW8。(ROW="00000001")

LED 點矩陣掃描顯示系統架構：

　　點矩陣是利用掃描的方式來完成顯示的工作。圖 12.11 是點矩陣掃描顯示的系統架構圖。

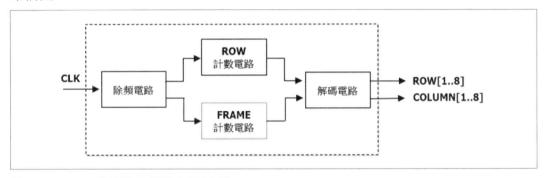

圖 12.11　LED 點矩陣掃描顯示系統架構

除頻電路的作用：

　　負責系統運作時所需的各種頻率。在前面章節所提到的，點矩陣的畫面顯示是由掃描訊號(ROW)和顯示訊號(COLUMN)共同來完成，其中掃描訊號的工作頻率較高，才能產生眼睛視覺暫留的效果。

　　以本節顯示四個字母而言，每個字母必須至少經過 8 次掃描後才能呈現，另外每次掃描的頻率必須至少維持在 20Hz 以上才能產生視覺暫留的效果，因此掃描訊號的頻率必須維持在 (20Hz X 8(ROW1～ROW8) X 4(四個字母畫面)= 640Hz 以上。

　　顯示訊號的工作頻率則是以適合的閱讀時間就可以，單一畫面中的文字數量越多，就需要較長的時間來閱讀看板。但是每一個字母畫面的切換速度則不能太快，否則會看不清楚字跡，甚至會造成整個點矩陣上的 LED 都被點亮，以致無法辨識字跡。

ROW 計數電路的作用

　　計數器是數位電路中的百變王，除了提供計數的功能之外，計數器也可以作為除頻電路和狀態產生電路；如果在計數器的後面搭配其他電路便可以衍生出其他許多不同功能的電路。例如計數器搭配比較器便可以構成延遲電路或是警報電路；本節中的掃描電路，也是由計數器加上解碼器來建構出掃描電路。

　　首先我們先設計一個三位元的計數器，然後再送到後面的解碼器，產生 ROW1～ROW8 這八條掃描訊號。表 12.1 顯示三位元計數值與對應掃描訊號的真值表。

▶表 12.1 三位元的計數解碼器真值表

計數值	掃描訊號(ROW)	計數值	掃描訊號(ROW)
000	10000000	100	00001000
001	01000000	101	00000100
010	00100000	110	00000010
011	00010000	111	00000001

FRAME 計數電路的作用

FRAME 計數器是用來控制想要顯示畫面的數量。依序顯示 L、O、V、E 需要四個畫面，因此 FRAME 計數器是一個 2 位元的計數器。

當計數器的值為 00 時，設定點矩陣的畫面顯示字母「L」，

當計數器的值為 01 時，設定點矩陣的畫面顯示字母「O」，

當計數器的值為 10 時，設定點矩陣的畫面顯示字母「V」，

當計數器的值為 11 時，設定點矩陣的畫面顯示字母「E」。

解碼電路的作用

解碼電路的作用是根據 ROW_CNT 和 FRAME_CNT 的內容來進行解碼，並送出正確的掃描訊號和顯示資料。例如，當 FRAME_CNT=10 時，這時候點矩陣畫面上會逐行掃描出 V 的字型。圖 12.12 是顯示字母 V 時，掃描訊號和顯示訊號的變化時序圖，圖 12.13 則是顯示字母 V 時的訊號內容。

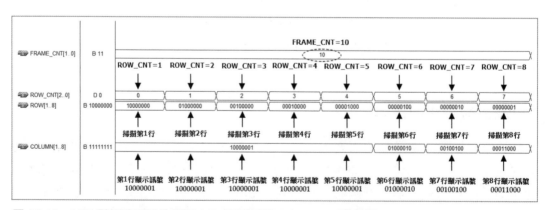

圖 12.12 LED 點矩陣顯示的畫面 VS 顯視訊號(COLUMN) 關係圖

圖 12.13　顯示字母 V 時的訊號內容

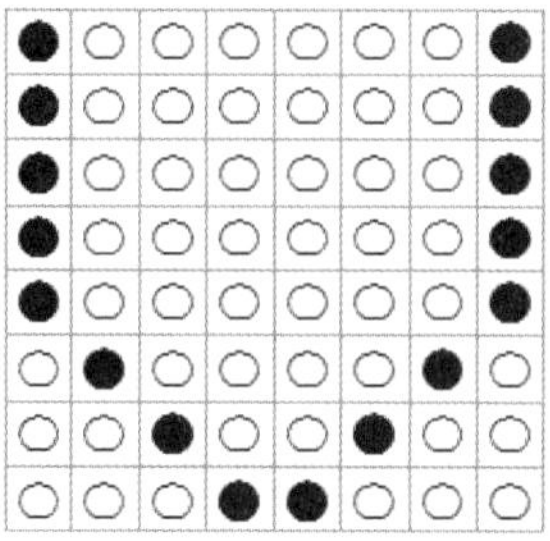

12-2-2　VHDL 設計與模擬

接下來就要開始進行各個模組的開發設計工作，模擬測試後再將它們加以整合，並完成系統的設計。

除頻電路的 VHDL 設計

除頻電路的功能是負責產生掃描訊號和顯示訊號的工作頻率。由於系統只會提供一組 OSC 的頻率振盪源，但是各個模組需要的工作時脈頻率卻不盡相同，因此由除頻電路負責產生不同的工作時脈供各個模組使用。這種情況就像是 PC 中的變壓系統會產生+12V、-12V、+5V 和-5V 四種不同的工作電壓以應付各個子系統所需不同的工作電壓之需求。

程式 12-2a：除頻電路的 VHDL 程式碼

```
1:  library ieee;
2:  use ieee.std_logic_1164.all;
3:  use ieee.std_logic_arith.all;
4:  use ieee.std_logic_unsigned.all;
5:
6:  entity  matrix_freqency  is   -- 宣告電路 matrix_freqency 的 i/o 埠
7:  port(clk: in std_logic;       -- 宣告輸入訊號 clk
8:      clk_row: out  std_logic; -- 宣告輸出訊號 clk_row
9:      clk_frame: out std_logic -- 宣告輸出訊號 clk_frame
10:   );
11: end  matrix_freqency ;
12:
13: architecture  a  of  matrix_freqency  is  -- architecture 宣告
14:   signal q : std_logic_vector(22 downto 0);
15:     --宣告一個 24 位元的暫存器，用來儲存計數器的計數值
```

```
16: begin
17:
18: --24 bits free counter
19: process(clk)
20: begin
21:     if(clk'event and clk='0')then        --當時脈負緣出現時
22:        q<=q+1 ;                --計數器的數值會加 1
23:      end if ;
24: end process;
25:
26: --port connection
27:    clk_row <= q(13);        --將暫存器第 14 個位元設定為輸出訊號 clk_row
28:    clk_frame <= q(22);      --將暫存器第 23 個位元設定為輸出訊號 clk_frame
29: end a;
```

模擬結果:除頻電路模擬結果【用 q(0)、q(4)取代 q(13)、q(22)】

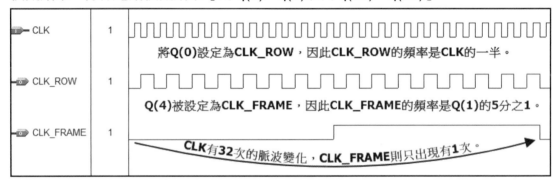

模擬結果說明:

　　本章的除頻電路是採用自由計數器的簡單設計。因為計數器的相鄰兩個位元之間就具備除 2 的性質。所以 q(0)的頻率會是輸入 CLK 頻率的一半,q(1)的頻率會是 q(0)頻率的一半,q(2)的頻率會是 q(1)頻率的一半,..........以此類推。

　　由於上述程式中的 q(13)的頻率約為 610Hz,q(22)的頻率約為 1Hz。對於以幾十個 ns 為計量單位的模擬器而言,1Hz 是個非常非常長的模擬時間,筆者使用 SONY VAIO SVF153A1YP 的筆電,1.6G 64 位元雙核 CPU,搭配 8G RAM 都跑了將近 1 個小時才完成模擬,如果電腦效能更低或是記憶體不足的話,甚至會出現當機的情況。另外因為不同訊號的頻率相差過大,因此想要在同一張圖表中能夠清楚地檢視 10MHz、610Hz 和 1Hz 三者的信號變化幾乎是不可能的任務。因此先行變通一下,將程式中的 q(13) 和 q(22)更改為 q(0)和 q(4),目的是要驗證除頻電路真的具備除頻的功能。只要 q(0)和 q(4)結果是正確的,那麼 q(13) 和 q(22)理當可以得到正確的輸出頻率。

ROW 計數電路的 VHDL 設計

ROW 計數電路的功能是負責產生八種狀態，再依序產生 ROW1～ROW8 的八個掃描訊號。

程式 12-2b：ROW 計數電路的 VHDL 程式碼

```
1:  library ieee;
2:  use ieee.std_logic_1164.all;
3:  use ieee.std_logic_arith.all;
4:  use ieee.std_logic_unsigned.all;
5:
6:  entity  matrix_row_counter is  -- matrix_row_counter 的 i/o 埠宣告
7:  port(
8:      clk: in  std_logic;    --宣告輸入訊號 clk，作為計數電路的計數時脈
9:      row_cnt: out  std_logic_vector(2 downto 0)
         --宣告 3 位元的輸出訊號 row_cnt
10:      );
11: end  matrix_row_counter;
12:
13: architecture  a  of matrix_row_counter is
14: signal q : std_logic_vector(2 to 0);
    --宣告 3 位元的暫存器，用來儲存計數器的計數值
15: begin
16: --3 bits counter
17: process(clk)
18: begin
19:     if(clk'event and clk='0')then      --當時脈負緣出現時
20:        q<=q+1;                --計數器的數值會加 1
21:   end if ;
22: end process;
23:
24: --port connection
25: row_cnt <= q;                --將暫存器 q 設定為輸出訊號 row_cnt
26: end a;
```

模擬結果：ROW 計數電路模擬結果

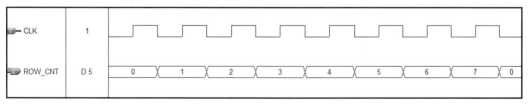

FRAME 計數電路的 VHDL 設計

FRAME 計數器是用來控制想要顯示畫面的數量。本章專題要依序顯示 L、O、V、E 需要四個畫面，因此將 FRAME 計數器設計成一個 2 位元的計數器。

當 FRAME_CNT=0 時，顯示字母 L；

當 FRAME_CNT=1 時，顯示字母 O；

當 FRAME_CNT=2 時，顯示字母 V；

當 FRAME_CNT=3 時，顯示字母 E；

FRAME 計數器除了控制顯示畫面的數量外，他也必須配合 ROW 計數器後面所產生掃描訊號，同步送出正確的顯示訊號到 LED 點矩陣的腳位上。

▶表 12.2　點亮字母 V 的掃描訊號與顯示訊號

	掃描訊號 ROW	顯示訊號 COLUMN	點矩陣顯示畫面
當掃描第 1 行	ROW1=10000000	COLUMN1=10000001	●○○○○○○●
當掃描第 2 行	ROW2=01000000	COLUMN2=10000001	●○○○○○○●
當掃描第 3 行	ROW3=00100000	COLUMN3=10000001	●○○○○○○●
當掃描第 4 行	ROW4=00010000	COLUMN4=10000001	●○○○○○○●
當掃描第 5 行	ROW5=00001000	COLUMN5=10000001	●○○○○○○●
當掃描第 6 行	ROW6=00000100	COLUMN6=01000010	○●○○○○●○
當掃描第 7 行	ROW7=00000010	COLUMN7=00100100	○○●○○●○○
當掃描第 8 行	ROW8=00000001	COLUMN8=00011000	○○○●●○○○

每一個字母的畫面，是由八個掃描訊號(ROW1～ROW8)和顯示訊號(COLUMN1～COLUMN 8)一起完成的。其中 ROW1～ROW8 是從上到下依序掃描點矩陣(只有被掃瞄到的那一行的 LED 會被點亮)，而另一組顯示訊號(COLUMN1～COLUMN 8)，的內容則是內容來決定被掃描的那一行的 8 顆 LED，有哪幾顆會被點亮。以點亮字母 V 為例，掃描訊號和顯示訊號的動作如表 12.2 所示：

程式 12-2c：FRAME 計數電路的 VHDL 程式碼

```
1:  library ieee;
2:  use ieee.std_logic_1164.all;
3:  use ieee.std_logic_arith.all;
4:  use ieee.std_logic_unsigned.all;
5:
```

```
6:  entity  matrix_frame_counter  is  -- i/o 埠宣告
7:  port(
8:      clk: in  std_logic;              --宣告 1 位元的輸入訊號 clk,
9:      frame_cnt: out  std_logic_vector(1 downto 0)
        --宣告 2 位元的輸出訊號 frame_cnt
10:     );
11: end  matrix_frame_counter ;
12:
13: architecture  a  of matrix_frame_counter is
14:   signal q  : std_logic_vector(1 downto 0);  --宣告 2 位元暫存器
15: begin
16:
17: --2 bits counter (下面 6 行程式為建構一個 2 位元計數器)
18: process(clk)
19: begin
20:     if(clk'event and clk='0')then         --當負緣觸發發生時
21:        q<=q+1 ;           --計數器的值加 1
22:     end if ;
23: end process;
24:
25: --connection
26: frame_cnt <= q;            --將暫存器 q 設定為輸出訊號 frame_cnt
27: end a;
```

模擬結果：FRAME 計數電路模擬結果

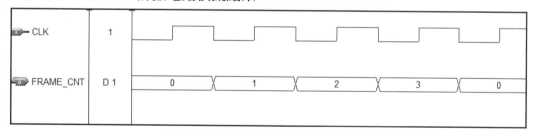

解碼電路的 VHDL 設計

　　解碼電路的作用是根據 ROW_CNT 和 FRAME_CNT 的內容來進行解碼，並根據當時的掃描訊號(ROW1〜ROW8)來送出正確的顯示訊號(COLUMN1〜COLUMN8)。解碼電路的程式碼設計如下：

程式 12-2d：解碼電路的 VHDL 程式碼

```
1:  library ieee;
2:  use ieee.std_logic_1164.all;
3:  use ieee.std_logic_arith.all;
4:  use ieee.std_logic_unsigned.all;
```

```
5:
6:  entity  matrix_decoder  is -- matrix_decoderru 解碼電路的 i/o 埠宣告
7:  port(
8:     --宣告 3 位元的輸入訊號 add_row，用以標示掃描訊號的位置
9:     add_row: in  std_logic_vector(2 downto 0);
10:    --宣告 2 位元的輸入訊號 add_frame，用以標示顯示訊號的位置
11:    add_frame : in  std_logic_vector(1 downto 0);
12:    --宣告 8 位元的輸出訊號 row，作為點矩陣的掃描訊號
13:    row : out std_logic_vector(1 to 8);
14:    --宣告 8 位元的輸出訊號 col，作為點矩陣的顯示訊號
15:    col : out std_logic_vector(1 to 8)
16: );
17: end  matrix_decoder ;
18:
19: architecture  a  of  matrix_decoder  is
20:    signal r : std_logic_vector(1 to 8);
21:    signal c : std_logic_vector(1 to 8);
22:
23: begin
24:
25: --row decoder
26: row  <="10000000" when add_row=0 else
27:      "01000000" when add_row=1 else
28:      "00100000" when add_row=2 else
29:      "00010000" when add_row=3 else
30:      "00001000" when add_row=4 else
31:      "00000100" when add_row=5 else
32:      "00000010" when add_row=6 else
33:      "00000001" when add_row=7 else
34:      "00000000" ;
35:
36: --column decoder,
37: col  <="10000000" when (add_row=0 and add_frame=0) else
38:      "10000000" when (add_row=1 and add_frame=0) else
39:      "10000000" when (add_row=2 and add_frame=0) else
40:      "10000000" when (add_row=3 and add_frame=0) else
41:      "10000000" when (add_row=4 and add_frame=0) else
42:      "10000000" when (add_row=5 and add_frame=0) else
43:      "10000000" when (add_row=6 and add_frame=0) else
44:      "11111111" when (add_row=7 and add_frame=0) else
45:
46:      "00111100" when (add_row=0 and add_frame=1) else
47:      "01000010" when (add_row=1 and add_frame=1) else
48:      "10000001" when (add_row=2 and add_frame=1) else
49:      "10000001" when (add_row=3 and add_frame=1) else
50:      "10000001" when (add_row=4 and add_frame=1) else
51:      "10000001" when (add_row=5 and add_frame=1) else
```

```
52:      "10000010" when (add_row=6 and add_frame=1) else
53:      "00111100" when (add_row=7 and add_frame=1) else
54:
55:      "10000001" when (add_row=0 and add_frame=2) else
56:      "10000001" when (add_row=1 and add_frame=2) else
57:      "10000001" when (add_row=2 and add_frame=2) else
58:      "10000001" when (add_row=3 and add_frame=2) else
59:      "10000001" when (add_row=4 and add_frame=2) else
60:      "01000010" when (add_row=5 and add_frame=2) else
61:      "00100100" when (add_row=6 and add_frame=2) else
62:      "00011000" when (add_row=7 and add_frame=2) else
63:
64:      "11111111" when (add_row=0 and add_frame=3) else
65:      "10000000" when (add_row=1 and add_frame=3) else
66:      "10000000" when (add_row=2 and add_frame=3) else
67:      "11111111" when (add_row=3 and add_frame=3) else
68:      "11111111" when (add_row=4 and add_frame=3) else
69:      "10000000" when (add_row=5 and add_frame=3) else
70:      "10000000" when (add_row=6 and add_frame=3) else
71:      "11111111" when (add_row=7 and add_frame=3) else
72:
73:      "00000000" ;
74:
75: end a;
```

模擬結果

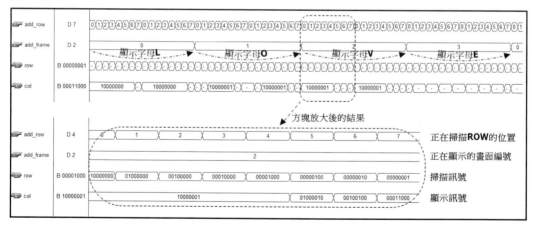

12-2-3　系統整合與模擬驗證

　　完成前述四個子模組電路的設計和模擬之後，接著開始將各個模組連接，並整合成 8X8 LED 點矩陣掃描電路。整合後的電路示意圖如圖 12.14 所示。

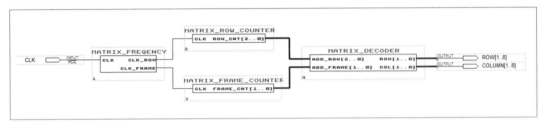

圖 12.14　點矩陣顯示器掃描系統整合示意圖

模擬結果

　　如同前面所言，因為系統振盪源(10MHz)、掃描電路頻率(610Hz)和顯示畫面切換頻率(約 1Hz)三者之間的差距過大，因此無法在模擬圖中清楚顯示各個訊號的變化，因此此處將軟體模擬結果的動作省略。讀者可直接將設計下載至晶片，在實驗機台上檢視電路執行的結果。

12-2-4　學習重點複習

- LED 點矩陣的工作原理。
- LED 點矩陣的掃瞄電路製作。
- 瞭解 FRAME 計數電路和顯示畫面數量兩者之間的關係。
- 能夠獨立完成 LED 點矩陣的靜態文字顯示的電路設計。

12-3 燈光控制器

12-3-1　專案簡介

　　隨著環保與節能的概念日趨成熟，室內照明近年來也朝著兩個方向努力來達到節能之目的。其中之一是從燈泡著手，發展效能更好的燈光來源，像省電燈泡、LED 照明等，以更少的功率消耗來提供工作環境或居家環境中所需的照明；另一個方向就是透過照明控制系統，減少不必要的能源消耗。

市面上提供了各種照明控制系統的解決方案，有些利用定時開關或是紅外線自動感應系統來減少不必要的電能消耗；另外一種最常見的控制技術是偵測周遭環境的光源訊息(例如日光)，利用光源感測器（photosensor）偵測出室內所接受的日照程度，再來決定燈光的開關數量甚至是亮度；其中的亮度控制方面可再細分為開關控制（on/off）跟調光控制（dimming）兩大類。

本章專題所探討的是家庭中最常見的電子式燈光控制器，只需利用家中原本牆上的電燈開關來控制燈光控制器，應用簡單的數位邏輯電路就可以達到控制燈泡on/off的數量，輕鬆達到節能省電的目的。

數位系統架構

系統設計時，採用 Top to Bottom 的設計流程。因此先行構思本專案的燈光控制器需要那些模組共同來建構完成。圖 12.15 為本章燈光控制器的系統架構圖，是由除頻電路、消除彈跳電路、照明狀態產生器和燈光輸出解碼電路等四個模組所共同組成。

接下來將針對各個模組的功能分別加以說明：

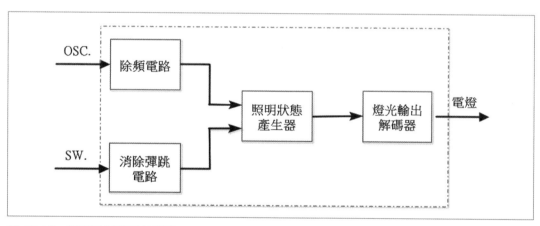

圖 12.15　燈光控制器系統架構

除頻電路模組

除頻電路主要的功能有兩種。第一個是提升時脈的精準度，產生一個精確又穩定的系統工作時基(time base)；第二種功能是產生系統中各個工作模組所需不同的工作頻率。就像一台 PC 的電源電路通常會提供±12V 和±5V 的不同電壓，以應付各個模組不同的電壓需求。同樣地，數位系統內部的各個模組也會使用不同的工作頻率，例如本專案中的消除彈跳電路和狀態產生器的工作頻需求就不相同，因此需要一個除頻電路來產生各種不同的頻率輸出。

在本書的所有專案範例中，為簡化解說篇幅而統一採用相同的除頻電路。由於燈光控制器對頻率的要求不是很嚴苛，因此可以將本設計中的除頻電路模組改用一個多位元的自由計數器來取代(參考程式 12-2a)。不儘可以簡化設計工作，也有助於成本的降低。

消除彈跳電路

由於數位電路是以奈秒(ns)級為計算單位的速度快速地動作，因此當電路系統中使用到機械式的開關(switch)時，光是開關到達穩定狀態前就會出現毫秒(ms)級的彈跳現象，因此當急驚風遇上慢郎中時就會出現溝通不良的問題。所以當電路使用到機械式的開關時就必須先處理開關的彈跳(bounce)問題。

當機械式開關在開和關的位置進行切換時彈跳就會出現，此一現象在電源電路中通常可以忽略，但是在數位邏輯電路中就會被誤認以為出現多次的開關 ON/OFF 切換而導致數位電路出現誤動。圖 12.16 是開關彈跳的示波器截圖。狀態穩定前，介於開與關之間有若干次的開關彈跳。

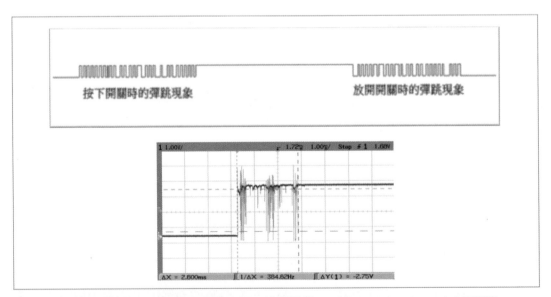

圖 12.16　開關彈跳的示波器截圖 (圖像來源：維基百科 https://zh.wikipedia.org/wiki/開關)

為了避免數位電路誤將彈跳當作是連續輸入多個脈波的情況，因此在數位系統中，通常會採用接點狀態的複合取樣或施以一段時間的延遲的方式來消除彈跳

(debounce)的現象，也就是利用消除彈跳（debouncing）電路來去除彈跳現象的干擾，以確保數位電路能夠正確無誤地執行工作。

照明狀態產生器：

照明狀態產生器的功能有二：

1. 利用消除彈跳電路傳遞過來的 ON/OFF 脈波來產生四個不同的照明狀態。

2. 當狀態移轉時，能夠正確地判定下一個前往的狀態值。是依序前往下一個狀態？還是回歸初始狀態？

利用消除彈跳電路傳遞過來的 ON/OFF 脈波依序產生四個不同的照明狀態【00】/【01】/【10】/【11】。系統的初始狀態設定為【00】，四個狀態下的照明配置如下：

狀態【00】：此狀態下的照明配置為 5 個燈泡全暗。

狀態【01】：此狀態下的照明配置為 5 個燈泡全亮。

狀態【10】：此狀態下的照明配置為 3 亮 2 暗。

狀態【11】：此狀態下的照明配置為 1 亮 4 暗。

另外還有一個很重要的功能就是做出下一個狀態該前往何處的決策。雖然狀態產生器會依序產生 00/01/10/11 四個不同的狀態，但是實際的使用情況下，每一個狀態結束時，如果關燈之後立即再度打開開關，控制器會依序前往下一個狀態，但是如果在一段時間內沒有再次切換開關，那就表示短時間內不會再使用電燈，因此系統應將狀態值回歸至初始狀態【00】，讓下回打開電燈開關時，系統會進入全亮的狀態【01】。

燈光輸出解碼電路：

燈光輸出解碼電路除了要搭配前面的照明狀態產生器來產生各種狀態下被點亮的燈泡數量。下面是利用 VHDL 的 case...when 語法完成的燈光輸出解碼電路。

```
case state is
    when "01" =>  light <= "11111" ;  --01 狀態下點亮 5 個燈。
    when "10" =>  light <= "10101" ;  --10 狀態下點亮 3 個燈。
    when "11" =>  light <= "00100" ;  --11 狀態下點亮 1 個燈。
    when others => light <= "00000" ; --將 00 設定為初始狀態，燈全部熄滅。
end case;
```

12-3-2　VHDL 設計與模擬

除頻電路的 VHDL 程式設計

程式 12-3a：除頻電路的 VHDL 程式設計

```
1:  -- library declaration                --零件庫宣告區
2:  library ieee;                         --宣告使用 IEEE 這個零件庫
3:  use ieee.std_logic_1164.all ;
    --授權使用 STD_LOGIC_1164 零件庫全部的零件
4:  use ieee.std_logic_arith.all;
    --授權使用 std_logic_arith 零件庫全部的零件
5:  use ieee.std_logic_unsigned.all;
    --授權使用 std_logic _unsigned 零件庫全部零件
6:
7:  -- entity declaration                 --輸入和輸出介面宣告
8:  entity frequency_divider_1hz is
    --宣告 frequency_divider_1hz 這個電路
9:    port(                               --電路的輸出輸入埠如括弧所示
10:      clk_10Mhz  : in   std_logic;  -- 1 位元輸出埠 clk_10MHz
11:      clk_1mhz   : out  std_logic;  -- 1 位元輸出埠 clk_1MHz
12:      clk_100khz : out  std_logic;  -- 1 位元輸出埠 clk_100KHz
13:      clk_10khz  : out  std_logic;  -- 1 位元輸出埠 clk_10KHz
14:      clk_1khz   : out  std_logic;  -- 1 位元輸出埠 clk_1KHz
15:      clk_100hz  : out  std_logic;  -- 1 位元輸出埠 clk_100Hz
16:      clk_10hz   : out  std_logic;  -- 1 位元輸出埠 clk_10Hz
17:      clk_1hz    : out  std_logic   -- 1 位元輸出埠 clk_1Hz
18:      );
19: end frequency_divider_1hz;           --結束宣告
20:
21: --architecture declaration (Architecture 宣告區，描述電路的功能)
22: architecture a of frequency_divider_1hz  is  --宣告電路的架構 a
23:    --signal declaration
24:      signal cp : std_logic_vector(6 downto 0);
         --宣告內部訊號 cp，7 位元
25:    --component declaration            --宣告 component 元件
26:    component div_10                   --宣告一個 div_10 的元件
27:    port (                             --元件的介面如括弧所示
28:        clk_fast : in   std_logic; --1 位元輸入埠 clk_fast
29:        clk_slow : out  std_logic  --1 位元輸出埠 clk_slow
30:        );
31: end component;                       --結束 component 宣告
32: begin
33:    --component structure map (接下來宣告 uo ~ u6 七個元件)
```

```
34:    u0: div_10 port map (clk_10mhz, cp(6));
       --宣告 u0 元件 div_10 的連線
35:    u1: div_10 port map (cp(6), cp(5));  --宣告 u1 元件 div_10 的連線
36:    u2: div_10 port map (cp(5), cp(4));  --宣告 u2 元件 div_10 的連線
37:    u3: div_10 port map (cp(4), cp(3));  --宣告 u3 元件 div_10 的連線
38:    u4: div_10 port map (cp(3), cp(2));  --宣告 u4 元件 div_10 的連線
39:    u5: div_10 port map (cp(2), cp(1));  --宣告 u5 元件 div_10 的連線
40:    u6: div_10 port map (cp(1), cp(0));  --宣告 u6 元件 div_10 的連線
41:
42:    --port connection (訊號埠連線)
43:    clk_1Mhz   <= cp(6);        --將訊號 CP(6) 輸出至 CLK_1MHz
44:    clk_100khz <= cp(5);        --將訊號 CP(5) 輸出至 CLK_100KHz
45:    clk_10khz  <= cp(4);        --將訊號 CP(4) 輸出至 CLK_10KHz
46:    clk_1khz   <= cp(3);        --將訊號 CP(3) 輸出至 CLK_1KHz
47:    clk_100hz  <= cp(2);        --將訊號 CP(2) 輸出至 CLK_100Hz
48:    clk_10hz   <= cp(1);        --將訊號 CP(1) 輸出至 CLK_10Hz
49:    clk_1hz    <= cp(0);        --將訊號 CP(0) 輸出至 CLK_1Hz
50: end a ;                       --結束 Architecture 宣告
```

補充説明：

利用 component 語法的宣告，便可以將先前設計過的元件拿來使用，可省去重新設計的時間。其實，component 就是一個 entity，觀念就像一個系統中的子系統一樣。

port map 是一個用來描述連線(wire)的語法。下面敘述會把編號 U0 的 DIV_10 這個元件的輸入端和輸出端分別連接到 CLK_10MHZ 和 CP(6)，如圖 12.17 左半部。

```
u0: div_10 port map (clk_10Mhz, cp(6));
```

下面敘述會把編號 U1 的 DIV_10 這個元件的輸入端和 CP(6) 相連，輸出端和 CP(5) 相連，如圖 12.17 的右半部所示。

```
u1: div_10 port map (cp(6), cp(5));
```

如此便完成了 u0 和 u1 串接，將 u0 的輸出和 u1 輸入兩點相連的動作。

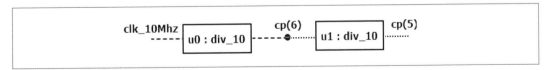

圖 12.17　描述連線(wire)的示意圖

接下來用同樣的方法，將 U1...U6 等六個 div_10 元件的輸入端、輸出端依序和刮弧內的兩個訊號相連接。形成 7 個 div_10 元件串聯起來的除頻電路。(參考圖 12.20)

模擬結果

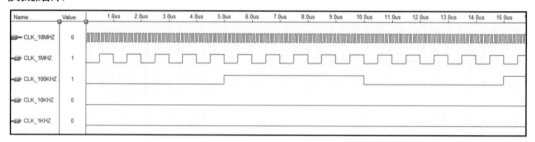

程式中使用 compoment 語法呼叫一個 div_10 元件，div_10 是一個已經設計開發好的元件(程式 12-3a-1)，是一個能夠將頻率除十的電路，上圖中 clk_10MHz 上下變化 10 次，clk_1MHz 才變化 1 次，表示訊號 clk_1MHz 是其訊號源頻率除十之後的結果。同理，clk_1MHz 除十後的結果得到 clk_100KHz 的輸出，以此類推。另外，上圖中從率 clk_10KHz(含)以下的輸出訊號都呈現一直線，這是因為模擬時間不夠久，所以無法看到其他更低頻率輸出訊號的脈波變化。

程式 12-3a-1：除十電路的 VHDL 程式設計

```
1:  -- library declaration
2:  library ieee;                    --2～5 行是零件庫宣告區
3:  use ieee.std_logic_1164.all ;    --前面已經說明過，此處不再贅述。
4:  use ieee.std_logic_arith.all;
5:  use ieee.std_logic_unsigned.all;
6:
7:  entity div_10 is                 --7～12 行是輸入和輸出介面宣告
8:      port(
9:           clk_fast : in   std_logic; --輸入時脈(未被除頻)
10:          clk_slow : out  std_logic  --輸出時脈(已經除十)
11:          );
12: end div_10;
13:
14: architecture a of div_10 is      --14～31 行是程式結構宣告
15:     signal q : std_logic_vector(3 downto 0 );
16:     signal d : std_logic ;
17: begin
18:     process (clk_fast)
19:     begin
20:         if (clk_fast'event and clk_fast = '0') then
21:             if q = "0100" then
```

```
22:                    q <= "0000" ;   d <= not d ;  --每當 q 數五下，d 就反向
23:              else
24:                 q <= q + 1;
25:            end if ;
26:       end if;
27:    end process ;
28:
29: --port connection
30: clk_slow <= d ;
31: end a ;
```

模擬結果

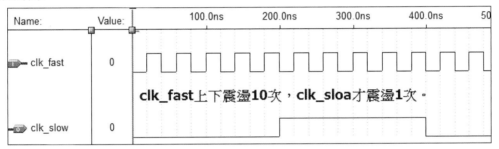

程式 12-3b：消除彈跳電路的 VHDL 程式

```
1:  library ieee;                          --程式區塊(一)是零件庫宣告區
2:  use ieee.std_logic_1164.all;         --前面已經說明過，此處不再贅述。
3:  use ieee.std_logic_arith.all;
4:  use ieee.std_logic_unsigned.all;
5:
6:  --entity description
7:  entity debounce_NL is
8:    port(                              --程式區塊(二)輸入和輸出介面宣告
9:        clk_1KHz : in  std_logic;        --1 位元輸出埠 clk_1KHz
10:       switch_in : in std_logic;        --1 位元輸出埠 switch_in
11:       switch_out : out  std_logic     --1 位元輸出埠 switch_out
12:       );
13: end debounce_NL ;
14:
15: --architecture description            --程式區塊(三)程式結構宣告區
16:
17: architecture a of debounce_NL is
18:    signal cnt: std_logic_vector(5 downto 0);
       --宣告內部訊號 cnt, 5 位元
19:    signal pulse,cp, d0, d1 : std_logic;   --宣告內部訊號 cp,pulse,d0,d1
20: begin
21:    --delay 20ms
22:    process (clk_1KHz)
23:    begin
```

```
24:      if clk_1KHz'event and clk_1KHz='0' the
         --如果時脈訊號的負緣被觸發
25:        if switch_in = '1' then    --而且開關是被按下的狀態
26:          if cnt < 20 then         --如果計數值不到20
27:            cnt <= cnt+1;          --繼續計數
28:          else                     --否則的話
29:            cnt <= cnt ;           --停止計數
30:            pulse <=  switch_in;   --將switch_in設定至pulse
31:          end if;
32:        else                       --若開關沒有被按下
33:          cnt <= (others => '0');  --計數值歸零
34:          pulse <= '0';            --將pulse =0
35:        end if ;
36:      end if;
37:    end process;
38: --port connectuin
39: switch_out <= pulse;              --將pulse輸出至switch_out
40: end a ;
```

補充説明：

上述的消除彈跳電路是利用時間上的延遲，等開關的彈跳現象消失後再去偵測開關的狀態。一般而言，彈跳現象通常只會維持數個 ms，而程式中 clk_1KHz 時脈的週期等於 1ms，當計數 20 次就可以產生 20ms 的時間延遲，此時再去偵測開關，得到的必定是已經穩定下來的狀態，因此就可避開彈跳現象的困擾。

所以，上面的程式所表達的邏輯如下：

- 當時脈訊號(clk_1KHz)的負緣被觸發時，而且開關是被按下的狀態，那麼計數器會開始計數。

- 如果計數的值未達 20，則計數器的值就會加 1；

- 如果計數的值達到 20 時（等待時間達 20ms），計數器便會停止計數，而且去讀取開關的狀態（pulse <= switch_in;）

- 否則的話將計數器的數值歸零（也就是當開關沒有按下時，switch_in＝0），而且 pulse 也歸零(即開關的狀態為 LOW)。

模擬結果說明

因為切換一次開關需要的時間遠大於 20ms，因此等計數器數完 20 下，再去偵測開關的狀態，時間上仍是綽綽有餘的。

程式 12-3c：照明狀態產生器的 VHDL 程式設計

```
1:  -- library declaration          --程式區塊(一)是零件庫宣告區
2:  library ieee;                    --前面已經說明過，此處不再贅述。
3:  use ieee.std_logic_1164.all;
4:  use ieee.std_logic_arith.all;
5:  use ieee.std_logic_unsigned.all;
6:
7:  -- entity declaration
8:  entity sw_mode_creator is        --宣告 sw_mode_creator
9:  port(                            --介面如括弧所示
10:     clk : in std_logic;          --1 位元輸入訊號：clk 和 sw
11:     sw : in std_logic;           --2 位元輸出訊號：state
12:     state  : out  std_logic_vector(1 downto 0)
13:     );
14: end sw_mode_creator;
15:
16: -- architecture declaration
17: architecture a of sw_mode_creator  is --程式區塊(三)是在描述電路的功能
18:    signal num : std_logic_vector(5 downto 0);
       --宣告 6 位元內部訊號：num，用來計算開關 off 狀態下的時間
19:    signal cnt : std_logic_vector(1 downto 0);
       --宣告 2 位元內部訊號：cnt，用來產生狀態 00/01/10/11
20:    signal clear, delay  : std_logic;
       --宣告內部訊號：clearc 和 delay 都是 1 位元
21:    signal cp, d0, d1   : std_logic;
       --宣告內部訊號：cp, d0, d1 都是 1 位元
22: begin
23:
24: --switch positive edge detecting    --上升緣偵測電路
25:    process (clk, sw)                 --因此當開關被按下
26:    begin                            --sw 的電位由 Low 提升至 High 時
27:      if clk'event and clk='0' then  --馬上就可以被偵測到
```

```
28:          d0 <= sw; d1 <=d0;              --並將原先周期較長的 sw 訊號變成
29:        end if;                           --只有一個 clk 脈波寬度的時脈 cp
30:    end process;
31:    cp <= d0 and not d1;
32:
33: --mode creator (狀態產生電路：00/01/10/11)
34:    process(cp, clear)
35:    begin
36:        if clear = '1' then               --如果 clear=1
37:          cnt <=   "00";                  --計數值歸零
38:        elsif cp'event and cp = '0' then  --否則當 cp 時脈出現時
39:          cnt <= cnt +1;                  --計數值加 1
40:        end if ;                          --計數器將產生 00/01/10/11 狀態
41:    end process;
42:
43: --clear and reset counter when count number lager than 60
44:    process(clk)
45:    begin
46:        if clk'event and clk='0' then
47:          if delay='1' then               --若 delay=1 (當 sw==off 位置)
48:            num <= num + 1;               --計數器會將計數值加 1
49:            if num < 59 then              --判別計數器是否已經數到 59
50:              clear <= '0';               --如果<59，則不會產生 clear 動作
51:            else                          --反之，
52:              clear <= '1';               --計數達到 59 後，產生 clear 動作
53:            end if;
54:          else                            --若 delay=0 (當 sw==on 的位置)
55:            num <= (others => '0');       --計數器值為零
56:            clear <= '0';                 --不會產生 clear 動作
57:          end if;
58:        end if;
59:    end process;
60:
61: --connection
62:    state <= cnt ;
63:    delay <= (cnt(1) or cnt(0)) and (not sw;)
64: end a;
```

補充說明：

- switch positive edge detecting 這段程式執行兩個功能：

    1. 偵測 sw 波形的上升緣。

    2. 將原本時間較長的波形，縮短成一個時脈的寬度。

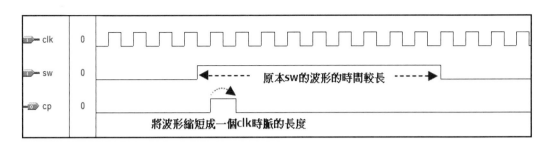

最後一段 clear and reset counter 的程式是用來判定要不要產生 clear 訊號。本專案是利用原本房間的電燈開關之切換，來產生不同照明狀況。因此每當開關被切換回 OFF 的位置時，接下來的情況有兩種：

- 狀況 1、若使用者會在短時間內再次切換開關位置，準備切換燈光到下一個狀態。

- 狀況 2、若使用者不會在短時間內再去切換開關，關閉燈光並將狀態復歸至初始值【00】。

模擬結果說明

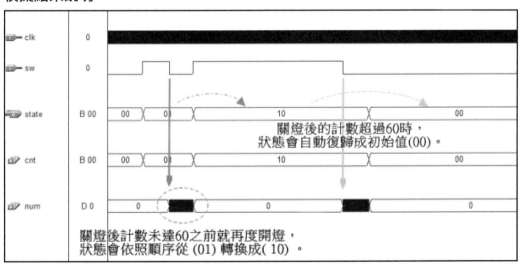

因此這裡使用一個計數器來計算時間，如果數到 60 下(計數時間為 6 秒鐘)都還沒切換開關，那就表示不再使用燈光了，因此便要產生一個 clear 訊號讓狀態計數器歸零，回到初始狀態。如果不把狀態計數器歸零，那麼每一次打開燈光時都會從下一個狀態開始，而非從初始狀態開始，那麼每一次進房間打開電燈時，點亮的數量就會不一定，造成使用者的困擾。

右邊計數區塊放大圖：

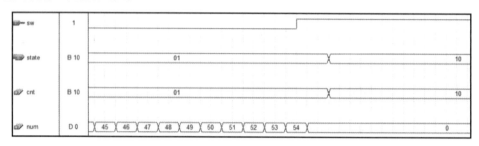

如果在 6 秒以內就再次切換開關，電路會判定為狀況 1，將系統切換至下一個照明狀態繼續工作。

如果在 6 秒以內沒有做出再次切換開關的動作，電路會判定為狀況 2(關閉照明)；因此會送出 clear 訊號，將狀態計數器直接從 10 狀態歸零成 00 狀態，回到初始狀態。

雖然因此讓設計工作較為複雜，但是卻會讓使用者覺得更方便操作。當不需要照明時，不管現在是處於哪一個狀態，只要將開關切換至 OFF 的位置，電燈就會熄滅，而且系統會自動判定是否需要將狀態恢復成初始值。想像一下，如果缺少了這個設計，使用者每次打開電燈時，系統會進入下一個狀態，而非【01】狀態，因此每回點亮的燈泡數目可能都會不一樣，使用者每次可能都得多切換好幾下開關才能夠切換到想要的狀態，使用起來一定會覺得很不方便，在終端市場的反應肯定會被消費者罵成豬頭，甚至將這家公司的產品列入拒絕往來戶。

其實每一項產品的設計，不僅僅是功能考量而已，某種程度上"**Design is Art.**"，不單只是要求功能務必到位，美觀和操作的方便性也會影響到客戶購買的意願！

程式 12-3d：燈光輸出解碼電路的 VHDL 程式設計

```
1:  --light position
2:  --4     3
3:  --    2
4:  --1     0
5:  -- library declaration
6:  library ieee;
7:  use ieee.std_logic_1164.all;         --程式區塊(一)是零件庫宣告區
8:  use ieee.std_logic_arith.all;        --前面程式中已說明，不再贅述
9:  use ieee.std_logic_unsigned.all;
10:
11: -- entity declaration                --程式區塊(二)輸入和輸出介面宣告
12: entity decoder_light_state is        --宣告 decoder_light_state
```

```
13:      port(                              --輸入輸出訊號如括弧所示
14:          state : in std_logic_vector(1 downto 0);
             --state，輸入訊號，2 位元
15:          sw : in   std_logic ;      --sw，輸入訊號，1 位元
16:          light  : out std_logic_vector(4 downto 0)
             --light，輸出訊號，5 位元
17:          );
18: end decoder_light_state;
19:
20: --  程式區塊(三)architecture 宣告是在描述電路的功能
21: architecture a of decoder_light_state is         --宣告電路的架構
22:    signal cp : std_logic;                --宣告內部訊號 cp，1 位元
23:    signal code : std_logic_vector(1 downto 0);
          --宣告內部訊號 code，2 位元
24: begin
25:    process(state)
26:    begin
27:      if sw='1' then                         --當開關 on 時
28:        case state is                        --如果 state 的狀態值
29:          when "01" => light <= "11111" ;   --為 01 時，五顆燈全亮
30:          when "10" => light <= "10101" ;   --為 10 時，燈光 3 亮 2 暗
31:          when "11" => light <= "00100" ;   --為 11 時，燈光 1 亮 4 暗
32:          when others => light <= "00000"; --為 00 時，五顆燈全暗
33:        end case;
34:      else
35:        light <= "00000" ;                   --當開關 off 時，五顆燈全暗
36:      end if;
37:    end process;
38: end a ;
```

　　眼尖的讀者可能已經發現這個解碼器跟先前看過的解碼器有些不同，它多了一個決策條件「if sw='1' then...」。少了它，當開關切換至 OFF 的位置時，電燈不會立刻熄滅，必須等到前面的照明狀態產生器內部的計數值達到 59 時(約 1 分鐘)，判定不需要復歸成初始狀態之後燈光才會熄滅，無形中增加了電能的消耗。

模擬結果說明

　　從下圖模擬結果得知，五顆電燈會隨著狀態的變化而顯示對應的照明狀態。

12-3-3　系統整合與模擬驗證

　　每一個模組都經過除錯、模擬驗證，確定結果正確無誤之後，下一步的任務就是要把他們加以整合，完成燈光控制器的設計。

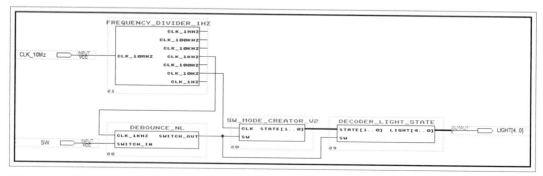

圖 12.18　燈光控制器的系統整合示意圖

燈光控制器的系統模擬結果：

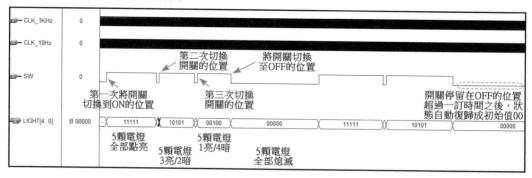

12-3-4　學習重點說明

　　藉由本專題的實作經驗中，讀可學習如何利用單一的開關，就可以控制操作整個系統的技能。事實上家中的電風扇也悄悄地從早期的四個按鈕分別控制強/中/弱/關，或是旋轉切換位置的控制方式，進步到今天的腳踏式【一鍵 6 段風速控制】的智慧電器，而且有越來越多的設備也都朝著單鍵多功能控制的方向演進呢！

　　另外，消除彈跳也是本章學習的重點之一。很多場合中是利用兩個正反器來完成消除彈跳的電路設計，但是它的原理卻不是一般人容易搞懂的。本專題中，我們是利用簡單時間延遲的觀念來處理彈跳的問題，觀念和設計上都相對簡單許多。

　　首先我們知道彈跳現象通常會在 20ms 的時間內就會消失，因此本專案中利用1KHz 的頻率(週期為 0.1ms)，完成一個 0 到 19 的計數器，當計數器從 0 開始完成 20

次的計數時，時間剛好經過 20ms(0.1ms x 20 = 20ms)，此時我們再去偵測開關的 ON/OFF 狀態，自然可以得到一個已經沒有彈跳的穩定值，巧妙地忽略掉原本會對數位系統造成誤動的雜訊，也達到消除彈跳的目的。

最後，在照明狀態產生器的設計中，除了建立了四個狀態之外，還增加了一個狀態判斷的功能，讓系統能夠正確地判讀使用者的行為，當使用者在選用照明模式時，必須連續地切換開關 ON/OFF 的位置，此時開關停留在 OFF 位置的時間都是短暫的；但是一旦決定關閉照明系統時，開關停留在 OFF 位置的時間會是比較久長的。

因此我們利用一個從 0 數到 59 的計數器，並將照明狀態產生器的工作頻率設定為 10Hz(也就是週期為 0.1 秒)，如果某次開關停留在 OFF 位置的時間達到 6 秒(計數達 60 次)，那就可以合理假設使用者的意圖是要關閉照明，因此主動將系統的狀態值復歸至初始值，以便讓下一位使用者能夠輕鬆地完成照明系統的控制工作。

學習重點複習

本專題中學習的重點有：

- 除頻電路的原理與設計
- 機械式開關的彈跳(bounce)與消除彈跳(bounce)的原理
- Compoment 語法的使用
- 如何偵測一個訊號的上升緣或下降緣。
- 如何利用單一開關來產生多種狀態的切換。
- 如何設定系統的初始值(default)，以及復歸初始值功能的設計。

作者閒聊：

下面左邊這張圖以前的電風扇，用四個按鈕來控制的強/中/弱/關的四種風量。現在，只需要一個按鈕就可以辦到。有些甚至已經可以用手機進行運轉的控制呢！

早期的風扇控制按鈕

如今已演進到單鍵控制+遙控

12-4 智慧計時警報器

12-4-1 專案簡介

計時器(timer)其實也是一種計數裝置(counter)。若使用內部時脈作為 counter 的觸發訊號時，則可視為計時器；若使用 counter 外部的脈波作為觸發訊號時，則可視為計數器。

在數位系統中，計時/計數器(timer/counter)是一種應用非常廣泛的電路。CPU 的中斷、系統的看門狗(watch dog)、自動化生產線，甚至家庭中的用電視、冷氣、風扇、安全廚具...等智慧家電中都可以看到它們的身影。

系統功能介紹

當在廚房煮稀飯或是燉湯當時，水開之後都還得繼續開著火煮一段時間，如一直待在爐火前面等待，會覺得很浪費時間，如果想利用這段時間去做其他事情又怕忘記時間，輕者導致物品燒焦，嚴重者甚至引發火災。這時候如果有一個倒數計時器，可以設定工作時間，當到達預定的時間時，計時器便會發出警告聲通知我們，同時將爐火熄滅，那就太好了！

將需求整理後，智慧計時警報器其功能要求如下：

1. 利用 SW-UP 和 SW-DN 兩顆按鍵輸入預設的工作時間
2. 完成時間輸入後，計時器隨即開始啟動計時功能，同時讓設備開始工作。
3. 當時間達到預設值時，計時器會停止計時，並發出 bi-bi 的警報聲。
4. 警報聲啟動同時，系統會送出 OFF 訊號，讓設備停止工作。
5. 利用兩顆七段顯示器來顯示計時還剩下幾分鐘。

系統介面

根據上述要求，本系統配置的輸入、控制和輸出等訊號之介面如下表所示：

▶表 12.3　系統配置規格

訊號名稱	輸入 / 輸出	訊號位元寬度	功能說明
CLK	IN	1 位元	CLK 經由系統內部除頻電路產生兩種時脈： 1. CLK_SETUP：5HZ，用來設定工作時間。 2. CLK_TIMER：1HZ，用來計時。
SW_UP	IN	1 位元	增加預設時間，每按一次，時間增加 1 分鐘，若長按不放，時間自動往上增加。
SW_DN	IN	1 位元	減少預設時間，每按一次，時間減少 1 分鐘，若長按不放，時間自動往下減少。
SEGMENT	OUT	7 位元	用 2 顆七段顯示器顯示剩餘的時間。
ALARM	OUT	1 位元	當 ALARM =HI 時，啟動警報聲。 當 ALARM =LOW 時，停止警報聲。
ON_OFF	OUT	1 位元	當 ON_OFF =HI 時，設備處於工作狀態。 當 ON_OFF =LOW 時，設備處於停止工作狀態。(熄火)

數位系統架構

　　系統的設計通常是採用 Top to Bottom 的方式。而且通常是從客戶的需求端(圖 12.19 圖的右邊)開始，設計出適當的模組電路來滿足需求，再向左延伸，一個一個地逐步完成整個系統的設計。

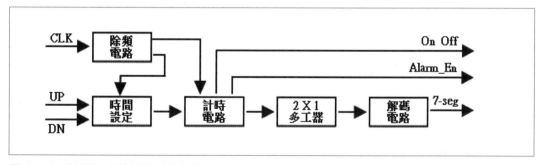

圖 12.19　智慧計時警報器系統架構

以本專案為例，客戶端的要求規格有四：

1. 以七段顯示器模組來做為顯示裝置，

2. 當計時結束時，產生警報聲(Alarm)作為提醒的動作。

3. 產生警報聲同時輸出 On_Off 訊號，讓設備停止工作。

4. 計時器以分鐘為顯示的單位。

因為採用七段顯示器作為時間顯示，因此**需要一個 BCD 碼轉七段顯示器的解碼電路**，將計時電路的輸出格式 BCD 碼轉換成七段顯示器自己的顯示格式。

同時七段顯示器模組是採用多工掃描的方式來完成顯示的工作，因此在計時器和解碼電路之間**需要一個 2 對 1 的多工器**，輪流將計時器的輸出傳送給七段顯示器來顯示。

計時器是本專案的核心電路。計時器雖然只顯示分鐘部份的時間數字，但是整個計時的工作卻必須包括秒數的計時，因此**需要設計一組【Min：Sec】的計時電路**。

開始計時之前，必須先設定好預計工作的時間。因此**需要一組設定時間的電路**。利用 sw_up 和 sw_dn 來完成時間設定的動作，當按下 sw_up 按鈕時，時間數值往上變大，當按下 sw_dn 按鈕時，時間數值往下變小。一旦時間設定完畢，計時器便自動開始向下計時的工作。

計時器以 1 秒作為時基，但是數位系統通常採用石英振盪器做為振盪源(本書中所有的範例都是以 10MHz 的石英振盪器作為振盪源)，因此**需要設計一組除頻電路**，以便將 10MHz 的頻率除頻成為所需的計時時脈(1Hz)。這麼做的另外一個好處是在除頻的過程中，頻率的精準度可以獲得大大地提升。一般石英振盪器的誤差值約在數十個 ppm，若以 RC 電路建構振盪源，通常也會有 20%左右的誤差範圍。

另外，為了提升操作時的便捷性，在設定時間電路的工作時脈建議採用高一點的頻率(5Hz)，才能快速地完成時間的設定，如果沿用 1Hz 的時脈，雖然一樣可以完成設定時間的功能，但是卻讓操作時間大幅拉長，變成一項缺點。

至此，整個系統設計的雛型大致上算是完成了。接下來的工作就要去完成各個模組的細部設計、除錯和模擬驗證等工作，過程中會遇到問題，甚至會回頭修正原始設計，一直到完全符合需求為止；完成各個模組的設計之後，最後將系統整合起來，驗證功能無誤後才能算是大功告成。

12-4-2　VHDL 設計與模擬

除頻電路的 VHDL 設計

　　在 12-2 和 12-3 節都曾經使用過不同性質的除頻電路，前者是二進制計數器，後者是利用 div_10 元件所建構的十進制除頻電路。

　　本專題中的時間設定電路和計時電路分別需要 5Hz 的 1Hz 的頻率，因此可以沿用 12-3 節的除頻電路。不過為了教學的目的，這裡使用迴圈語法(for...generate)取代先前多行的 port map 語法，兩者的功能並無不同。

程式 12-4a：除頻電路的 VHDL 設計

```
1: -- library declaration
2: library ieee;                    --程式區塊(一)是零件庫宣告區
3: use ieee.std_logic_1164.all;     --前面已經說明，此處不再贅述。
4: use ieee.std_logic_arith.all;
5: use ieee.std_logic_unsigned.all;
6:
7: -- entity declaration             --程式區塊(二)輸入和輸出介面宣告
8: entity frequency_divider_for is   --參考第十章的除頻電路說明
9:    port(clk_10MHz  : in   std_logic;
10:        clk_1MHz   : out  std_logic;
11:        clk_100KHz : out  std_logic;
12:        clk_10KHz  : out  std_logic;
13:        clk_1KHz   : out  std_logic;
14:        clk_100Hz  : out  std_logic;
15:        clk_10Hz   : out  std_logic;
16:        clk_1Hz    : out  std_logic
17:       );
18: end frequency_divider_for;
19:
20: --architecture declaration--
21: architecture a of frequency_divider_for is
22:    signal cp   : std_logic_vector(7 downto 0);
23: --component declaration
24:    component div_10               --程式如需說明
25:      port(                        --參考第十章的除頻電路說明
26:          clk_fast : in  std_logic;
27:          clk_slow : out  std_logic
28:          );
29:    end component;
30: BEGIN
31:
32: --for...generate          --用迴圈語法將 7 個 div_10 的元件串連起來
```

```
33: cp(7)   <= clk_10m ;
34:   gen : for i in 7 downto 1 generate
      --迴圈語法，i 從 7 開始，到 1 結束
35:      u: div_10 port map (clk_fast => cp(i),clk_slow => cp(i-1));
36:                        --連接每一個 div_10 元件的輸入訊號和輸出訊號
37:   end generate;                  --結束迴圈語法
38:
39: --connection map                --訊號埠連線
40: clk_1MHz   <= cp(6) ;
41: clk_100KHz <= cp(5) ;
42: clk_10KHz  <= cp(4) ;
43: clk_1KHz   <= cp(3) ;
44: clk_100Hz  <= cp(2) ;
45: clk_10Hz   <= cp(1) ;
46: clk_1Hz    <= cp(0) ;
47: end a ;
```

程式說明：

這個除頻電路中，我們用 for...generate 的語法來完成 7 個 div_10 元件串連的動作，語法如下：

```
--for...generate--
    gen : for i in 7 downto 1 generate
         u:       div_10 port map (clk_fast => cp(i),clk_slow => cp(i-1));
    end generate;
```

上面三行程式碼的功能等同於下列的程式碼，同樣可以架構出如圖 12.20 的除頻電路。

```
u0: div_10 port map (clk_10Mhz, cp(6));
u1: div_10 port map (cp(6), cp(5));
u2: div_10 port map (cp(5), cp(4));
u3: div_10 port map (cp(4), cp(3));
u4: div_10 port map (cp(3), cp(2));
u5: div_10 port map (cp(2), cp(1));
u6: div_10 port map (cp(1), cp(0));
```

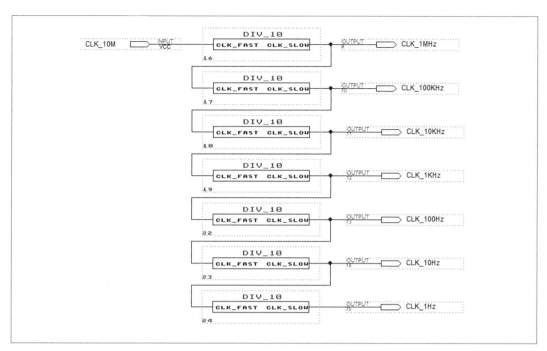

圖 12.20 除頻電路

模擬結果

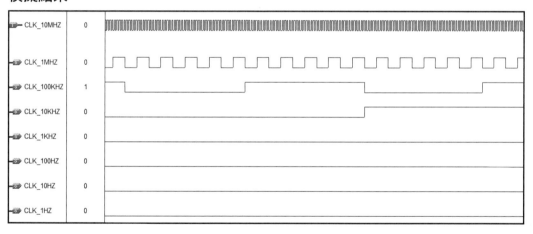

說明：圖中往 10KHZ 以下的訊號，因為必須經過較長的時間才能看訊號的變化，因此本圖中看不到時脈的變化，只有一條直線。

時間設定電路的 VHDL 設計

時間設定電路本質上是一個上/下數計數器。當按下 sw_up 按鍵時執行向上計數的動作，將時間值往上變大，同理，當按下 sw_dn 按鍵時執行向上計數的動作，時間數值往下變小。

另外，增加一個 reset 輸入訊號。當計時器完成計時的動作(剩餘時間顯示為 0)，需要一個 reset 訊號將先前設定的時間值歸零。

程式 12-4b：時間設定電路的 VHDL 程式

```
1:  library ieee;
2:  use ieee.std_logic_1164.all;
3:  use ieee.std_logic_arith.all;
4:  use ieee.std_logic_unsigned.all;
5:
6:  entity timer_setup is
7:    port(
8:        clk_5hz : in  std_logic;        --使用 5Hz 的工作時脈
9:        reset   : in  std_logic;        --當計時結束時，將原先的值歸零
10:       sw_up, sw_dn : in  std_logic;   --設定時間用的按鍵
11:       ld_h,ld_l    : out  std_logic_vector(3 downto 0)
          --設定時間的十位數、個位數
12:          );
13: end timer_setup;
14:
15: architecture a of timer_setup is
16:    signal en   : std_logic;
17:    signal x,y  : std_logic_vector(3 downto 0);
       --x：十位數  y：個位數
18: begin
19:    en <= (sw_up) or (sw_dn);          --只要任一按鍵被按下，則 en=1
20: --up_down counter
21:    process(clk_5hz)
22:    begin
23:      if reset ='1' then               --若 reset=1，
24:        x <= "0000";                   --計數的值歸零
25:        y <= "0000";
26:      elsif clk_5hz'event and clk_5hz = '1' then
         --若 reset≠1，且時脈被觸發
27:        if en = '1' then               --若有按鍵被按下
28:          if (sw_up='1' and sw_dn='0') then   --若 sw_up 按鍵被按下
29:            if x = 5 and y = 9 then    --當計數值=59 時，則
30:              y <= "0000";            --計數的值歸零
31:              x <= "0000";
32:            elsif y = 9 then           --否則當個位數=9 時，則
33:              y <= "0000";            --個位數歸零
34:              x <= x + 1;              --十位數加 1
35:            else --否則
36:              y <= y + 1;              --個位數加 1
37:            end if;--以上是上數計數器
38:          elsif (sw_up='0' and sw_dn='1') then   --若 sw_dn 按鍵被按下
39:            if x = 0 and y = 0 then    --當計數值=00 時，則
```

```
40:                y <= "1001";           --個位數歸 9
41:                x <= "0101";           --十位數歸 5
42:            elsif y = 0 then           --否則當個位數=0 時，則
43:                y <= "1001";           --個位數歸 9
44:                x <= x - 1;            --十個位減 1
45:            else --否則
46:                y <= y - 1;            --個位數減 1
47:            end if;                    --以上是下數計數器
48:          end if;
49:        end if;
50:      end if;
51:   end process;
52: --port connection
53:   ld_h <= x;                          --將 x=ld_h(設定時間的十位數)
54:   ld_l <= y;                          --將 y=ld_l(設定時間的個位數)
55: end a;
```

模擬結果

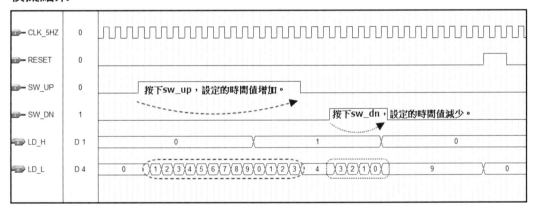

計時電路的 VHDL 設計

　　計時電路是本專案的核心電路，也是設計難度較高的電路。它的功能有如下。表 12.4 則列出計時電路的輸出輸入介面。

1. 載入時間設定電路的時間設定值，作為初始值。

2. 執行向下計時的動作。

3. 當計時完畢後，要驅動警報聲(Alarm)。

4. 同時輸出 ON_OFF 訊號，讓設備停止運行。

▶表 12.4　計時電路的輸出輸入介面

訊號名稱	輸入/輸出	位元寬度	功能説明
clk	in	1	工作時脈，頻率=1Hz
load	in	1	載入控制，load=0 執行載入動作
ld_hi, ld_lo	in	4	載入資料：十位數，個位數
alarm_en	out	1	警報致能。alarm_en=1 可驅動警報聲
on_off	out	1	當 on_off=1/0，turn on / turn off
min_h, min_l	out	4	計時電路輸出，分鐘十位數，個位數
sec_h, sec_l	out	4	計時電路輸出，秒的十位數，個位數

程式 12-4c：計時電路的 VHDL 設計

```
1:  -- hex counter Min:Sec = ab:cd
2:  library ieee;      --說明同前，省略。
3:  use ieee.std_logic_1164.all;
4:  use ieee.std_logic_arith.all;
5:  use ieee.std_logic_unsigned.all;
6:
7:  entity timer is  --參考表12.4
8:     port(
9:         clk_1hz : in  std_logic;
10:        ld_hi, ld_lo: in std_logic_vector(3 downto 0);
11:        load : in std_logic;
12:        on_off,alarm_en : out  std_logic;
13:        min_h, min_l: out  std_logic_vector(3 downto 0);
14:        sec_h, sec_l: out  std_logic_vector(3 downto 0)
15:        );
16: end timer;
17:
18:
19: architecture a of timer is
20:    signal a,b,c,d : std_logic_vector(3 downto 0);   --ab:cd
21:    signal state : std_logic;              -- state=1 啟動 state=0 停止
22:    signal d0,d1,d2,d3,d4,d5 : std_logic; --用來產生延遲的暫存器
23: begin
24:    process(clk_1hz)
25:    begin
26:       if load = '0' then                 --當 load = '0'
27:          a <= ld_hi;                      --將 ld_hi 載入至 a
28:          b <= ld_lo;                      --將 ld_lo 載入至 b
29:          c <= "0000";                     --將" 0000" 載入至 c
30:          d <= "0000";                     --將" 0000" 載入至 d
```

```
31:          state <= '1';                          --將 stata 設定為' I'
32:       elsif clk_1hz'event and clk_1hz = '1' then
          --當非載入狀態且時脈觸發
33:         if (a="0000" and b="0000" and c="0000" and d="0000") then
34:         --且計時的結果為 00：00
35:           state <= '0';                          --將 state=0(系統停止運行)
36:         else    --下面的程式碼描述的是下數計數器(37 行～56 行)
37:           if d = 0 then                          --當秒的個位數=0 時
38:             d <= "1001";                         --將秒的個位數歸 9
39:             if c = 0 then                        --當秒的十位數=0 時
40:               c <= "0101";                       --將秒的十位數歸 5
41:               if b = 0 then                      --當分鐘的個位數=0 時
42:                 b <= "1001";                     --將分鐘的個位數歸 9
43:                 if a = 0 then                    --當分鐘的十位數=0 時
44:                   a <= "0101";                   --將分鐘的十位數歸 5
45:                 else                             --否則
46:                   a <= a - 1;                    --將分鐘的十位數減 1
47:                 end if;
48:               else
49:                 b <= b - 1;                      --將分鐘的個位數減 1
50:               end if;
51:             else
52:               c <= c - 1;                        --將秒的十位數減 1
53:             end if;
54:           else
55:             d <= d - 1;                          --將秒的個位數減 1
56:           end if;
57:         end if ;
58:       end if ;
59:   end process;
60:
61: --differential circuit for decting pulse's edge
62: process (clk_1hz, state)
63: begin
64:   if clk_1hz'event and clk_1hz='0' then
65:       d0 <= state;
66:       d1 <= d0; d2 <= d1; d3 <= d2; d4 <= d3; d5 <= d4;
          --delay 6 seconds
67:   end if ;
68: end process ;
69:
70: --port connection
71: alarm_en <= (not state and d5);
72: on_off <= state;
73: min_h <= a; min_l <= b; sec_h <= c; sec_l <= d;
74: end a;
```

補充説明：

分鐘和秒的計時器的行為模式其實相同，在 59→58→57→…02→01→00→59→58…的計數過程中，其行為模式可分為三種：

1. 當計數值=00 時，將個位數歸 9，將十位數歸 5

2. 否則當計數值的個位數=0 時，將個位數歸 9，將十位數減 1

3. 其他時候，將個位數減 1，十位數不變。

上面的 VHDL 程式，其實就是在做這樣的描述。

模擬結果

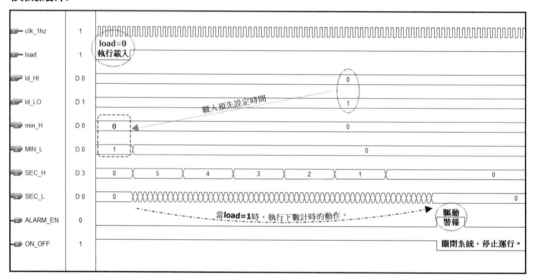

2 對 1 多工器電路的 VHDL 設計

在 7-5-3 節已經介紹過 4 對 1 多工器的 VHDL 設計，因此這裡的 2 對 1 多工器設計應該覺得簡單很多。不過要注意的是，多工器的選擇訊號(sel)和後面七段顯示器模組的掃描顯示訊號兩者必須是同步的。換句話說，當七段顯示器在掃描點亮左邊的位置時，多工器必須同步選擇傳送分鐘的十位數。同理，當七段顯示器在掃描點亮右邊的位置時，多工器必須同步選擇傳送分鐘的個位數。

程式 12-4d：2 對 1 多工器電路的 VHDL 設計

```
1:  library ieee ;
2:  use ieee.std_logic_1164.all ;
3:
4:  entity mux_2x1 is
5:    port (
```

```
 6:            min_hi    : in std_logic_vector( 3 downto 0 );
              --分鐘十位數,4 位元
 7:            min_lo    : in std_logic_vector( 3 downto 0 );
              --分鐘個位數,4 位元
 8:            sel        : in std_logic ;
              --訊號選擇線
 9:            deata_out : out std_logic_vector( 3 downto 0 )
              --輸出訊號,4 位元
10:            ) ;
11: end mux_2x1 ;
12:
13: architecture  a of mux_2x1 is
14: begin
15:     deata_out<= min_hi when sel='0' else
         --sel=0 時,選擇 min_hi 作為輸出
16:          min_lo ;                --sel=1 時,選擇 min_lo 作為輸出
17: end a ;
```

模擬結果

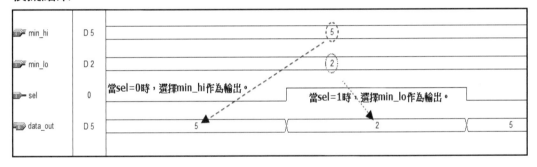

BCD 至七電顯示器解碼電路的 VHDL 設計

程式 12-4e：BCD 至七電顯示器解碼電路的 VHDL 設計

```
 1: library ieee;
 2: use ieee.std_logic_1164.all;
 3: use ieee.std_logic_arith.all;
 4: use ieee.std_logic_unsigned.all; --exchange Logic <=> numirail
 5:
 6: entity dec_seg7 is
 7:   port(
 8:        din      :in std_logic_vector(3 downto 0);
 9:        seg_out :out std_logic_vector(6 downto 0)
10:        );
11: end dec_seg7 ;
12:
13: architecture a of dec_seg7 is
14: begin
```

```
15:    seg_out <= "0111111"  WHEN  din = 0  ELSE
                                       -- din 為 0 時輸出 0111111
16:          "0000110"  WHEN  din = 1  ELSE -- din 為 1 時輸出 0000110
17:          "1011011"  WHEN  din = 2  ELSE -- din 為 2 時輸出 1011011
18:          "1001111"  WHEN  din = 3  ELSE -- din 為 3 時輸出 1001111
19:          "1100110"  WHEN  din = 4  ELSE -- din 為 4 時輸出 1100110
20:          "1101101"  WHEN  din = 5  ELSE -- din 為 5 時輸出 1101101
21:          "1111100"  WHEN  din = 6  ELSE -- din 為 6 時輸出 1111100
22:          "0000111"  WHEN  din = 7  ELSE -- din 為 7 時輸出 0000111
23:          "1111111"  WHEN  din = 8  ELSE -- din 為 8 時輸出 1111111
24:          "1100111"  WHEN  din = 9  ELSE -- din 為 9 時輸出 1100111
25:          "0000000";
26: end a ;
```

模擬結果

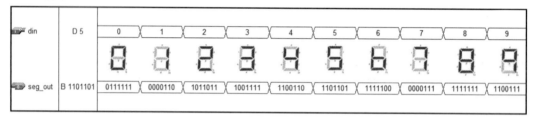

警報產生電路的 VHDL 設計

聲音是頻率震動所產生的結果，我們只需將計時電路的 alarm_en 訊號、一個頻率源(例如 100Hz)，加上一個 AND 邏輯閘，形成如圖 12.21 所示的簡單結構，即可產生警報聲，並不需要特別去寫一個 VHDL 程式。

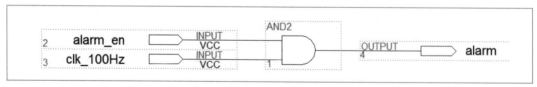

圖 12.21　警報產生電路

模擬結果

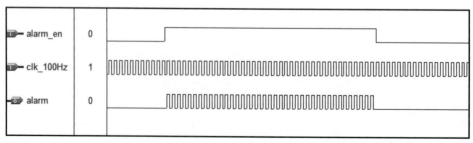

12-4-3　系統整合與模擬驗證

　　圖 12.22 顯示智慧計時警報器的系統整合示意圖。因為計時電路的操作時脈為 1Hz，但是系統最高時脈為 10MHz，因兩者週期相差甚遠，因此很難呈現模擬結果。模擬結果圖下半部是將計時時脈提高之後得到的放大圖。

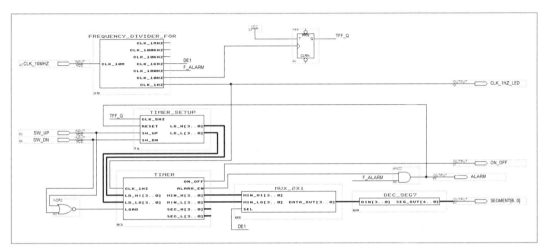

圖 12.22　智慧計時警報器的系統整合示意圖

模擬結果

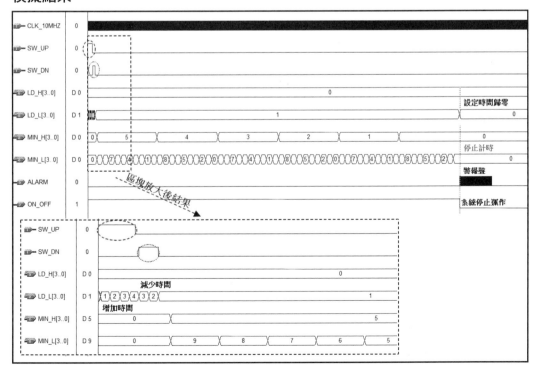

12-4-4 學習重點複習

1. 脈正緣觸發語法和負緣觸發語法。

   時脈負緣觸發的 VHDL 語法：

   > **IF (CLK'EVENT AND CLK = '0') THEN**

   同理可知，時脈正緣觸發的 VHDL 語法：

   > **IF (CLK'EVENT AND CLK = '1') THEN**

2. 除頻電路的設計。除頻電路的目的有二：

   - 產生系統各個模組所需的工作時脈。
   - 提高時脈的誤差精度。(在除頻的同時，也將石英振盪器的誤差變小了，因此也達到提高了時脈的精準度。)

3. COMPONENT 語法

   ```
   COMPONENT 元件名稱
       PORT(
               __輸入訊號名稱          : IN      STD_LOGIC;
               __輸入訊號名稱          : IN      STD_LOGIC_VECTOR;
               __輸入訊號名稱          : OUT STD_LOGIC;
               __輸入訊號名稱          : IN      STD_LOGIC_VECTOR
   );
   END COMPONENT;
   ```

4. CASE...WHENT 語法

   ```
   CASE...WHEN 是 VHDL 中專門用來設計多工器的語法。
   CASE 語法是順序型語法，因此必須置入 PROCESS 指令中執行。

   CASE 的語法結構：
   PROCESS(訊號 1,訊號 2,…)
   BEGIN
   CASE __expression IS
   WHEN __constant_value =>
        __statements;
   ```

```
WHEN __constant_value =>
    __statements;
WHEN OTHERS =>
__statements;
END CASE;
END PROCESS;
```

5. 瞭解預載型計數器(Preload Counter)的設計。

6. 瞭解七段顯示器工作原理與掃描電路設計。

7. 瞭解警報產生電路設計

數位邏輯設計(第三版)--使用 VHDL

作　　者：古頤榛 / 賴清羽
企劃編輯：江佳慧
文字編輯：詹祐甯
設計裝幀：張寶莉
發 行 人：廖文良

發 行 所：碁峰資訊股份有限公司
地　　址：台北市南港區三重路 66 號 7 樓之 6
電　　話：(02)2788-2408
傳　　真：(02)8192-4433
網　　站：www.gotop.com.tw
書　　號：AEE037000
版　　次：2017 年 06 月三版
建議售價：NT$420

國家圖書館出版品預行編目資料

數位邏輯設計：使用 VHDL / 古頤榛, 賴清羽著. -- 三版. -- 臺北市：碁峰資訊, 2017.06
　　面；　公分
　　ISBN 978-986-476-422-8(平裝)
　　1.積體電路　2.設計
448.62　　　　　　　　　　　　　　　106008127

讀者服務

- 感謝您購買碁峰圖書，如果您對本書的內容或表達上有不清楚的地方或其他建議，請至碁峰網站：「聯絡我們」\「圖書問題」留下您所購買之書籍及問題。(請註明購買書籍之書號及書名，以及問題頁數，以便能儘快為您處理)
http://www.gotop.com.tw

- 售後服務僅限書籍本身內容，若是軟、硬體問題，請您直接與軟、硬體廠商聯絡。

- 若於購買書籍後發現有破損、缺頁、裝訂錯誤之問題，請直接將書寄回更換，並註明您的姓名、連絡電話及地址，將有專人與您連絡補寄商品。

- 歡迎至碁峰購物網
http://shopping.gotop.com.tw
選購所需產品。